이 책에 쏟아진 찬사

“이 책을 통해 찬다 프레스코드와인스타인 박사의 수학적·과학적 지식을 즐길 수 있겠다는 사실은 예상하고 있었다. 그는 뛰어난 인재이기 때문이다. 그러나 프레스코드와인스타인 박사와 같은 학자를 비롯한 소외된 사람들이 자신의 증언을 나누지 못하도록 이러한 주제가 어떻게 인종, 젠더, 성별, 정치에 영향을 받고 있는지 알게 되리라고는 미처 예상하지 못했다. 우주에 관한 서술은 또 어떠한가! 밤의 별처럼 빛나고 한낮의 태양처럼 모든 것을 드러내 보인다. 이는 숭배해야 마땅한 수학 방정식이며, 흑인, 동성애자, 트랜스젠더, 장애인을 비롯해 우주가 허락하는 자유를 누리고자 하는 모든 사람을 위한 과학적 설교이다. 나는 프레스코드와인스타인 박사의 눈을 통해 완전하지는 않지만 직관적으로 우주를 바라볼 수 있게 되었다. 즉 이 책은 스스로 움츠리거나 움츠리도록 강요받는 사람들을 위한 충분한 공간이 이 우주에 존재한다는 사실을 보여주었다. 기뻐하라! 우리에게는 함께할 우주가 있다.”

– 로버트 존스 주니어Robert Jones, Jr., 《예언서The Prophets》의 저자

“숨이 멎을 정도로 광대하면서도 친근한 《나의 사랑스럽고 불평등한 코스모스》를 통해 우리는 우주의 가장 먼 곳으로 안내받아 마침내 우리 자신, 즉 우리의 전제, 불확실성, 열망에 직면하게 된다. 찬다 프레스코드와인스타인 박사가 ‘과학을 사랑하는 것과 우상화

하는 것은 같지 않다'는 심오한 진실을 보여주듯이 이 책에서는 과학적 호기심과 한계점이 충돌한다.

저자는 우주의 이야기꾼이며, 그의 스토리텔링은 왜 '다양성'과 '포용성'이라는 용어로는 과학에 만연한 백인우월주의와 식민주의적 관행에 맞서기 부족한지 밝힌다. 입자물리학, 암흑물질, 양자중력에 관심이 있는 사람들부터 애초에 관심의 기회를 박탈한 교육 시스템의 부당함을 참지 못하는 사람들까지, 이 책을 읽으면 모두가 생각하고 꿈꿀 수 있는 시공간을 가진 세계를 형성하려는 의지가 다시 타오를 것이다."

– 루하 벤저민Ruha Benjamin, 《기술 이후의 인종Race After Technology》의 저자

"최고의 시인, 회고록 작가, 과학자, 소설가를 비롯해 독서를 사랑하는 모든 이가 열광하는 책은 찾아보기 어렵다. 그러나 《나의 사랑스럽고 불평등한 코스모스》는 바로 그런 책이며, 비현실적일지라도 전 세계의 다양한 인종이 반드시 읽어야 하는 책이다. 이 책은 우리가 말하는 방식, 생각하는 방식, 소통하는 방식, 무엇보다 상상하는 방식을 바꿀 것이다."

– 키스 레이먼Kiese Laymon, 《삶의 무게Heavy》의 저자

"《나의 사랑스럽고 불평등한 코스모스》는 누가 어떻게 물리학을 심각하게 잘못 만들었는지, 또한 거기에서 무엇이 고무적이었는지를 감동적이면서도 훌륭하게 설명한다. 프레스코드와인스타인 교수는 심각할 정도로 백인 남성 중심으로 짜인 연구 분야에서 상당히 소외되었음에도 성공적으로 경력을 쌓으며 얻은 아주 개인적인 경험으로 우주의 경이로움과 자신의 열정을 보여준다. 프레스코드와인스타인 교수는 변두리에 머물기를 거부하며 과학 연구를 어떻게, 누가, 왜 수행하는지 자세히 조사하면서 동시에 요구해야 한다고 주장한다."

– 앤서니 아기레Anthony Aguirre, 《우주론적 선문답Cosmological Koans》의 저자

"새로운 10년에 접어들면서 우리가 현재 살고 있는 잔인하면서도 아름다운 세계의 근원을 설명하는 새로운 이야기가 필요하다는 사실이 아주 명확해졌다. 찬다 프레스코드와인스타인 박사의 《나의 사랑스럽고 불평등한 코스모스》는 바로 그 이야기이다. 이 책은 우리의 현실을 구성하는 억압과 착취가 만연한 체제에서 시간, 공간, 물질이 무슨 의미인지 다시 생각하게 한다. 또한 개인적 성찰과 사회적 분석, 과학적 이론을 탁월하게 결합하여 꿈에 그리는 새로운 우주, 우리가 누구인지 이해하는 새로운 방식을 만들어 낸다. 이제 우리를 안내할 성도는 필요 없다. 이 책에서 저자가 제

시하는 새롭고 훌륭한 길을 찾을 수 있기 때문이다."

– 케이틀린 그리니지Kaitlyn Greenidge,
《사랑해, 찰리 프리먼We Love You, Charlie Freeman》의 저자

"광범위한 주제를 다루고 명쾌하며 멋진 작품인《나의 사랑스럽고 불평등한 코스모스》는 과학과 예술을 획기적으로 다룬다. 우리의 오랜 통념을 엄밀하게 분석하고 대담한 의문을 제기하여 우리 자신과 우주를 더 잘 이해하는 방법이 무엇인지 다시 생각해야 한다고 강하게 호소한다. 저자는 우리가 확인할 수 있는 진실과 이제 막 꿈꾸기 시작한 가능성을 아낌없이 풀어 놓았다. 과학자든 아니든 수많은 독자에게 반향을 일으키고 영감을 줄 것이다."

– 니콜 정Nicole Chung, 《당신이 알 수 있는 모든 것All You Can Ever Know》의 저자

"《나의 사랑스럽고 불평등한 코스모스》를 대학에서 읽었다면 좋았을 것이다. 이 책을 읽으며 나는 이론물리학, 양자물리학, 우주생물학계에서 만난 수많은 백인 이외의 사람들을 떠올렸다. 그들은 자신을 시공간에서 해체하여 분석하려 했지만 그 서사에 자신의 삶을 녹여내는 경우는 거의 없었다. 찬다 프레스코드와인스타인 박사는 이러한 호기심 많은 철학자들을 염두에 두고 이 책을 써내려 간다. 이 책은 능숙한 글솜씨로 영구 팽창 우주론의 발전을 이

해하기 위한 틀을 제시하면서 인종과 과학 사이의 복잡한 역사에 주목하고 정체성과 우주 과학의 교차 지점을 다룬다. 지구를 넘어 뻗어나가는 과학에서 뿌리 깊은 근거를 찾으려는 아프리카 미래주의자들은 우주를 이해하기 위해 흑인의 삶과 우주론을 중점적으로 다룬 이 멋진 작품을 즐길 수 있을 것이다."

– 이타샤 L. 워맥Ytasha L. Womack, 《아프로퓨처리즘Afrofuturism》의 저자

"이 책은 우주의 물리적 실체부터 모든 학자를 동등하게 대우하지 않는 학계의 사회적 실체까지 모두 보여주는 중요한 작품이다. 또한 과학과 삶의 열정이 가득한 매력적인 글이다. 《나의 사랑스럽고 불평등한 코스모스》는 놀랍고 도발적이며 대단히 고무적인 작품이다. 엄청나게 거대한 우주를 이해할 수 있다면 우리 자신을 돌아보고 서로를 더 잘 이해할 수 있을 것이다."

– 션 캐럴Sean Carroll, 《다세계Something Deeply Hidden》의 저자

"나는 이 책을 사랑한다. 프레스코드와인스타인 박사는 지금 세대의 천체물리학자들을 위해 새롭고 강력한 목소리를 내고 있다. 과학자이자 인본주의자인 저자는 미국에서 자란 흑인 여성으로서 사회적 불평등으로 가득 찬 개인적 경험을 우주를 이해하고자 하

는 탐구 정신에 녹여낸다. 이 책은 우리가 삶에서 내리는 선택이 알려진 우주나 알려지지 않은 우주와 얼마나 큰 관련이 있는지 보여준다. 양자에 비견할 만큼 아주 사소한 차별조차도 중요하다. 저자는 〈스타트렉〉의 다음 세대를 상징하는 것처럼 보인다. 프레스코드와인스타인 박사는 나의 새로운 롤모델이다."

– 게이츠 맥패든Gates McFadden, 배우 겸 감독

"《나의 사랑스럽고 불평등한 코스모스》는 우주를 생각하는 방식, 누가 왜 어떻게 학계 문화를 만들었는지 생각하는 방식을 바꿀 것이다."

– 케이티 맥Katie Mack, 《우주는 계속되지 않는다The End of Everything》의 저자

"많은 사람들은 물리학과 같은 과학 분야가 사회 정의라는 골치 아픈 문제나 인종차별, 성차별, 여성혐오와 같은 사회적 병폐에 맞서는 투쟁과 완전히 분리된다고 믿지만, 찬다 프레스코드와인스타인 박사는 이러한 믿음이 편리하면서도 아주 해로운 거짓임을 날카롭고 강력하게 지적한다. 이 책에 등장하는 아주 개인적인 서사는 우주를 밝히려는 원대한 탐구와 과학적 노력의 결점, 많은 과학 종사자가 받는 부당한 대우에 대한 시급한 성찰을 한데 뒤섞는다. 이 책에는 불편한 진실과 절망이 있지만 희망도 있다. 이런 과학책

은 아주 드물지만 반드시 필요하다."

– 클리퍼드 존슨Clifford Johnson,
《만화로 보는 우주 최강의 물리학 토크The Dialogues》의 저자

"누군가 당신이 밤하늘을 아름다움의 대상일 뿐만 아니라 물질의 문제, 보이거나 보이지 않는 우리 존재의 문제로 여기게 하여 사랑에 빠지게 할 수 있다고 생각해보라. 흑인 여성을 포함한 우리 모두가 그 경이로움을 누릴 수 있다고 확실히 말해줄 수 있는 물리학 교수를 상상해보라. 이들 모두 바로 찬다 프레스코드와인스타인의 《나의 사랑스럽고 불평등한 코스모스》에서 찾아볼 수 있다. 문장은 수려하고 깔끔하며, 다루는 내용은 광범위하고 솔직하며 엄밀하다. 당신은 이 책을 통해 자신이 성장했다고 느낄 것이다. 결국 이는 우리가 갈망했던 탈식민지 과학이며, 모든 글과 이론에서 자유를 위해 투쟁하고 있는 아주 뛰어난 지식인이 주는 선물이다."

– 이매니 페리Imani Perry, 《로레인을 찾아서Looking for Lorraine》의 저자

나의 사랑스럽고 불평등한 코스모스

찬다 프레스코드와인스타인 지음

고유경 옮김

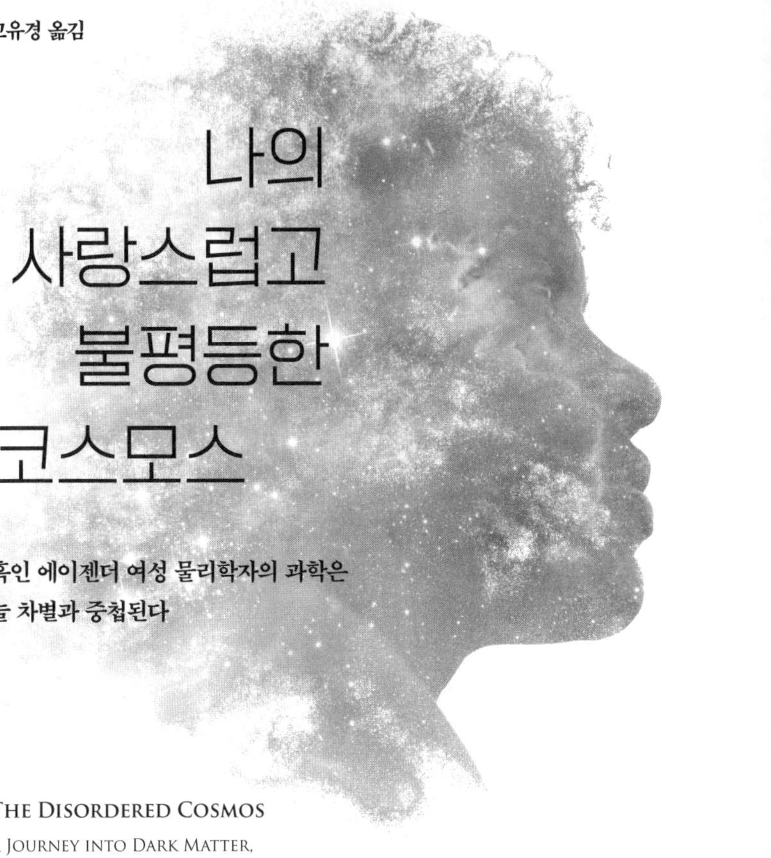

나의 사랑스럽고 불평등한 코스모스

흑인 에이젠더 여성 물리학자의 과학은
늘 차별과 중첩된다

THE DISORDERED COSMOS

A JOURNEY INTO DARK MATTER,
SPACETIME, AND DREAMS DEFERRED

돌아가신 노먼 할아버지,

엘사 할머니, 스탠리 할아버지,

퀸스 할머니,

시릴 삼촌께.

로스앤젤레스 동부, 브루클린, 바베이도스, 하와이,

그리고 이 자유가 시작된 아이티 공화국을 위해 이 글을 바칩니다.

샤네큐아 게이, 〈우리는 언제나 과학자였다〉(2019) 스케치

우리 흑인은 서로를 해부하거나 죽음에 이르게 하지 않고도 눈에 보이는 주파수에서 서로를 이해한다. 말하자면 우리 흑인이 다시 평범한 인간이 되어 기뻐하는 모습을 바라보는 것이다.
: 이는 바로 흑체black body가 열역학적 평형 상태, 즉 평안한 상태에 있기 때문이다. 그렇다, 안식을 주는 것이다.

– 리나 블래크먼Lena Blackmon, 〈세라 바트만을 위한 양자 분포 quantum distributions for Sarah Baartman〉의 저자

사람들은 우리에게 일어나는 나쁜 일을 넘어서는 더 거대한 우주에 살고 있다는 사실을 알 필요가 있다.

– 마거릿 프레스코드Margaret Prescod

한국의 독자들에게

이 책을 쓰면서 나는 책이 가 닿았으면 하는 사람들을 구체적으로 상상해보았다. 그중에는 한국 독자도 있었다. 한국 출판 시장에서 어떤 책이 번역되는지 아는 바가 거의 없었기 때문에 한국어판 출간은 가망이 없어 보였지만 그래도 실낱같은 희망을 품고 있었다. 한국 예술가와 사상가의 작품 혹은 지난 10년 사이 내가 서울에서 보낸 몇 달이 없었더라면 이 책의 내용은 아주 달라졌을 것이다.

입자물리학과 우주론에 특별히 호기심이 있거나, 미국 흑인의 삶에 관심이 있거나, 서구 과학에 대한 비판적인 논평을 기대하며 이 책을 집어든 독자들은 이 말이 의아하게 느껴질 것이다. 제목이나 설명, 심지어 내용 중 어디에서도 한반도의 역사나 작품이 책의 내용에 영향을 주었다는 점은 드러나지 않기 때문이다.

다른 많은 흑인처럼 내가 한국에 처음 방문한 이유는 한국계 미국인과의 친분과 한류 때문이었다. 고등학교 시절 정지윤이라는 내 단짝 친구가 케이팝K-pop을 소개해줬을 때 나는 신세계가 열리는 기분이었다. 당시 침실 문에 H.O.T.의 강타 포스터를 붙여 놓기도 했다. 나는 '그 시절' 1세대 케이팝 팬이다. 20년이 지나 남편과 결혼했을 때, 친구들은 신혼여행 자금을 선물해주었다. 나는 한 번도 아시아를 가본 적이 없었고, 케이팝과 케이드라마K-drama의 근원지에 간절히 가보고 싶었다.

흑인으로서 나는 미국에 특별히 동질감을 느끼지 않으며, 반흑인 인종차별적 경찰의 폭력을 크게 걱정할 필요가 없을 듯한 곳으로 여행하곤 했다. 경제적 여유가 있는 미국인이라면 여행하면서 특별한 경험을 손쉽게 얻을 수 있다. 그럼에도 내 대만계 미국인 남편과 함께한 한국 여행은 새로운 경험이었다. 다니는 곳마다 사람들은 우리를 부부로 보지 않았고, 식당에서는 더러운 시선을 받았다. 우리 호텔 근처의 상점에는 시대에 뒤떨어진 반흑인적 사진이 가득했다.

내가 반흑인 정서에서 완전히 벗어날 수 있는 곳은 이 세상 어디에도 없다. 그러나 결국 나는 한국 반흑인 정서가 미국 반흑인 정서를 계승했다는 점에서, 한국을 방문한다는 것은 제국주의를 직면하는 것이라는 사실을 깨달았다. 세종로를 걷다 보면, (다소 못생긴) 미국 대사관과 그 외부에 배치된 수많은 경찰의 존재를 마주하게 된다. 서울시립미술관과 국립현대미술관 서울관을 양쪽에 두고 쭉 걷다 보면, 이 대사관과 경찰의 존재 의미가 맥락에 놓인다.

1950년대에 흑인 미군이 점령군의 일원으로 한국에 도착했을 때, 이들은 이 역사와 고통을 함께 짊어졌다. 많은 이가 생계를 위해 군에 입대했지만, 어떤 사람들은 성조기 아래에서 싸우면 마침내 미국이 자신을 완전한 시민으로 받아들일 것이라고 기대했다. 한국인들은 흑인 미군이 도착했을 때 아주 새로운 경험을 했다. 한국의 박물관에서 보낸 시간은 내 생각에 변화를 일으켰고, 너무 많은 한국인이 미국식 식민주의적 관점에서 흑인을 처음 경험하게 되었다는 사실을 알게 되었다. 국립현대미술관 덕수궁관에서 열린 이중섭 회고전을 감상하다 보니 그 작품에 담긴 고통이 내게 익숙하게 느껴졌다. 국립현대미술관에서 열린 〈광복 70주년 기념전〉에서는 북한과의 잃어버린 끈을 계속 찾고자 하는 남한 사람들의 갈망을 볼 수 있었다.

이러한 갈망을 나도 느끼고 있었지만, 언제나 언어로 표현할 수 있는 것은 아니었다. 김범 작가의 〈노란 비명〉을 보며, 나도 단순히 비명을 지르고 싶었고 내 안에 많은 종류의 비명이 있다는 사실을 깨달았다. 미국에서 흑인으로 성장한다는 것은 내게 특별한 슬픔을 안고 성장한다는 것을 의미했다. 우리 어머니의 가족은 수백 년 전 노예선 선창에 실려 아메리카 대륙에 도착했다. 우리 선조의 문화적 특성은 다소 보존되었지만 상당수가 소실되었다. 우리는 선조가 어떤 언어를 사용했는지, 어떤 땅을 걸었는지 모른다. 노예제가 극단적인 폭력 행위인 이유는 납치, 대서양 한가운데에서의 폭력, 강제 노역, 성폭력 때문만이 아니라 우리의 지식에서 가족의 역사를 찢어내 영원히 단절시킨 방식 때문이기도 하다.

한국이 겪은 폭력적인 점령과 식민주의는 흑인이 겪은 폭력적인 점령과 식민주의에 강하게 중첩되어 있다. 이 때문에 나는 우주 연구를 사랑하는 흑인이자 반제국주의자로서 나와 과학의 관계에 관해 말하고 싶었던 이야기에 어울리는 새로운 표현을 찾을 수 있었다. 원서의 부제 '암흑물질, 시공간 그리고 미뤄진 꿈으로의 여정A Journey into Dark Matter, Spacetime, and Dreams Deferred'은 흑인의 경험을 담은 시집 《지연된 꿈의 몽타주Montage of a Dream Deferred》를 출간한 랭스턴 휴스Langston Hughes의 문장에서 가져왔다. 우리의 투쟁이 종종 열매를 맺어 그만한 가치가 있음을 알리게 되어 기쁘다. 나는 경계를 다시 생각하고 포기할 것을 촉구하며 우리에게 내재한 식민주의적 헌신에 의문을 제기하는 김아영 감독의 작품 〈다공성 계곡 2〉에서 용기를 얻었다. 나는 언제나 경청할 준비가 되어 있으며 늘 감사한 마음을 갖고 있다.

이 책을 선택해준 휴머니스트 출판사와 고유경 번역자에게도 감사를 드린다. 내 책과 함께 시간을 보내준 독자에게도 감사드린다. 이 책이 여러분에게 도움이 되길 바란다.

차례

들어가며

태초에 우주가 있었다. 어떻게, 왜 탄생했는지는 확실하지 않다. 기묘한 양자역학quantum mechanics이 지배하는 가장 작은 규모의 시공간에 질서가 있는지 없는지도 우리는 알 수 없다. 확실한 사실은 우주가 맨 처음 1조 분의 1초 같은 찰나에 매우 빠르게 팽창하여 어떤 위치, 어떤 방향에서도 동일하게 보였다는 점이다. 어디든 상관없었다. 양자 효과에서 비롯한 무작위 변동으로 시공간에 입자가 갑자기 튀어나오기 시작했다는 사실 외에는 모든 것이 여전히 불확실하다. 이뿐만이 아니다. 이 입자들이 반물질보다 물질을 더 많이 형성한 이유도 불분명하다. 이렇게 중입자baryon라는 입자를 형성하는 과정을 중입자 생성baryogenesis이라고 한다. 거기에서 이 중입자가 구조를 형성하기 시작했고, 이 구조에서 별이 태어났다. 별은 점차 진화했고 그중 일부는 꽤 웅장하고 멋진 방식으로 죽음을 맞이했다. 몇몇 별은 초신성으로 폭발하여 그 과정에서 탄소나 산소 같은 중원소를 만들어냈다. 이 중원소는 모든 지구 생명체의 기원이 되었다. 지구는 행성이며 초신성의 폭발 잔해에서 생성된 별의 주변에서 만들어진 구조 중 하나이다. 마침내 이 지구에서 우리가 생명체라고 부르는 더 작은 구조가 형성되었다. 여기서 진화한 생명체 중 다양한 방식으로 의사소통을 할 줄 아는 비교적 털이 적은 유인원이 있다. 이러한 유인원은 약 70억 마리가 존재하는데, 피부와 털에 포함된 유멜라닌eumelanin과 페오멜라닌pheomelanin의 함량에 따라 다양한 색을 띠게 되었다. 털의 질감 또한 아주 다양하다. 유멜라닌이 적은 일부 개체는 유멜라닌이 많은 개체, 바로 '흑인'에게 오랫동안 잔혹한 짓을 일삼았다. 그 이유를 완전히 이해할 수는 없지만, 게으름 때문일 수도 흑인을 질투하기 때문일 수도 있으리라고 짐작한다. 하지만 흑인이라는 생명체도 동일한 중입자 생성 과정, 동일한 초신성, 동일한 구조 형성 과정에서 태어났다. 유멜라닌 수치가 가장 낮은 이들이 뭐라고 하든, 흑인의 생명은 모두 별의 산물이며 소중한 존재이다.

◇◇◇◇◇◇

이러한 사실들이 알려졌음에도 여전히 우주에는 밝혀지지 않은 것이 많다. 과학에서는 보통 이러한 방식으로 사고하지 않으며 주체(우리 자신)와 객체(우주)를 별개라고 여긴다. 이런 사고방식은 유럽 사상, 특히 르네 데카르트René Descartes의 사상에서 비롯한다. 우리가 안드로메다은하를 연구한다면, 데카르트의 사상에 따라 이 은하의 세부 정보를 기록하면서도 이러한 정보를 우리 자신이나 우리은하와는 별개라고 여긴다. 그러나 동시에 매우 기술적인 의미에서 우리는 안드로메다은하와 밀접한 관련이 있다. 여기에는 나름의 이야기가 있다. 안드로메다은하는 우리은하에서 가장 가까운 주요 이웃이지만, 우리은하와 기원이 같다는 증거는 없다. 하지만 두 은하는 중력 퍼텐셜로 함께 묶여 있기 때문에 미래에 병합할 것이다. 중력 퍼텐셜은 우물과 같아서 은하들이 천천히 아래로 나선을 그리며 모여들어 결국에는 만나게 된다. 그러나 걱정할 필요는 없다. 이 충돌은 앞으로 40억 년 안에는 일어나지 않을 것이며, '충돌'이라는 단어에서 상상할 수 있는 종류의 극심한 혼돈도 아닐 것이다. 자동차 두 대가 빠르고 격렬하게 충돌하는 현상과는 다르다. 그보다는 별과 가스, (아마도?) 암흑물질 입자들이 서로의 중력 관계에 따라 새로운 형태로 재배치되는 현상을 의미한다.

이는 우리의 이야기일 수도 있다. 충돌이 일어날 즈음에는 아마 태양이 수명을 다하여 태양계도 죽음의 고통 속에서 파괴될 것이기 때문이다. 태양은 수명을 완전히 다하기 전까지 점점 팽창하여 태양계에서 생명체가 거주할 수 있는 영역의 한계를 바꾸고, 결국 지구를 완전히 파괴할 것이다. 그때쯤이면 우리는 타서 없어졌을 수도 있지만, 지금은 전혀 상상할 수도 믿을 수조차 없는 기술을 사용하여 아주 멀리 떨어진 은하계의 다른 태양계로 이주했을 수도 있다. 또는 여전히 우리은하에 머물면서 그보다 가까운 다른 태양계로 이주하여 은하의 충돌을 경험하게 될 수도 있다. 수백만 년에 걸쳐 천천히 펼쳐질 이 현상을 관찰하려면 우리 후손들은 모든 현상을 고려하여 자신이 있을 위치를 신중하게 계산해야 할 것이다.

사실 지금도 마찬가지다. 단순히 외부 현상을 관찰하고 있다고 생각할 때조차 우리는 항상 우리 자신의 위치를 고려한다. 은하들의 구조를 연구하려면, 우리은하를 관찰하여 정상 은하인지 파악하는 데 엄청난 시간을 쏟아야 한다. 우리은하가 평범한 나선은하인지 아니면 특이한 성질이 있는 은하인지는 여전히 확실하지 않다. 우주에는 실제로 중심이 없으므로 우리가 우주의 중심이라고 할 수는 없지만, 그런데도 우주를 연구하는 이유는 바로 우리 자신 때문이다. 우주 전체에서 우리가 차지하는 위치는 중요하다.

일부 사람들은 누구보다도 자신이 어디에 속해 있는지를 궁금해한다. 나는 약취와 식민지화로 땅을 빼앗긴 아프리카 원주민의 후손이다. 서아프리카는 광대하며 거기에는 너무나 다양한 사람들이 거주하고 있다. 나는 내 조상이 어떤 원주민 공동체에서 비롯했는지 지금도 앞으로도 절대 알 수 없으므로, 내 뿌리에 관한 질문은 여전히 답하기 곤란한 문제로 남아 있다. 또한 나는 로스앤젤레스 동부(로스앤젤레스 시내의 동쪽) 출신이며, 미국과 카리브해 연안의 흑인 역사, 동유럽과 미국의 유대인 역사와도 관련이 있다. 요즘에는 내가 살고 있는 뉴햄프셔의 해안과 내 배우자가 살고 있는 매사추세츠의 케임브리지에서 시간을 나누어 보내고 있다. 로스앤젤레스와 케임브리지, 뉴햄프셔는 통바Tongva, 펜나쿡Pennecook, 와바나키Wabanaki 연합, 펜터킷Pentucket, 아베나키Abenaki, 매사추세우크Massachuseuk 부족이 거주하던 지역의 식민지 이름이다. 이 장소와 여기에 뿌리를 둔 사람들 역시 우주에서 소중한 존재이다.

나는 또한 과학자로서 어린 시절부터 무엇이든 끈질기게 질문하여 미혼모였던 어머니를 공포에 몰아넣었다. 나는 타고난 경험주의자로, 어린 시절부터(우리 어머니에게 물어보시길!) 정보를 수집해서 세상이 왜 지금과 같은 형태로 짜여 있는지 설명하는 원리를 찾아내야 한다고 진지하게 생각해왔다. 질서를 합리적으로 설명하려는 이러한 노력은 보통 집안일에 관한 것이었지만, 나는 수학이 어떻게 우주를 그렇게 정확하게 설명하는지, 둘 사이의 관계가 얼마나 깊은지도 알고 싶었다. 날아온 고지서를 어떻게든 처리하려면 일자리가 필요하기도 했지만, 내가 열 살 때 이론물리학자가 되기로 마음먹은 결정적인 이유는 바로 이 질문 때문이었다. 그리고 거의 30년이 지난 후에도 내가 이론물리학자로서 해온 연구의 근간으로 남은 질문이기도 하다.

한편 3학년 때 내가 맥베스의 세 마녀 중 한 배역을 맡았던 〈마법사 노나 할머니Strega Nona〉(작고한 배우 콘처터 페럴Conchata Ferrell이 제작과 감독을 맡았다)라는 모더니즘 작품을 무대에 올릴 당시, 나는 선생님이 흑인 부모님을 가진 흑인 아이들을 연극 광고 전단에서 전부 빼버린 이유를 알고 싶었다. M 선생님은 그 질문을 했다는 이유로 나를 교실에서 쫓아냈지만, 그때 나는 선생님의 권위에 도전하려고 그런 질문을 한 것은 아니었다. 선생님이 인종차별주의자인지 알고 싶었을 뿐이었다. 그저 궁금했다. 나는 어머니가 속한 시민단체가 인종차별과 성차별에 맞서 싸우는 것을 보며, 여행 중에 모텔을 잡으려 애쓰는 어머니 옆에서 인종차별을 경험하며 나만 이러한 사건을 맞닥뜨렸는지 알고 싶었다.

열 살 때, 나는 우주를 다루는 수학에 대한 호기심과 인종차별의 존재나 작동 방식에 대한 호기심을 따로 떼어놓을 수 있다고 생각했다. 그러나 그럴 수 없었다. 어머니에게서 독립하여 소수 정예를 위한 학업 환경을 갖춘 하버드대학교에 들어갔을 때, 나는 우주를 다루는 수학이 인종차별과 성차별이라는 현실에서 절대 벗어날 수 없다는 혹독한 교훈을 얻었다. 인류가 태양계 깊숙이 파고들면서 인종차별과 성차별은 이제 지구에만 얽매이는 문제가 아닌 모양이었다. 학부생, 대학원생, 강사를 거치며 나는 물리학 강의실과 수학 강의실이 물리적 우주의 기원과 내부 작용을 밝히는 학문인 우주론의 현장일 뿐만 아니라 사회적 현장, 특히 사회 어느 곳에서나 발생하는 문제를 모두 모아 놓은 현장이라는 사실을 빠르고 뼈저리게 느꼈다. 탈출구란 없었다.

물리학에서 물질은 여러 상phase을 가진다. 예를 들어, 물과 얼음은 화학 조성이 같지만 고체와 액체로 상이 다르다. 상전이phase transition는 물질의 상이 바뀌는 현상을 말한다. 물이 증발하면 액체에서 기체로, 물이 얼면 액체에서 고체로 상전이가 일어난다. 상전이는 우리에게 굉장히 생소한 환경, 예를 들어 무거운 별이 초신성이 되거나 플라스마에서 (지구에서는 보기 힘든) 초유체와 고체의 조합인 중성자별로 바뀌는 과정에서도 일어난다. 마찬가지로, 나는 입자물리학을 사랑하지만 잘 이해하지는 못했던 흑인 소녀에서 입자물리학을 사랑하는 퀴어 에이젠더agender

(성별이 없다고 여기는 성 정체성을 지닌 사람—옮긴이) 흑인 여성이 된다는 것이 무엇을 의미하는지 생각하기 위해 놀라운 지적 상전이를 겪어야 했다. 이러한 정체성 역시 우리가 얼마나 이해하지 못하는지 이해하기 위해 선택된 소수 중 하나이다. 사회가 나를 따라 물리학의 세계로 빠져들 것이라는 새로운 믿음도 나에게는 일종의 상전이였다.

이 책에서는 입자물리학과 우주론이라는 학문을 이해하는 큰 그림을 제시하기 위해 다양한 상을 보여줄 것이다. 나는 물리학이 그저 물리학일 뿐 인간 사회와는 별개라고 생각했다. 하지만 틀렸다. 여러 측면에서 나는 물리학이 인간 사회와 관련이 있으며 여러 가지 다른 상으로 이해할 수 있다는 사실을 깨달았다. 물리적 세계를 연구하려면 사회적 세계와 직면해야 한다. 나는 사회적 장벽이 과학 연구와 결과 그리고 '과학'이라고 부르는 집단을 구성하는 사람들에게 영향을 미친다는 사실을 개인적으로 알게 되었다. 이 책에서 나는 내가 과학에 쏟은 애정과 더불어 나와 같은 사람들이 이 애정을 유지할 때 직면하는 어려움을 동시에 보여주고자 한다. 이러한 이유로 이 책은 '공정한 물리의 세계', '물리학과 선택된 소수', '물리학에 가려진 진짜 세계', '모두를 위한 은하 공동체' 등 네 가지 상으로 구성되어 있다.

또한 이 책은 과학자들이 시간을 들여 자신의 과학적 관점을 더 넓은 세상과 공유하려는 오랜 전통의 일부이기도 하다. 역사적으로 과학자들은 커뮤니케이션학자 앨런 G. 그로스Alan G. Gross가 말했던 "과학적 숭고함scientific sublime", 즉 우주와 우주에 존재하는 인간의 위치에서 느낄 수 있는 경외감을 독자들에게 알려주고자 했다. 이는 칼 세이건Carl Sagan의 과학 커뮤니케이션 스타일이 지닌 전형적 특징이었고, 이 때문에 세이건의 다큐멘터리와 책 《코스모스Cosmos》는 사람들의 상상력을 자극했으며, 나에게도 학부 시절 어려운 순간을 버티게 해준 힘이 되었다. 이렇게 자신의 과학적 관점을 공유할 기회가 있었던 과학자들은 거의 모두 백인 남성이었다. 나는 흑인 에이젠더 여성으로서 전통적 관점과 달리 과학에서 정체성을 중요히 여기기 때문에, 과거의 과학 커뮤니케이션학자와는 다른 관점에서 과학을 바라볼 수밖에 없다. 주류에서 벗어나 세상을 바라보며 일상에 만연한 억압에 맞서 싸우다 보면, 이 "숭고함"이라는 지속적인 감정이 손에 닿지 않는 것처럼 느껴질 수 있다. 나는 숭고함을 넘어 사회 현상이 과학에서 중요한 역할을 한다고 생각하기 때문에 이 책을 대중 과학서와는 전혀 다르게 구성하고자 했다. 누군가는 이 책에서 내 개인적 삶을 중심에 두고 나를 비롯한 다른 과학자들에 관한 몇 가지 정보를 얻게 되겠지만, 주인공은 내가 아니다. 우리가 자유를 얻는 방법이야말로 훨씬 더 흥미로운 문제이다.

자유는 어떤 모습을 띠는가? 예술가 샤네쿠아 게이Shanequa Gay는 이 질문에 "자유란 다른 많은 사람을 고려하지 않아도 되는 선택과 같다"고 대답했다. 나는 이 대답에서 늘 살아남기에만 급급하기보다 자아를 실현하고자 하는, 마음속 깊은 절규를 들었다. 이 책의 도입부에는 샤네쿠아의 그림 〈우리는 늘 과학자였다We Were Always Scientists〉의 스케치가 있다. 나는 자유의 모습에 대한 나만의 답을 찾으려는 노력의 일환으로 이 그림을 샤네쿠아에게 의뢰하면서, 노예 신분의 이름 없는 흑인 여성 과학자를 상상해달라고 요청했다. 나는 '과학적 사고'가 유럽과 미국, 즉 서구 지식 체계에서 교육받은 사람들의 전유물이었다는 시각에 이의를 제기하고 싶었다. 또한 내가 물리학과에 속해 있다는 사실과 최악의 상황에서도 흑인 여성들이 밤하늘을 올려다보며 호기심을 품었다는 사실을 스스로 상기하고자 했다.

내 혈통일 수도 있고 아닐 수도 있는 이 무명의 여성들은 아이작 뉴턴Isaac Newton만큼이나 내 지적 조상이다. 사실 나는 이 여성들에게서 배운 교훈을 바탕으로, 물리학은 잘해도 인간관계에는 서툰 '아이작 뉴턴들'과 함께 살아가는 법을 배웠다. 이 선구자들은 우주가 우리 뜻대로 되지 않는다는 사실을 보여주었다. 나는 1600년대 말 조폐국장을 역임하며 화폐 위조범을 화형이나 교수형에 처하고 고문하기를 즐겼던 뉴턴처럼 살아갈 필요가 없다. 또한 최초의 핵무기 개발을 감독하고 그 피해 복구에 평생을 바친, 아주 뛰어났지만 비극적 삶을 살았던 이론물리학자 J. 로버트 오펜하이머J. Robert Oppenheimer처럼 살아갈 필요도 없다. 나는 우주를 수학적으로 설명하려는 시도에 계속 경이로움을 느끼며, 동시에 이를 폭력적인 식민 국가의 지배에 있는 역사적 관점과 단절할 수 있다고 믿는다. 그리고 흑인 아이들이 자유롭게 입자물리학과 우주론을 사랑할 수 있으려면 이 사회와 사회에서 물리학자가 맡은 역할을 근본적으로 바꿔야 한다는 사실을 이 책을 통해 모두가 이해하길 바란다. 깨끗한 물과 좋은 음식, 의료 서비스의 보장, 대량 감금이 없는 세상과 더불어, 궁극적으로 나에게는 흑인 아이들과 모두를 위한 두 가지 원대한 꿈이 있다.

1. 흑인다움의 아름다움과 힘을 느끼고 경험할 것
2. 밤하늘에 대한 호기심을 느끼고 경험하며, 이것이 선구자들의 노력에서 비롯했음을 깨달을 것

이 꿈들 역시 자유의 맥락에 있다.

"말씀으로 저녁을 내리시고 지혜로 문을 여시며 지성으로 때와 계절을 바꾸시어 하늘에서 별의 길을 인도하시는 우주여, 찬미 받으소서. 낮과 밤의 창조주이시여, 어둠에서 빛을 되돌리시고 빛에서 어둠을 되돌리시며 낮을 서서히 흐리고 밤을 들여오시어 낮과 밤을 나누시니, 위대하신 이름이여. 살아 계신 우주여, 항상 삶에서 주님의 임재를 느낄 수 있게 하소서. 저녁을 내리시는 아도나이adonai시여, 찬미 받으소서."

Phase 1 첫 번째 상

공정한 물리의 세계

한때 우주에는 인간이 없었다

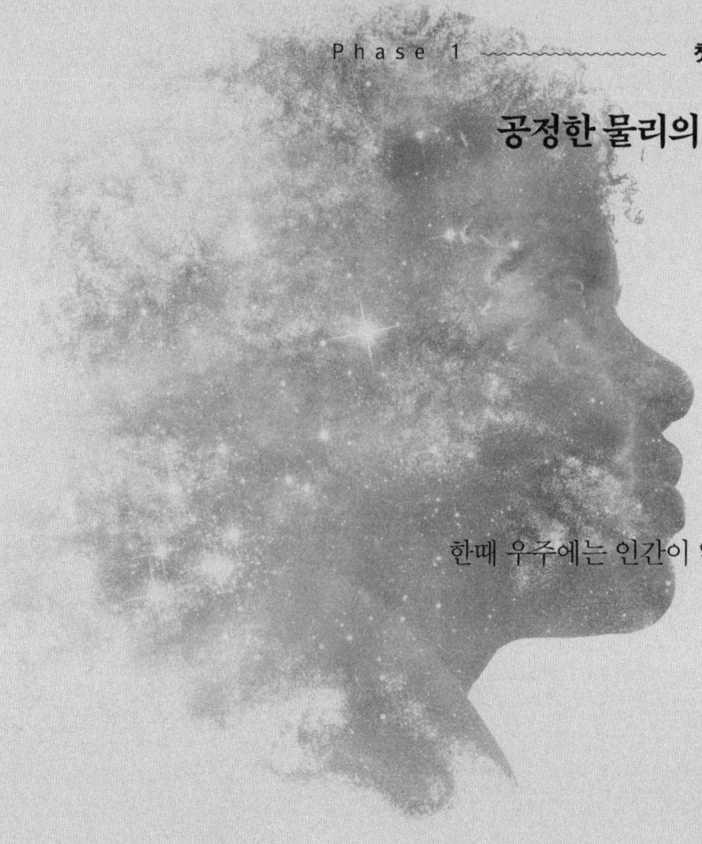

1장

쿼크를 사랑한 소녀

말하자면 이렇다. 10번 고속도로를 따라 동쪽으로 느릿느릿 움직이는 통학버스에 타고 있던 흑인 아이, 그게 나였다. 창문을 내리면 코를 지나 폐까지 배기가스가 밀려 들어왔다. 몇 년 후 입자물리학자를 꿈꾸며 로스앤젤레스를 떠나 이 스모그에서 벗어나기 전까지 나는 늘 두통에 시달렸다. 버스에서 책을 읽다가 잠시 멈추고 주변을 살폈다. 우리 학교 6학년에서 12학년 학생 중 네 명 정도만 이렇게 멀리 살았기 때문에 버스에는 몇 명 남아 있지 않았다. 나는 아무나 붙잡고 책에서 읽은 쿼크quark라는 입자를 알려주고 싶었다. 사실 쿼크가 정확히 무엇인지, 왜 이름이 쿼크인지도 몰랐다. 이름은 특별히 신경 쓰지도 않았다. 하지만 세계가 쿼크로 이루어졌다는 사실은 알고 있었다. 내 뇌도 쿼크이자 전자의 집합체였다.

단순히 입자들만 이렇게 상상의 나래를 펼치던 흑인 아이를 사로잡은 것은 아니었다. 입자물리학의 표준모형Standard Model

도 온통 이 아이를 사로잡았다. 과학자가 되고 어른이 되어서도 여전히 이해하기 어려운 것에 매료되기는 마찬가지이다. 쿼크를 설명하는 수학은 모든 입자물리학 분야 중 가장 복잡해서 스티븐 호킹Stephen Hawking의 《시간의 역사A Brief History of Time》보다 더 기술적인 관점으로 쿼크를 이해하기까지 현기증이 날 정도로 숱한 우여곡절을 겪었다. 일단, 알아두어야 할 내용이 너무 많았다. 하지만 입자의 세계에 떨어져도 괴롭기는커녕 한 걸음씩 내디딜 때마다 입자에 더 깊이 매료되었다.

다양한 지식을 접하면서 깨달은 바가 있다면, 내가 잘 짜인 우주를 여러 부분으로 세심하게 나누어 깔끔하게 설명하는 방식을 특히 좋아한다는 사실이었다. 입자물리학의 표준모형은 소립자와 물질의 기본 구성 요소, 우주에 존재한다고 알려진 네 가지 힘 중 세 가지(전자기력, 약력, 강력)를 설명하고 예측하는 데 사용되는 체계이다. 이 표준모형에 맞지 않는 힘인 중력은 우리를 완전히 에워싸고 있어 그 힘을 느낄 수는 있지만 완벽히 이해할 수는 없다. 중력은 시공간에 묶여 말 그대로 우리를 완전히 둘러싸고 있기 때문에 모형에 들어맞지 않는다. 반면에 다른 기본 힘들은 실제로 벡터 보손vector boson이라고 하는 특수한 부류의 입자를 통해 매개되고 상호작용한다.

'벡터 보손'이 무엇인지 알아보기 전에 덧붙이자면, 이는 입자물리학에서 수없이 등장하는 이상하고 새로운 개념 중 하나일 뿐이다. 모든 지적 연구 분야에는 나름의 용어가 있으니 내게 편견이 있는 것일 수도 있겠지만, 입자물리학의 세계만큼 이상하

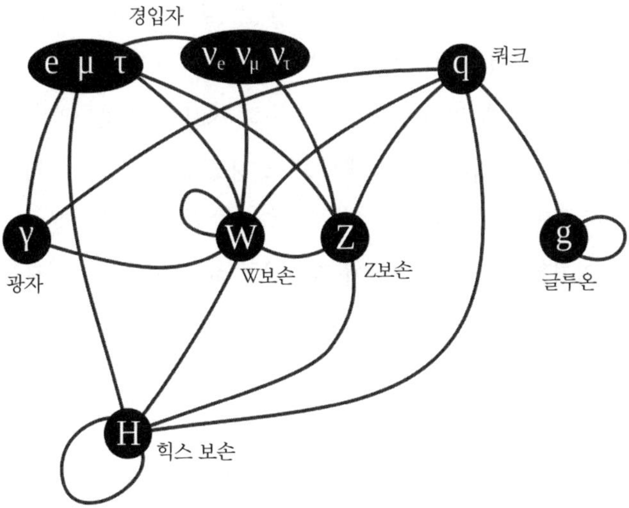

그림 1 위키피디아Wikipedia에 제공된 이 단순한 그림은 표준모형의 입자들과 이 입자들이 상호작용하는 방식을 보여준다. 맨 윗줄 왼쪽에 있는 경입자lepton와 오른쪽에 있는 쿼크quark는 물질 입자이다. 그 아래에 있는 광자Photon와 W보손W boson, Z보손Z boson, 글루온gluon은 힘을 매개하는 입자이다. 맨 아래 줄에는 힉스 보손Higgs boson이 있다. 입자를 잇는 선들은 입자 사이에 상호작용이 가능한 경우를 나타낸다. (그림 출처: TriTertButoxy)

고 기상천외하면서도 진리인 듯 보이는 세계는 거의 없다고 장담한다. 예를 들어 자발대칭깨짐spontaneous symmetry breaking이라는 용어를 보자. 이는 입자의 움직임을 설명하는 방정식이 특정한 규칙을 따르지만, 실제로 그 방정식으로 입자가 에너지를 최소로 사용하는 움직임을 계산하려 하면 입자는 정작 그 규칙을 따르는 것처럼 보이지 않는 현상이다. 세상에! 입자물리학은 이렇게 완전히 비현실적인 수학으로 가득하지만, 실험 데이터는 이 이상한 수학적 개념에 들어맞는다. 나는 천체물리학과 입자물리학을 모두 연구하지만, 우주가 늘 생각보다 더 기이하다는 사실을 끊임없이 알려주는 쪽은 입자물리학이다.

물론 나에게 입자물리학이 단순히 정보를 짜맞추기만 하는 학문은 아니지만, 그 과정에서 어느 정도 즐거움을 얻는다는 점은 인정한다. 또한 이는 모든 물리학자가 하는 일의 기본 전제이다. 입자를 연구하든 얼굴에 파우더를 잘 밀착시키는 새로운 방법을 개발하든(이런 일을 할 수도 있다!), 우리는 시간에 따른 시스템의 변화를 살펴보고 거기에서 패턴을 찾거나 예측한다. 과거에는 정보가 충분하면 절대적인 예측을 할 수 있다고 생각했다. 20세기에 들어 가장 믿기 어려운 발견 중 하나는 이 생각이 틀렸다는 것이다. 세계의 본질은 양자물리학에 기반을 두고 있다.

양자물리학(물리학자는 '양자역학'이라 부른다)은 입자의 기본 속성이 우주에서 일어나는 각 사건이 다른 사건 중 하나의 확률에 지나지 않는다는 점을 이해하는 것을 의미한다. 발생할 확률이 높은 사건들은 따로 있겠지만, 어떤 사건이든 발생할 확률은 있다. 양자역학의 확률적 특성은 다루는 대상이 매우 작아 양자 규칙을 더 잘 따르는 입자물리학에서 특히 두드러진다. 입자의 운동을 결코 정확하게 예측할 수는 없지만, 어떤 사건이 일어날 가능성과 예상 시간은 계산할 수 있다. 입자의 양자적 세계에서는 과학적 상상력을 과학적 현실로 넓히는 과정이 필요하다. 직관적으로 이해하기 힘든 현상이 현실에서 발생할 수 있기 때문이다. 일상에서 보는 물건은 모두 의심할 여지 없이 존재하는 것처럼 보인다. 지금 내가 발을 얹고 있는 테이블은 분명 존재한다.

하지만 엄청나게 작아서 0에 가까울지라도 순간적으로 테이블이 존재하지 않을 확률 또한 존재한다.

입자물리학의 기이함은 여기에서 그치지 않는다. 다른 예시를 보자. 양자역학적으로 모든 입자는 둘 중 하나에 속한다. 하나는 인도 물리학자 사티엔드라 나드 보스Satyendra Nath Bose에서 이름을 따온 보손boson이고, 다른 하나는 이탈리아계 미국 물리학자 엔리코 페르미Enrico Fermi에서 이름을 따온 페르미온fermion이다. 보손과 페르미온의 차이는 오스트리아의 물리학자 볼프강 파울리Wolfgang Pauli에서 이름을 따온 파울리 배타 원리Pauli exclusion principle라는 규칙과 스핀spin이라는 각 입자의 양자역학적 특성에서 찾아볼 수 있다. 양자 스핀 값은 플랑크 상수Planck's constant라고 부르는 숫자의 배수로 측정한다. 보손은 양자 스핀 값이 항상 정수(0, 1, 2 등)로 나타나는 특성이 있다. 전자기 상호작용을 매개하며 우리가 빛으로 인지하는 입자로 널리 알려진 광자photon는 벡터 보손으로, 스핀이 1인 입자이다. 내가 사랑하는 쿼크가 속한 페르미온은 스핀 값이 항상 1/2의 배수(1/2, 3/2 등)로 나타나는 특성이 있다. 전자의 스핀은 1/2이고 쿼크도 마찬가지이다.

이 스핀 속성은 회전하는 공과 같은 개념은 아니지만, 일상적으로 사용하는 회전 개념에 양자역학적으로 대응하는 개념이기에 이름 붙었다. 이 양자 스핀은 덧셈이 가능하다. 즉 개별 입자의 스핀을 양자역학의 규칙에 따라 다양한 방식으로 더할 수 있기 때문에 입자로 구성된 물체에는 스핀이 있다. 따라서 전자와 쿼크로 구성된 원자에도 양자 스핀이 있다. 이 양자 스핀은 물질의 구조를 형성하는 데 중요한 역할을 한다. 보손과 페르미온이 서로 다른 규칙을 따른다는 사실에서 입자가 여러 양자 에너지 준위에 어떻게 분포할 수 있는지 알 수 있다. 보손은 마치 응원단에 속한 입자 같다. 모두 같은 양자 에너지 상태를 기꺼이 공유한다. 페르미온은 어떨까? 별로 그럴 마음이 없다. 페르미온은 제멋대로여서 에너지 상태를 잘 공유하지 않는다. 더 과학적으로 말하자면, 파울리 배타 원리에 따라 2개의 페르미온은 주어진 시간에 같은 양자 체계에서 같은 양자 상태를 공유할 수 없다. 고등학교 화학 수업에서는 종종 오비탈orbital을 계산하느라 고생하곤 한다. 전자들은 자리가 꽉 차기 전에 몇 개의 자리에만 들어갈 수 있고 새로운 전자들은 더 높은 오비탈로 이동해야 한다. 이렇게 페르미 통계와 파울리 배타 원리가 작동한다.

복잡해 보이지만, 스핀은 대학에서 물리학을 전공하는 2학년, 3학년 학생들이 배우는 개념이다. 이는 입자가 두 가지 다른 형태로 존재하는 이유를 이해하는 데 우리가 시간을 들이지 않기 때문에 어느 정도 가능한 일이다. 이 문제는 오히려 학생들이 기본 공리로 받아들이도록 권장하는 정의이며, 더 자세히 배우고 싶다면 다른 학과의 철학 수업을 듣는 편이 나을 것이다. 양자역학의 기괴한 확률적 수학은 실험에 잘 들어맞는 예측을 내놓고, 물리학자 대다수에게는 이것으로 충분하다. 물리학자의 두 가지 주요 임무는 데이터에 맞는 모형을 개발하고 데이터를 사용하여 이론을 검증하는 것이기 때문이다. 우리는 보통 양자 물리를 이해하려고 노력하지 않은 채 받아들이며, 누가 특별히 이해하기를 바라지도 않는다. 다시 말해, 왜 이런 일이 발생하는지 실제로 이해하지 못하더라도 내가 여기에서 하는 이야기를 당신이 받아들이기만 한다면 물리학자와 견주어도 손색이 없다는 뜻이다. 물론 배경에는 '왜'라는 물음이 끊임없이 도사리고 있지만, 소위 '양자역학의 기초'에 관한 연구는 대체로 어렵고 돈도 안 돼서 물리학 연구의 주변부로 밀려났다. 여전히 우리는 모르는 것이 많다.

우리는 우주의 모든 물질이 두 가지 종류의 페르미온으로 이루어져 있음을 알고 있다. 하나는 결합하여 다른 입자를 형성하곤 하는 쿼크이고, 다른 하나는 '필경사 바틀비'처럼 결합하지 "않는 편을 택하는" 경입자lepton이다. 쿼크와 경입자로 만들어진 우주의 모든 물질은 스칼라 보손scalar boson(스핀이 0인 보손)인 힉스higgs 입자 때문에 질량을 가진다. 중력을 제외한 우주에 존재하는 모든 힘은 쿼크를 다른 입자에 붙이는 역할을 하는 글루온gluon과 같은 벡터 보손으로 매개된다. 어떤 물리학자들은 중력도 시공간에서 스핀이 2인 보손, 즉 중력자graviton로 매개될 수 있다고 여기지만, 지금은 입자물리학의 표준모형을 넘어선 가상의 개념이다.

표준모형 자체는 2012년에 실험적으로 완성되었다고 여겨지는 편이다. 그전까지는 세 가지 종류의 기본 입자, 쿼크와 경입자와 벡터 보손이 발견되었다. 이러한 입자의 검출은 입자충돌기, 말 그대로 입자들이 서로 충돌하는 실험 장비에서 이루어지고 이 장비는 부서진 입자 조각의 존재를 검출한다. 그러나 여전히 어떻게 이 입자들이 질량을 갖게 되는지는 확실하지 않다. 2012년 과학자들은 입자충돌기를 이용하여 가상의 힉스 입자가 존재한다는 결정적인 실험 증거를 얻었다고 발표했다. 영국의 물리학자 피터 힉스Peter Higgs의 이름을 딴 입자로, 표준모형의 거의 모든 입자에 질량을 부여하는 이 힉스 입자의 발견은 인류가 처음으로 표준모형의 네 번째 범주인 스칼라 보손에 대한 직접적 증거를 찾았다는 사실을 의미했다. 이렇게 표준모형이 예측한 주요 요소들은 실험 데이터로 완전히 검증되었다. 현재까지 힉스 입자는 관찰된 입자 중 유일한 스칼라 보손이다.

다시 말하지만, 표준모형에는 우리가 지금까지 관찰한 모든 것이 들어 있다. 아마 앞으로 관찰할 모든 것이 들어 있을 수도 있다. 무엇이든 이름을 붙이는 일에는 일종의 권한이 있다. 물리학자들은 다음과 같이 그 권한을 사용했다. 내가 가장 좋아하는 쿼크는 아일랜드의 모더니즘 작가 제임스 조이스James Joyce의 작품 《피네간의 경야Finnegans Wake》의 "마크 왕을 위한 세 개의 쿼크!Three quarks for Muster Mark!"라는 문장에서 이름을 따왔다. 쿼크에는 위up, 아래down, 맵시charm, 기묘strange, 꼭대기top, 바닥bottom의 여섯 가지 유형이 있다. 꼭대기 쿼크는 진리truth 쿼크로, 바닥 쿼크는 예쁨beauty 쿼크로도 불린다. 역사학자 마이클 리오던Michael Riordan에 따르면, 일부 물리학자들이 '진리'와 '꾸밈없는 아름다움'을 추구하여 이런 이름을 붙였다고 한다. 그러나 결국에는 '꼭대기'와 '바닥'이 널리 사용되고 있다. 쿼크는 표준 입자 명명법의 출발점으로, 많은 경우 전자electron(그리스어 'ēlektron'에서 유래했으며 호박을 뜻한다)처럼 끝에 '~on'을 붙이거나 이탈리아어로 '작다'는 뜻인 '~ino'를 붙인다.

전자는 경입자lepton 계열에 해당하는데, 경입자에는 뮤온muon, 타우tau(또는 타우온tauon), 전자 중성미자neutrino, 뮤온 중성미자, 타우 중성미자와 같은 중성미자 계열[1]도 포함된다. 벡터 보손에는 광자, 글루온, Z보손, W보손이 있다. W보손과 함께 경입자와 쿼크 계열에는 각각 대응하는 반물질이 있다. 반전자antielectron는 양전자positron로 더 잘 알려져 있으며, 모든 쿼크에는 반쿼크가 있다. 이 반입자는 반대 전하를 띤다는 점만 다르고 해당 입자와 완전히 똑같다. 예를 들어 전자는 음전하를 띠지만 양전자는 양전하를 띤다. 반입자가 아닌 경입자와 쿼크가 물질을 구성한다는 점에서 보면, 이 반입자는 해당 입자와 완전히 다른 성격을 띤다. 왜일까? 이유는 알 수 없다. 바로 이러한 질문에 답하는 것이 입자물리학의 주요 연구 분야이다.

쿼크와 경입자도 흥미롭지만, 아마 중성자neutron와 양성자proton를 더 흔히 접할 수 있을 것이다. 모든 원자핵에 있기 때문에 핵자nucleon로 통칭하는 중성자와 양성자에는 당연히 감정이 없지만, 이들을 생각하면 좀 안타깝다. 중성자와 양성자는 기본입자가 아니라 쿼크로 이루어진 합성물이기 때문이다. 중성자

1 모종의 이유로 중성미자는 다른 입자와 달리 힉스 메커니즘에 따라 질량이 부여되지 않는다. 다음 장에서 자세히 살펴보겠다!

는 전하가 없는 입자로 위 쿼크 1개와 아래 쿼크 2개로 이루어져 있다. 반면에 양성자는 양전하를 띠며 위 쿼크 2개와 아래 쿼크 1개로 이루어져 있다. 전하의 차이는 결국 쿼크 조성의 차이로 귀결된다. 전자의 전하를 비교 기준으로 한다면, 위 쿼크는 전자 전하의 2/3배에 해당하는 전하를 띠고 아래 쿼크는 −1/3배에 해당하는 전하를 띤다. 따라서 간단한 산수(2/3+2/3−1/3=1)로 위 쿼크 2개와 아래 쿼크 1개로 이루어진 양성자의 전하는 +1임을 확인할 수 있다. 중성자의 전하를 계산하면 2/3−1/3−1/3=0이기 때문에, 중성자는 말 그대로 중성이다. 중성자와 양성자는 복합 입자인데도 때때로 그 사실을 숨기고 기본 입자 행세를 하는 것처럼 보이지만, 실제로 자신을 구성하는 요소의 특성을 반영한다. 즉 반쿼크가 있듯이 반양성자도 있다는 뜻이다. 심지어 반수소antihydrogen도 실험실에서 관측된 적이 있다!

사실 처음부터 양성자와 중성자가 쿼크로 이루어졌다는 사실을 알았던 것은 아니다. 쿼크의 존재 가능성을 알기 전에 물리학에서는 왜 양성자와 중성자가 +1과 0의 전하를 띠는지 알지 못했다. 머리 겔만Murray Gell-Mann과 조지 츠바이크George Zweig가 처음으로 개념화한 이후 제임스 비어켄James Bjorken, 셸던 글래쇼Sheldon Glashow, 제임스 일리오풀로스James Iliopoulos, 마코토 고바야시Makoto Kobayashi, 루치아노 마이아니Luciano Maiani, 도시히데 마스카와Toshihide Maskawa가 개념을 확장한 입자인 쿼크 계열은 결국 실험물리학 현상으로 관찰되었고, 양성자와 중성자가 전하를 띠는 이유에 대한 답을 제공했다. 쿼크 3개로 이루어진 입자인 핵자와 중입자는 특정 전하를 띠는 쿼크로 이루어져 있기 때문에 그에 해당하는 전하를 띤다.

호기심 많은 아이나 고집 센 10대 청소년을 상대해본 사람이라면 알겠지만, 언제나 다음 질문은 "왜?"이다. 물리학자를 정의하자면, 문제 하나에 집착하여 이 문제뿐만 아니라 관련된 문제까지 해결하는 데 평생을 바치는 사람이다. 왜 쿼크는 이런 전하를 띠고 있을까? 글쎄, 아직 답을 모르는 문제이다. 왜 이런 일이 발생하는지 알고 싶은가? 좋은 자세지만 우주는 우리의 감정 따위 상관하지 않는다. 물리학이 멋진 이유이자 내가 어린 시절 물리학에 빠져든 이유는 우주를 이해하기 쉽지만은 않더라도 물리학자들이 아주 흥미로운 방식으로 우주에 관한 정보를 수집하여 모든 정보가 어떻게 깔끔하게 맞춰지는지 자신만의 이야기를 만들어왔기 때문이다. 따라서 쿼크의 특성이 '왜' 그러한지 설명할 수는 없어도 쿼크의 모든 특성을 정확히 설명하는 복잡하면서도 아름다운 수학적 이론을 개발할 수 있었다.

어떻게 그럴 수 있었을까? 핵물리학자들은 현재 쿼크 하나와 반쿼크 하나로 이루어졌다고 알고 있는 불안정한 복합 입자인 중간자meson 여덟 종류를 검출했고, 이 현상을 만드는 기본 구조를 이해하려고 노력했다. 이스라엘 텔아비브대학교의 교수였던 영국 위임통치령 팔레스타인 텔아비브 출신의 유발 네만Yuval Ne'eman과 캘리포니아공과대학 박사로 유럽입자물리연구소(CERN)에서 일하던 소비에트연방 출신의 조지 츠바이크, 캘리포니아공과대학 교수였던 맨해튼 출신의 머리 겔만, 이 세 명의 학자는 동시에 이 현상을 설명해냈다. 여러 나라에 흩어져 있던 이 연구자들은 바로 쿼크라는 새로운 입자를 넣은 모형으로 중간자를 체계적으로 설명할 수 있음을 깨달았다. 쿼크를 모형의 구성 요소로 인식하게 된 이유는 정교한 수학적 대칭을 탐구했기 때문이었다.

물리학에서는 시스템을 어떤 식으로 바꾸더라도 변하지 않는 특성이 있으면, 그 시스템은 해당 특성에 대해 대칭성이 있다고 여긴다. 가장 간단한 예로 구형의 공이 회전하는 현상을 보자. 이 경우 손으로 공을 돌려 상황을 바꿔도 똑같아 보인다. 즉 회전 대칭이라 할 수 있다. 대칭은 물리학의 수학적 문제를 해결하기 쉽도록 근사치를 만드는 데 도움이 된다는 점에서 의미가 있다. 물리학자들은 대학교 1학년 물리학 수업 첫날에 어떤 문제를 대칭성을 띠는 무언가로 단순화할 수 있다면 그렇게 해야 한다고 배운다. 사실 모든 물리학은 "이 소를 구 모양으로 근사한다"는 말로 귀결된다는 우스갯소리가 있다. 물리 방정식을 풀 때 소는 다루기 쉬운 모양이 아니지만, 구는 어떤가? 구는 회전 대칭을 보여주는 상대적으로 단순한 기하학적 객체이기 때문에 구에서 계산하는 방법은 알려져 있다. 구는 어떻게 돌리든 똑같아 보인다. 이러한 대칭성은 우리가 풀어야 하는 방정식의 복잡함을 효과적으로 줄여준다. 하지만 소는 단순화하기 힘든 좌우 대칭성만 갖고 있으며 심지어 왼쪽과 오른쪽이 약간 다를 수 있기 때문에 대칭성도 근사치일 뿐이다. 따라서 우리는 물리학을 적용할 목적으로 소를 구 모양으로 환원한다.

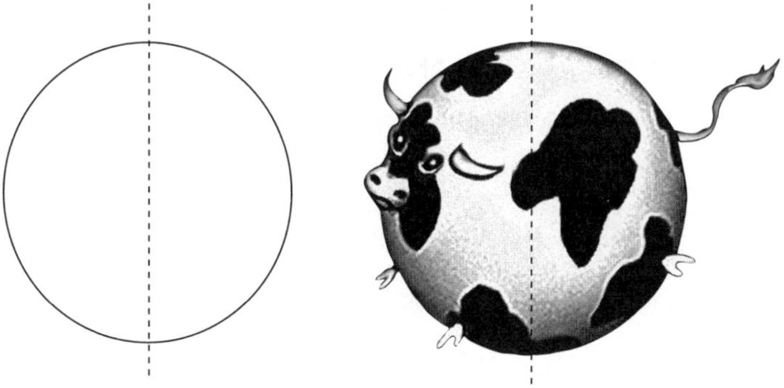

그림 2 이 그림의 소가 과하게 둥글기는 하지만, 소를 반으로 나누면 왼쪽과 오른쪽이 달라 보인다. 그러나 구는 어느 쪽을 보든 정확히 똑같다. (그림 출처: Ingrid Kallick)

20세기에 대칭성은 독일 수학자 에미 뇌터Emmy Noether의 연구 덕분에 입자물리학에서 아주 중요한 지침이 되었다. 뇌터 정리는 시스템에 대칭성이 있으면 시스템이 진화하더라도 시간에 따라 변하지 않는 시스템의 특성, 즉 보존되는 물리량이 존재함을 보여준다. 물리학자들은 이 정리를 따라, 수학적으로 대칭성이 있는 경우 보존되는 물리량을 찾는다. 또한 대칭성이 입자물리학을 설명하는 수학적 기초가 된다고 제시했다. 겔만을 비롯한 학자들은 이 정리를 따라 양자 색역학quantum chromodynamics (QCD)으로 알려지게 된 이론을 개발했다. 양자 색역학은 색과 관련이 없지만 물리적 특성을 색에 비유하여 붙은 이름이다. 불행히도 양자 색역학은 백인이 흑인에게 부여한 '유색 인종'이라는 이름이 여전히 사용되던 시기에 발달했으며, 오늘날까지 어떤 교과서에서는 양자 색역학을 '유색 물리학colored physics'으로 표현하고 있다. 1960년대에 활동하던 흑인 여성주의 물리학자였다면 절대 이 용어를 사용하지 않았을 것이며, 사회적 의미는 다르지만 이는 나에게 나치 정권의 '아리안 물리학Aryan physics'을 떠올리게 한다. 그러나 흑인은 시민 평등권이 도래한 시대까지 입자물리학에서 거의 완전히 배제되었고, 심지어 흑인 여성은 이후 10년 동안 윌리 홉스 무어Willie Hobbs Moore가 1972년 미시간대학교에서 학위를 받을 때까지 물리학의 어떤 분야에서도 박사학위를 받을 수 없었다. 이는 1876년 예일대학교에서 에드워드 보쳇Edward Bouchet이 흑인 남성으로서 처음 박사학위를 받은 지 거의 한 세기가 지난 후였다.[2] 내 말은, 양자 색역학 개념은 아주 좋아하지만 그 용어 자체는 아주 못마땅하다는 것이다.

양자 색역학은 표준모형의 다른 부분들과 마찬가지로 흥미롭지 않을 이유가 전혀 없으며, 모든 입자물리학 분야에서 내가 가장 좋아하는 이론이다. 양자 색역학은 정교한 3차원 퍼즐처럼 수학적 요소가 풍부하기도 하고, 이 이론을 활용하여 작은 문제를 풀면 내 연구의 핵심인 암흑물질 후보를 만들어낼 수 있다는 점에서 나는 양자 색역학을 매우 좋아한다. 그러나 더 앞서 나가기 전에(2장까지 기다려주길 바란다), 내가 양자 색역학을 좋아하는 이유 중 암흑물질과 상관없는 이유가 있다. 예를 들어 각 쿼크와 반쿼크는 전하뿐만 아니라 색전하color charge라는 성질도 띠고 있다. 여기에는 빨강, 파랑, 초록의 세 가지 색이 있다고 알려

2 또한 보쳇은 미국 내 대학교에서 박사학위를 받은 첫 아프리카계 미국인이었다.

져 있다. 그렇다. 반입자들은 반빨강, 반파랑, 반초록의 반대 색 속성을 가진다. 이러한 이름은 우리가 눈으로 보는 익숙한 색과는 전혀 관련이 없고, 물리학자가 아무 이유나 갖다 붙여 명명하기를 즐기기 때문에 사용하게 되었다. 예를 들어 잠시 후에 다룰 액시온axion은 세탁용 세제에서 이름을 따왔으며, 이 세제는 성모 마리아에게 '진정한 만남axion estin'이라는 기도를 드리는 그리스 정교회의 전례에서 이름을 따왔다. 색전하를 설명하는 데 사용되는 이 이름에는 아무 의미가 없지만, 현상 자체는 매우 구체적인 중요성을 띤다. 바로 중간자와 중입자 모두 쿼크로 이루어졌다는 것이다.

이 특성은 쿼크를 매우 특정한 구성으로 조합하는 글루온을 교환할 때 입자가 따라야 하는 새로운 규칙을 생성한다. 결국 무색 입자를 만드는 게임과 같다. 이 비유에서 색이 없다는 것은 본질적으로 좋은 상태를 의미한다. 이렇게 무색을 달성하는 두 가지 방법이 있다. 중성자와 양성자처럼 쿼크가 3개인 중입자의 경우 색전하를 흰색으로, 즉 중성으로 만들려면 모든 색상의 쿼크가 하나씩 있어야 한다. 중간자를 만들고 싶다면 쿼크가 2개 필요하지만, 아무 쿼크나 되는 것은 아니다. 하나는 쿼크 다른 하나는 반쿼크여야 하고, 쿼크의 색이 무슨 색이든 이 색이 상쇄되어 중성의 흰색이 되도록 반쿼크의 색은 해당 쿼크의 반대색을 띠어야 한다.

흥미로운 비유를 찾으려 행간을 읽는 사람들이 보자면, 이 표현은 사실 전혀 흥미롭지 않다. 여기서 '색'이나 '중성의 흰색'은 우주가 작동하는 방식과는 관련이 없고, 백인으로만 구성된 과학 공동체가 새로운 개념에 이름을 붙이는 방식을 반영한다. 따라서 일부 과학에서는 우리의 작은 행성 혹은 극지방 만년설을 녹이는 유인원과는 무관하게 사회에서 우위를 점하고 있는 집단의 사회적·정치적 관점을 아주 먼 우주의 구성 요소에 부여한다. 색전하 체계에서는 세 가지 전하를 초콜릿, 딸기, 바닐라로 명명해도 문제가 없다. 그러면 중입자는 나폴리탄 아이스크림으로, 중간자는 아무 맛이 없는 아이스크림으로 표현할 수 있을 것이다. 이는 중간자가 극도로 불안정하여 수명이 1초보다 짧다는 사실을 염두에 두면 직관적으로 이해할 수 있다. 물론 기술적 수준에서 이러한 비유에는 한계가 있다고 생각한다. 그러나 여기서 중요한 사실은 물리학자들에게 유색 물리학이 직관적인 것처럼 보인다는 점이다. 일반 청중이 이해하기 좋은 비유라서가 아니라, 우리가 교육을 통해 '색상+색상+색상=흰색'의 패러다임을 받아들이기 때문이다. 나는 새로운 과학 논문에서 "유색 자유도colored degrees of freedom"라는 표현을 다시는 보지 않았으면 한다.

이러한 용어를 좋아하지는 않지만 나는 남들보다 양자 색역학을 뒷받침하는 수학을 더 잘 이해하고 있으며, 이 분야가 얼마나 멋지고 흥미로운지 알고 있다. 양자물리학은 이해했다고 생각하는 순간 또 다른 층위가 나타난다는 점에서 화수분과도 같다. 앞서 언급했듯이, 우주는 우리가 생각하는 것보다 항상 더 복잡하고 기묘하다. 예를 들어, 색전하와 스핀 외에도 중입자 수baryon number나 아이소스핀isospin 등 다른 양자수quantum number들도 존재한다. 이 모든 숫자가 모여 여러 특성이 혼합된 입자의 순서를 결정하며, 모든 입자가 모여 우리가 이해하는 대로 우주를 구성한다.

복잡한 개념을 기본 요소로 분해하는 이 능력, 즉 과학적 환원주의는 아주 훌륭하다. 실제로 입자물리학자이자 양자 이론가, 여성주의 이론가인 캐런 배러드Karen Barad는 《우주의 중간에서 만나기: 양자물리학, 물질과 의미의 얽힘Meeting the Universe Halfway: Quantum Physics and the Entanglement of Matter and Meaning》이라는 책에서 다음과 같이 말했다. "입자물리학에서는 … 과학적 환원주의를 추구하는 경향성의 궁극적인 징후가 나타난다." 그러나 배러드는 이러한 현상에 이의를 제기하기 위해 양자역학의 특성을 강조했다. 배러드에 따르면 양자역학은 이해할 수 있는 개별적 요소들로 우주를 분해할 수 있다는 관점에 이의를 제기하며, 물리학자들은 소위 '우주의 가장 근본적인 대상'에 기반한 사고방식에 양자역학의 관점을 아직 적용하지 못했다. 또한 배러드는 이렇게 덧붙였다. "모든 응용 분야에서 양자 이론은 주로 서구에서 교육받은 소수 남성 집단의 영역이었다." 배러드는 표준모형의 기초인 양자이론이 연구자의 출신이나 성별에 의존한다고 주장하지는 않았지만, 물리학의 의미와 영향력을 해석하는 방식이 여전히 풀리지 않은 문제로 남아 있다고 지적한다. 환원주의적 사고 체계에서 벗어나지 못하면, 물리학자들은 물리학을 발전시키는 데 어려움을 겪을 수 있다.

이러한 배러드의 견해는 내가 입자물리학에 매력을 느꼈던 지점에 혼란을 불러일으킨 데다 심지어 정반대였기 때문에 도저히 받아들일 수가 없었다. 그러자 내가 서구적 이념에 뿌리를 둔 제도에서 교육받지 않았다면 이 모든 내용을 배울 수 있었을지 의문이 생겼다. 과연 여전히 입자물리학의 여러 층위와 그에 따른 모든 명명법에 매료될 수 있었을까? 아니면 현대 입자물리학이 핵무기 개발과 함께 성장하여 그 과정에 참여했는데도 입자물리학을 흥미롭게 여기게 된 것은 이러한 교육 덕분일까? 어쨌든 나는 입자물리학이 핵무기의 유산과 관련 있다는 사실을 어릴 때부터 알고 있었다. 사실 입자물리학은 핵물리학이라는 하위 분야에서 시작했으며, 시간이 지나면서 고에너지 입자 분야는 저에너지 입자 분야에서 점차 분리되었지만 여전히 핵물리학으로 알려져 있다. 핵물리학은 이제 의료 기술 연구에서 중요한 역할을 하고 있지만, 레이시 M. 존슨Lacy M. Johnson이 자신의 저서 《심판The Reckonings》에서 설명했듯이 여전히 안전 기준을 세우기 어려운 무기나 에너지 생산과 관련이 있다.

이러한 걱정에서 나는 알레한드로 아메나바르Alejandro Amenábar가 연출한 영화 〈오픈 유어 아이즈Abre los ojos〉의 미국판인 〈바닐라 스카이Vanilla Sky〉(캐머런 크로 연출) 도입부를 떠올리게 되었다. 그 장면에서 톰 크루즈가 연기하는 주인공 데이비드 에임스는 라디오헤드 〈Kid A〉 앨범의 오프닝 곡 〈에브리싱 인 잇츠 라이트 플레이스Everything in Its Right Place(모든 것을 제자리에)〉를 배경으로 깔고 뉴욕의 익숙한 거리를 운전해 지나간다.

라디오헤드의 리드 보컬 톰 요크Thom Yorke가 우울을 주제로 했다고 설명한 이 노래는 영화가 나아가는 디스토피아적 미래를 불길하게 예고하고 있다. 이렇게 노래와 암울한 미래가 맞물리는 장면에서 나는 입자물리학을 떠올렸다. 나는 표준모형이 입자를 올바른 수학적 구조와 올바른 위치에 두는 경향이 있다는 사실에 극도로 편안함을 느낀다. 그러나 동시에 여기에서 주로 안정감을 찾으면 물리학을 더 큰 그림에서 바라보지 못하거나, 더 나아가 보지 않으려고 할까 봐 걱정하기도 한다. 이런 생각을 하다 보면 내 머릿속에도 라디오헤드의 음악이 흐르고 있는 것만 같다.

나는 속으로 입자물리학의 표준모형이 지나온 역사와 그 뒤에 숨은 동기를 치열하게 고민하지만, 물리학이나 물리학자를 더는 상대할 수 없다는 생각이 들 때마다 잠시 멈춰서 감탄하게 하는 것은 결국 표준모형이다. 나는 매번 가능한 한 최선을 다해 수학에 빠져든다. 입자물리학 교과서 한 권을 집어 들고 첫 장부터 읽는 일은 언제나 흥미롭다. 동시에 역사는 백인 남성, 소수의 백인 여성, 소수의 아시아인, 소수의 흑인, 소수의 라틴계 Latinx[3](이들 중 대부분은 남성이다)로 가득 차 있으며 북미 원주민은 존재하지 않는다. 과거의 논바이너리non-binary(자신의 성별을 특별히 정의하지 않은 사람—옮긴이)는 역사 기록에 남지 않았고 오늘날에도 여전히 기본적으로 잘 알려지지 않는다. 예를 들어, 토론토대학교의 끈이론학자 A. W. 피트A. W. Peet만이 상당히 뛰어난 학자이자 유명한 논바이너리인 고에너지 물리학자(입자물리학자와 양자중력이론가를 포괄한다)로 알려져 있다. 나는 내 전공 분야의 학계가 구성된 방식을 좋아하지 않는다. 그러나 쿼크를 생각하면, 래퍼 데프 제프Def Jef의 노래 〈백 투 더 퓨처Black to the Future〉의 "우리는 어디로 가는지 알고 있지. 우리가 어디에서 왔는지 알고 있으니"라는 가사에 가장 잘 들어맞는 애정 어린 기대를 해보기도 한다. 그렇다면 나는 아마도 식민지 과학의 일꾼이라기보다, 입자물리학에 새로운 관점과 변화를 부여하는 〈블랙 팬서Black Panther〉의 슈리 공주와 비슷할 것이다. 이는 우주의 법칙이 보편적이지 않다는 뜻은 아니다. 다만 우리가 알고 있다고 생각하는 것은 사실 불완전하며 우리는 백인 남성이 서구 교육 환경에서 훈련받은 사고방식을 넘어서 생각할 수 있어야 비로소 완전한 상태에 이를 수 있을 것이다.

누가 물리학자가 될 수 있는지를 다르게 이해하면 물리학에 대한 우리의 이해가 얼마나 달라질지를 시간만이, 그리고 인종적 장벽 없이 다양한 인류가 참여할 수 있는 집단만이 말해줄 수 있을 것이다. 사람들은 흑인 여성이나 흑인이 배제되더라도, 우

3 중남미 출신을 지칭할 때, 이 책에서는 성별 개념이 없는 용어를 추구하는 논바이너리 등의 요청에 따라 관습적으로 사용하던 'Latino'라는 용어 대신 'Latinx'라는 용어를 선택했다. 또한 나는 'Latine'이라는 새로운 용어의 존재도 알고 있으며, 일부 사람들은 이 용어가 더 나은 대체 용어라고 주장한다. 내가 'Latinx'를 사용한 이유는 외부인으로서 이 사회적 담론에 대해 어떤 단어를 선택해야 하는지 적극적인 입장을 주장하기 위해서가 아니라 이 시점에서 더 널리 알려진 단어를 사용하기로 결정한 것뿐이다. 이는 정치적 견해가 아니라 이해를 돕기 위한 결정이다. 중요한 점은, 라틴계 사람들이 백인을 비롯해 다양한 인종 정체성을 가지고 있다는 것이다. 나는 여기에서 백인 라틴계 사람들은 유색 인종 라틴계 사람들만큼 소외를 경험하지 않는다는 점을 염두에 두고 이 용어를 넓은 의미로 사용했다.

주의 일부가 '유색 물리학'으로 설명되어 '백인을 위해, 백인에 의해 만들어진 물리학'으로 영원히 남더라도 괜찮다고 믿는다. 나는 양자적으로 표현하자면 사람들의 이러한 믿음으로 만들어진 장벽을 뚫고 터널에 가장 먼저 도착한 사람 중 한 명이다. 내가 이 믿음에 동화되어 이겨냈는지, 아니면 내 강력한 의지와 상상의 힘으로 이겨냈는지는 알 수가 없다.

배러드는 〈절대 작지 않은 사건: 버섯 모양의 구름, 무의 생태학, 시공간물질화의 기묘한 위상No Small Matter: Mushroom Clouds, Ecologies of Nothingness, and Strange Topologies of SpaceTimeMattering〉이라는 에세이에서 모든 입자물리학을 뒷받침하는 계산 도구인 양자장이론과 원자폭탄이 "공생하는" 방식을 서술했다. 내 지적인 삶을 양자장이론으로 영위한다고 생각한다면, 내가 원자폭탄으로 삶을 영위한다고도 볼 수 있는가? 나는 이 질문의 답을 알고 있다. 내 전공 분야는 맨해튼 프로젝트와 마찬가지로 입자물리학이 기술적·정신적으로 국가적 이익에 계속 기여할 수 있다는 인식 때문에 엄청난 연구비를 지원받았다. 이러한 가능성이 줄어들면서 연구비도 줄어들었다. 내가 입자물리학을 받아들였던 방식이 나를 이 역사적 궤적에 밀어 넣었다. 하지만 여전히 나는 쿼크를 사랑하던 흑인 아이가 자연스럽게 성장한 결과로도 볼 수 있다. 이 흑인 아이는 국가적 이익에 기여할 수 있어서가 아니라 영혼이 충만해졌기 때문에 쿼크를 사랑했다. 사랑에 빠지는 데는 표준모형이면 충분했다.

2장

암흑물질은 검은색이 아니다

어떤 입자들은 기본 구성 요소이지만, 중성미자같이 최후의 날을 위한 입자들도 있다. 아니, 오해하지 마시라. 기독교 성서에 나오는 종말을 의미한 것이 아니다. 말 그대로 우주에서 일어나는 일반적인 붕괴의 산물을 말한다. 사실 볼프강 파울리는 1931년 처음으로 중성미자의 존재를 가정했다. 특정 방사성 붕괴 횟수가 맞지 않았고, 손실된 에너지를 설명하려면 아직 검출되지 않은 입자가 에너지를 가져갔다고 생각하는 것이 가장 좋은 방법이었기 때문이었다. 파울리가 이런 아이디어를 내자 엔리코 페르미는 이 새 입자를 고려한 방사성 붕괴 이론을 개발했고, 이탈리아어로 '중성의 작은 입자'라는 뜻인 neutrino(뉴트리노)라는 이름을 붙였다. 중성미자가 처음 제안된 지 거의 30년이 지난 후, 클라이드 L. 카원Clyde L. Cowan과 프레더릭 라이너스Frederick Reines가 사우스캐롤라이나에 있는 사바나리버 원자로에서 수행한 카원-라이너스 중성미자 실험으로 알려진 실험에서 중성미자를 처음으로 관측했다. 실험에서는 원자로에서 생성된 반중성미자가 양성자와 반응할 때 중성자와 양전자를 생성한다는 이론을 검증했다. 그러면 전자의 반물질인 양전자는 전자와 접촉하여 감마선에 해당하는 고에너지 광자 2개를 방출하며 소멸할 것이다. 사바나리버 실험에서는 이 감마선과 남은 중성자를 검출했다. 감마선 광자 2개와 중성자의 고유한 조합은 반중성미자가 원자로에서 방출되어 전체 반응을 일으켰다는 사실을 확실히 보여주었다.

검출하기 어렵다는 사실 외에도 중성미자에는 놀라운 특성이 있다. 중성미자는 전하를 띠지 않지만, 종류에 따라 전하를 띠는 경입자 상대가 있다. 즉 중성미자에는 전자 중성미자, 뮤온 중성미자, 타우 중성미자의 세 가지 종류가 있다는 뜻이다. 중성미자에 질량이 있다는 사실을 검증하는 데는 거의 50년이 걸렸다. 이 사실이 처음 대중에 공개되었을 때 나는 고등학교 졸업반이었다. 중성미자는 질량이 매우 작기 때문에 흔히 '상대론적 입자'라고 불린다. 이들은 모든 물질이 지닐 수 있는 속도의 한계인 빛의 속도에 가깝게 움직일 수 있다. 그 결과, 말하자면 핵붕괴가 일어나는 장소에서 멀리 떨어진 곳까지 효율적으로 에너지를 전달할 수 있다. 바로 이러한 특성 때문에 중성미자는 입자물리학뿐만 아니라 천체물리학에서도 아주 흥미로운 입자가 되었다. 중성미자는 별에서 생성될 수 있고, 초신성 현상과 같이 별이 폭발할 때 상당수가 생성된다. 이러한 이유로 우리는 빛의 입자인 광자와 함께 중성미자와 중력파라 불리는 시공간의 파문을 활용하여 우주를 관측한다. 중성미자의 질량이 얼마인지, 엄청나게 작겠지만 0보다는 큰 질량을 갖는 이유를 어떻게 설명할 수 있을지는 여전히 불확실하다. 물리학에서 다루는 모든 대상은 질량이 0이거나 그보다는 확실히 큰 값일 수밖에 없다. 한동안 중성미자의 질량이 얼마인지, 질량이 있기는 한지조차 불확실했기 때문에 중성미자는 암흑물질이라고 여겨졌다. 중성미자의 질량이 아주 작다는 사실이 밝혀진 지는 겨우 10년밖에 지나지 않았으며, 이제 한 가지 문제가 남게 되었다. 도대체 암흑물질은 무엇인가?

여기서 시작해보자. 암흑물질은 반드시 실재할 필요가 없다. '암흑물질'은 1906년 앙리 푸앵카레Henri Poincaré가 만든 용어(프랑스어로 matière obscure)였다. 22년 전 영국 천문학자 켈빈 남작은 1884년 "아마도 수많은 별의 대부분은 암흑 천체일 것이다"라고 처음으로 언급했다. 네덜란드의 천문학자 야코비스 캅테인Jacobus Kapteyn과 얀 오르트Jan Oort도 1920년대에 우리은하와 그 주변부에 있는 별을 관측하여 암흑물질과 같은 천체가 존재한다는 사실을 발표했다. 1933년 스위스의 천체물리학자 프리츠 츠비키Fritz Zwicky는 은하단을 관측하여 암흑물질(독일어로 Dunkle Materie)의 증거가 있다는 사실을 발표했다. 1939년 미국[1)]

1 'America'와 'American'은 북아메리카, 중앙아메리카, 남아메리카 사람을 모두 지칭할 수 있는 단어이다. 이 책에서는 주요 맥락에서 미국에 초점을 맞추고 있기 때문에, 간편하게 미국(the United States)을 'America'로, 미국 출신 사람들을 'American'으로 지칭하였다.

의 천문학자 호러스 밥콕Horace Bobcock이 더 많은 증거를 발표했고, 실제로 이 물질은 검은색이라기보다 눈에 보이지 않는다는 사실이 문제였기 때문에 적절하지는 않았지만 그때까지 대부분 '암흑물질dark matter'이라는 용어를 사용했다.

이 차이는 1960년대와 1970년대에 베라 루빈Vera Rubin이 켄트 포드Kent Ford가 개발한 새로운 분광기를 창의적으로 활용한 덕분에 암흑물질의 존재에 대한 최초의 중요한 증거가 나왔다는 사실을 생각하면 의미가 있다. 분광기는 빛을 여러 색으로 나누는 기능을 하며(4장, 5장에서 살펴보겠다), 루빈 박사는 우리은하 별의 속도를 전보다 훨씬 높은 정확도로 측정하는 데 분광기를 사용할 수 있음을 처음으로 인지한 과학자였다. 그 결과, 은하에 존재하는 물질이 별뿐이라고 가정할 때 별이 은하를 중심으로 회전하는 속도와 실제 별의 속도 사이에 유의미한 차이가 있음을 발견했다. 은하의 모든 질량이 별과 먼지에 들어 있다고 가정하면, 우리는 별과 먼지에서 얼마나 많은 복사 에너지가 나오는지 측정하여 이 은하의 질량을 측정할 수 있다. 먼저 광도(밝기)와 질량 사이의 상관관계를 보여주는 멋진 물리학 방정식이 있다. 다른 방정식에서는 은하의 질량과 은하를 중심으로 도는 별의 회전 속도 사이의 관계를 보여준다. 이는 뉴턴의 법칙 중 하나로, 고등학교 학생들에게 가르치는 내용이다. 하지만 은하에 대입해보면 한 가지 문제에 직면한다. 별의 회전 속도를 기반으로 측정한 모든 별의 질량과 밝기를 기반으로 측정한 모든 별의 질량이 다르게 나타난다는 것이다. 회전 속도는 은하에 훨씬 더 많은 질량이 있어야 한다는 사실을 보여준다.

결국 이는 눈에 보이지 않은 미지의 물질이 존재함을 의미한다. 현재 알려진 중력 이론이 틀렸을 수 있다(나중에 다루도록 하겠다)는 해결책이 있지만, 여기에서는 신중하게 선택한 두 데이터를 서로 맞추기 위해 미지의 물질을 찾아야 한다는 더 대중적인 이론을 다루려고 한다. 과학자들은 은하 내 별의 움직임을 관측하여 이 미지의 물질이 실재하며 중요한 문제라는 사실을 처음으로 알게 되었다. 그 후 이러한 관측 결과 외에도 방정식 일부에 '암흑물질'을 넣지 않고는 설명할 수 없는 몇 가지 모순이 발견되었다. 6장에서 살펴볼 중력렌즈 현상도 우주에 떠도는 눈에 보이지 않는 물질이 존재한다는 다른 증거이다.

실존적으로, 암흑물질은 우리가 우주를 얼마나 많이 모르고 있는지 다시 한번 보여주는 사례이다. 입자물리학의 표준모형은 모든 것을 설명할 수 없다. 천문학의 다양한 관측 결과 덕분에 우리, 즉 우주론 학자와 입자물리학자 대부분은 우주에 존재하는 물질의 80퍼센트가 암흑물질로 이루어졌다는 사실을 알게 되었다. 현재까지 이해한 바에 따르면 우리가 보고 있는 모든 물질, 즉 우리의 구성 요소는 우주에 존재하는 물질의 20퍼센트에 불과하다. 나머지는 모두 암흑물질이다. 아인슈타인이 말했듯 물질의 정의에 에너지까지 포함한다면 구성비는 훨씬 더 심각하게 줄어든다. 표준모형에 있는 물질이 5퍼센트, 정체는 아직 모르는 암흑물질이 25퍼센트, 암흑에너지(나중에 다룰 것이다!)가 70퍼센트를 차지한다. 결국 표준모형이 전부가 아니라는 사실이 밝혀졌다. 사실 우주의 물질-에너지 함량의 5퍼센트만 설명할 수 있을 뿐이다. 거기에는 중입자들, 표준모형, 일상 용품이 있을 테고, 좀 이상하고 비정상적이기는 하지만 당연히 우리도 있다. 물리학자만을 말하는 것이 아니다. 우리 모두와 세쿼이아아(삼나무의 한 종류), 지구 전체, 태양계 전체를 말하는 것이다. 우주는 거의 비어 있고, 비어 있지 않은 부분은 대개 우리에게 보이지 않는 물질로 가득 차 있는 것처럼 보인다. 우리는 과학 기기를 이용해 이 물질에 접근할 방법이 있는지 알지 못한다. 심지어 한 종류의 입자인지 1만 1000개의 입자가 섞여 있는지도 알 수가 없다. 그림 3에 있는 팀 테이트Tim Tait의 벤다이어그램에서 제안된 입자 후보들을 볼 수 있지만, 역시 우리는 이 입자들 중에 답이 있는지도 알 수 없다. 우리는 이 물질이 은하를 하나로 묶어두는 역할을 하며 '볼 수 있는' 물질을 형성하는 데 핵심적 역할을 한다는 사실만 파악했을 뿐이다.

여기에서 가장 분명한 질문은 다음과 같다. 왜 암흑물질 입자는 표준모형에서 보이지 않는가? 답을 하자면, 표준모형의 구조는 선택할 수 없다. 우리는 이론의 수학적 구조에 내재한 한계와 실험 데이터에 묶여 있다. 암흑물질이 문제인 이유는 우리가 암흑물질을 본 적이 없고, 우리의 경험에 기반한 표준모형에는 본 적이 없는 물질이 들어갈 여지가 없기 때문이다. 암흑물질은 말 그대로 이름이 좋지 않아 잘못 알려지기도 했다. 사실 암흑물질에는 '보이지 않는invisible 물질'이나 '투명한transparent 물질', '무색clear 물질'과 같은 이름이 붙어야 했다. 나는 아무래도 펩시 제

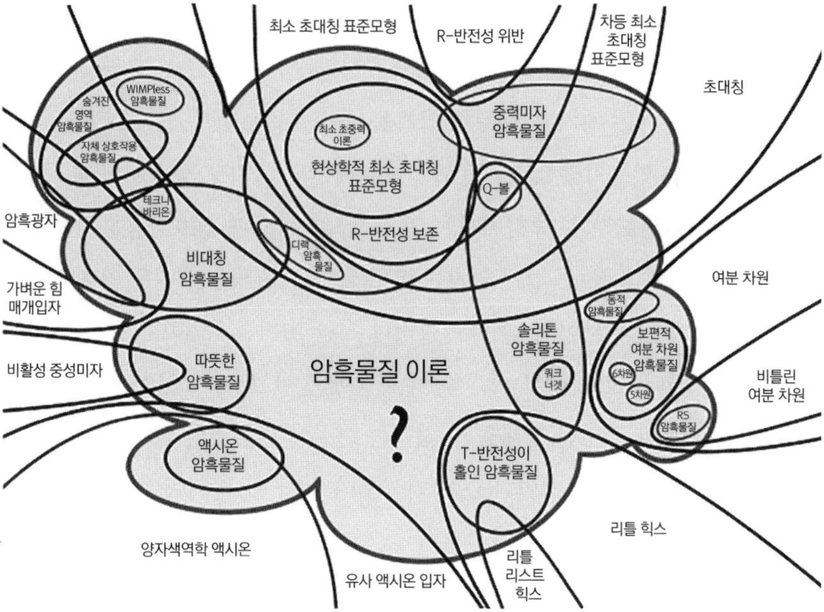

그림 3 역사상 가장 거대한 벤다이어그램. 암흑물질을 설명하는 다양한 이론을 기술하며 여러 모형이 공통점으로 서로 겹치는 양상을 보여준다. 입자물리학 이론가이자 캘리포니아대학교 어바인캠퍼스의 교수인 팀 테이트는 다른 물리학자들이 다양한 암흑물질 모형 후보들을 이해할 수 있도록 이 시각 자료를 만들었다.

품의 역사에서 특히 좋지 않았던 시기가 떠오르는 무색 물질보다는 보이지 않는 물질이나 투명한 물질이라는 이름에 힘을 싣고 싶다. 초기 밀레니얼 세대보다 어린 사람들이라면 '펩시 클리어Pepsi Clear(1990년대 초 펩시에서 판매한 무색 콜라—옮긴이)'라고도 출시되었던 '크리스털 펩시'에 슈퍼볼 경기를 포함해 막대한 마케팅이 투입되었지만 결국 펩시와 록 밴드 밴헤일런Van Halen의 인기곡(〈라이트 나우Right Now〉라는 노래가 펩시 클리어의 광고 음악으로 쓰였다—옮긴이) 모두에 재앙이 들이닥쳤다는 사실을 기억할 것이다.

물론 처음 제기된 질문은 암흑물질이 표준모형의 입자로 설명될 수 있는지였고 오랫동안, 사실 꽤 최근까지도 중성미자가 유력한 후보였다. 중성미자는 전자기력, 즉 빛과 상호작용하기 때문에 절대 볼 수 없는 입자는 아니지만, 상호작용이 매우 약해서 눈에 거의 보이지 않는다. 그러나 지난 10년간 중성미자를 연구한 결과, 그 질량이 너무 작기 때문에 눈에 보이지 않는 물질의 양을 필요한 만큼 채울 수 없다는 사실이 밝혀졌다. 중성미자가 미지의 물질이려면 질량이 지금보다 수백 배, 심지어 수천 배 커야 할 것이다.

오늘날 암흑물질 연구는 '표준모형을 넘어서는' 물리학으로 여겨진다. 이 보이지 않는 물질은 이전에 전혀 관측된 적이 없는 입자일 것으로 예상된다. 이런 종류의 문제는 한 문제에 집착하여 평생을 바친다는 물리학자의 정의와 다시 맞닿는다. 하지만 내가 결국 암흑물질을 전공한 이유는 이 때문이 아니다. 나는 연구를 해야 했지만 살짝 갈피를 잡지 못하던 시기에 암흑물질 연구에 참여할 기회를 얻었기 때문에 여기에 뛰어들게 되었다. 내가 결국 발을 담근 연구는 당시 모두가 생각하던 주제가 아니라 약간 생소한 주제, 액시온이었다.

액시온은 여전히 가상의 입자이지만 개념적으로는 표준모형의 다른 문제와도 연관이 있다. 표준모형에는 은하를 중심으로 도는 별의 움직임을 설명하는 후보가 없다는 사실뿐만 아니라 다른 문제도 존재한다. 하나는 강한 상호작용의 전하-반전성 문제strong charge-parity problem로, 양자 색역학의 이론적 공식이 전하-반전성 대칭을 깨지 못한다는 것이다. 전하-반전성 대칭은 입자와 반입자가 교환될 때(전하 대칭), 거울상으로 볼 때(반전성 대칭) 물리 법칙이 동일하다는 규칙이며, 입자를 반입자로 대체하고 좌우 방향성을 바꾸어도 물리 법칙은 동일하게 작용한다는 의미이다. 이 대칭성은 이렇게 생각해보면 재미있다. 두 손을 반물질 형태의 손으로 바꾼 다음 왼손과 오른손을 맞바꾼다면 어떨까? 일반적이라면 당연히 일상생활에 문제가 생기겠지만, 입자 단계에서는 대칭성이 종종 보존된다.[2] 하지만 양자 색역학에서 대칭성이 보존되면 중성자의 전기 쌍극자 모멘트electric dipole moment에 문제가 생긴다. 전하-반전성 대칭이 보존되면 중성자는 새로운 특성을 지닌 입자, 우리가 전혀 모르는 특성을 지닌 입자로 변환된다. 이러한 결과를 억제하도록 전하-반전성 대칭을 깨뜨려서 방정식을 수정해야 한다.

사실 훌륭한 표준모형은 모든 현상을 과하게 잘 설명해왔지만, 이렇게 문제가 생기기도 한다. 이 문제를 해결하는 최선의 방법은 1970년대 로베르토 페체이Roberto Peccei와 헬렌 퀸Helen

2 반전성 대칭이 항상 보존되지는 않는다는 점은 주목할 만하다. 1956년 중국계 미국인 핵물리학자 우젠슝Wu Chien-Shiung은 입자의 약한 상호작용에서 반전성이 보존되지 않는다는 사실을 밝혔다. 두 이론가 리정다오Lee Tsung-Dao와 양전닝Yang Chen-Ning은 이 사실을 예측한 연구 결과로 노벨상을 받았다. 우젠슝 박사는 당시 자신의 핵심적인 실험으로 상을 받지 못하고 20년이 지나서야 울프상의 첫 수상자가 되었다.

Quinn이 만든 페체이-퀸 이론으로 알려져 있다. 페체이와 퀸은 양자 색역학에 상수인 매개 변수를 넣어 변화를 주었다. 프랭크 윌첵Frank Wilczek과 스티븐 와인버그Steven Weinberg는 각각 이 모형이 새로운 입자를 담보한다는 사실을 알아차렸다. 어떤 과학자들은 이 입자를 얼마간 히글렛Higglet으로 불렀으나, 이제는 윌첵이 이름 붙인 액시온으로 알려져 있다.

페체이와 퀸이 이 이론을 발표할 때만 해도 암흑물질은 고려 대상이 아니었다. 하지만 액시온은 그 특성으로 보아 암흑물질 입자의 유력한 후보임이 밝혀졌다. 안타깝게도 아직 페체이-퀸 이론이 현상을 명쾌하게 설명하는 단순한 모형인지, 아니면 우주가 실제로 작동하는 방식을 알려주는 이론인지는 알 수 없다. 이를 확인할 방법은 모형에서 검출할 수 있는 실험 결과를 살펴보는 것이다. 그리고 물리학자들이 액시온의 특성을 탐구하기 시작한 지 몇 년 지나지 않아, 액시온이 천체 관측에 기반한 암흑물질의 기본 특성, 즉 입자 수가 많고 천천히 움직여 역학적으로 차가운 특성을 보여준다는 사실이 밝혀지면서 새로운 연구가 시작되었다. 내가 액시온을 좋아하는 이유는 액시온이 강한 상호작용의 전하-반전성 문제를 해결하기도 하고 완전한 우연의 일치로 암흑물질 후보가 갖춰야 할 조건도 충족하기 때문이다. 액시온은 어쨌든 필요성이 있어 유력한 암흑물질 후보로 여겨지고 있다.

액시온은 암흑물질의 예상 행동 방식과 다르게 움직이고 흥미로운 양자적 특성들을 보여주어 더 흥미진진하다. 이는 액시온이 1장에서 언급했던 힉스 입자처럼 스칼라 보손이기 때문이다. 보손은 함께 어울리는 특성을 지니기 때문에 굉장히 놀라운 행동을 보여줄 수 있다. 이 입자는 양자역학 이론의 초기 공헌자이자 알베르트 아인슈타인Albert Einstein과 함께 스핀이 정수인 입자들을 설명하는 방정식을 연구했던 인도의 수리물리학자 사티엔드라 나드 보스를 기리기 위해 보손이라고 불린다. 이러한 보스-아인슈타인 통계의 결과로 알려진 바와 같이 보스-아인슈타인 응축체Bose-Einstein condensate가 생성되어, 상대적으로 차가운 입자나 원자의 상당수가 모두 같은 저에너지 상태에 놓여 하나의 초원자super atom처럼 행동하게 된다. 보스-아인슈타인 응축체가 형성되면 물질의 양자역학적 성질을 고유하게 반영하며, 때로는 당구공 같은 입자로 이루어진 것처럼, 때로는 출렁이는 물결처럼 행동한다. 이 보스-아인슈타인 응축체 상태에서 입자들은 파동처럼 움직일 뿐만 아니라, 파동이 응집되어 하나의 커다란 파동을 생성한다. 이는 순전히 양자역학적 현상이다. 고전 물리학에서는 입자가 깨지지 않는 작은 당구공과 같아서 절대 파동처럼 합쳐질 수 없었다. 양자적 보스-아인슈타인 응축 현상은 연구실에서 만들어내기 굉장히 어렵고 아마 중성자별을 제외하면 우주에서도 자주 일어나지 않는 현상으로 여겨진다.

적어도, 액시온이 암흑물질이라면 어떻게 행동할지 물리학자들이 생각해보기 전까지는 그랬다. 21세기 초부터 액시온은 스칼라 암흑물질, 퍼지fuzzy 암흑물질, 스칼라장 암흑물질, 파동 암흑물질 등 여러 이름으로 불리는 특별한 종류의 암흑물질 중 한 예시라는 점이 분명해졌다. 이 다양한 이름은 한 가지 개념, 즉 '스칼라'의 변주이다. 스칼라는 스핀이 0인 보손의 다른 이름이다. 힉스 입자는 스칼라이며, 힉스 입자가 발견되면서 다른 스칼라 입자도 존재할 수 있다는 가능성을 열어주었다. '장field'이라는 용어는 양자역학과 아인슈타인의 특수상대성이론을 융합할 때 입자를 설명하려면 이렇게 불리는 수학적 구조가 필요하기 때문에 사용된다. 스칼라장의 간단한 예로는 방의 온도를 들 수 있다. 3차원 방에서는 모든 위치에 온도의 값이 있다. 중앙 냉난방 장치를 사용한다면 온도는 어디에서나 거의 비슷할 것이다. 내가 지금 글을 쓰고 있는 거실부터 식당까지 열려 있는 형태의 공간에서는 겨울에 벽난로만 사용하기 때문에 벽난로 근처의 소파에서 발이 시릴 지경인 식탁까지 온도 변화가 크다. 입자는 동일한 수학적 구조로 설명할 수 있지만 방대한 양의 양자역학이 필요하다. 때로는 입자를 장으로 설명하는 것이 특히 의미가 있다. 보스-아인슈타인 응축체 암흑물질이 바로 그런 예시이다.

액시온이 보스-아인슈타인 응축체와 유사한 특성을 보인다는 사실은 우주에 떠다니는 거시적 양자 파동이 존재할 가능성을 보여준다! 양자 파동의 크기는 액시온의 질량에 달려 있지만, 이론은 사실 그 질량이 얼마여야 하는지에 대해 많은 정보를 주지 못하고 있다. 어떤 실험에서는 특정 값을 제외하는 조건을 주고, 관측에서는 적절한 값을 제시하기도 한다. 나는 연구를 통해 이 적절한 질량 범위에서 소행성 크기의 액시온 보스-아인슈타인 응축체가 초기 우주에서 형성되었을 수 있음을 밝혀냈다. 그

응축체들이 지금까지 살아남았을까? 바로 이 질문에 답하려고 나는 열심히 연구하고 있다.

이 외의 액시온 질량 범위에서는 아주 다른 천체물리학적 결과가 생성되며 이론물리학의 다른 영역과 연결되기도 한다. 앞서 나는 중력이 표준모형에 포함되지 못한다고 언급한 바 있다. 이를 해결하는 방법 중 하나는 끈이론string theory으로 잘 알려져 있는데, 이는 중력과 입자물리학 이면의 계산 구조인 양자장 이론의 병합을 제안한다. 대신 우리는 3개의 공간 차원에 1개의 시간 차원을 더한 전통적 시공간 개념에 최소한 10개의 차원이 존재할 수 있다는 가정을 받아들여야 한다. 끈이론은 엄청나게 명쾌하며, 나는 다룰 차원이 너무 많으면 어떤 일도 일어날 수 있겠다는 농담을 친구들과 하곤 했다. 그리고 실제로 많은 일이 일어난다는 사실이 밝혀졌다. 예를 들어, 끈이론에는 모듈라이moduli라고 불리는 현상을 비롯한 많은 부산물이 있고, 모듈라이는 액시온과 아주 유사한 성질을 띤다. 사실 페체이-퀸 액시온으로 알려진 양자 색역학 액시온은 중력과 양자물리학을 통합하는 이론인 양자중력 모형에서 등장하는 유사한 특징을 지닌 더 큰 부류의 입자에 속한다.

이제는 양자 색역학 액시온과 같은 한 종류의 액시온만 연구하기보다 '유사 액시온 입자axion-like particles(ALPs)'라고 알려진 포괄적인 범주를 다룬다. 유사 액시온 입자를 고려하면 거시적 양자 파동의 크기는 은하를 둘러싼 암흑물질인 암흑물질 헤일로halo 정도일 것이다. 우리은하에도 헤일로가 있으며, 이는 우리

은하의 가장자리에서 보이는 별보다 훨씬 멀리까지 뻗어 있다. 헤일로가 유사 액시온 입자로 구성되어 있다면 우리은하의 위성 은하인 수십 개의 은하들과 같은 작은 구조들은 다른 암흑물질 모형에서 설명하는 방식과 다른 과정을 거쳐 형성되었을 것이다. 정확히 '어떻게' 다른지 알아내는 것이 현재 내가 진행하고 있는 연구 주제 중 하나이다.

사실 다른 암흑물질 모형들도 있다. 유사 액시온 입자는 다른 종류의 암흑물질 후보인 '약하게 상호작용하는 무거운 입자weakly interacting massive particles(WIMP)'와는 확연히 구별된다. WIMP는 구체적인 입자 후보라기보다 일반적으로 약한 상호작용(표준모형에서 설명하는 세 가지 힘 중 하나)으로 서로 엮이는 일련의 특징을 공유하는 무거운(흔히 양성자 질량의 약 100배 정도로 여겨진다) 입자의 종류다. WIMP의 후보는 아주 많지만, 모두 표준모형의 설정을 넘어서는 구조가 필요하다. 대부분은 유럽입자물리연구소의 대형강입자충돌기Large Hadron Collider에서 열심히 노력하고 있음에도 아직 실험적 증거가 없는 표준모형의 확장 형태인 초대칭supersymmetry 이론에서 발견된다.

WIMP 암흑물질을 생각해보면, WIMP는 일반적으로 페르미온으로 구성되어 있기 때문에 예상하기로는 암흑물질 헤일로가 소행성이나 헤일로 크기의 가간섭성 파동으로 가득 차지 못한다. WIMP는 보스-아인슈타인 응축체를 형성할 수 없고, 고전 입자들처럼 움직이는 경향이 있다.

어쨌든 나는 액시온을 연구하고 WIMP는 액시온이 아니기 때문에 WIMP에 대해 이야기하는 것을 그다지 좋아하지 않는다. 그러나 WIMP가 여전히 중요한 연구 분야라는 점은 짚을 필요가 있다. 그렇기는 하지만 WIMP가 액시온을 대체할 유일한 경쟁자는 아니다. 한동안 WIMP를 대체할 만한 가장 유력한 후보는 '무거운 고밀도 헤일로 천체massive astrophysical compact halo object(MACHO)'였다. 이처럼 물리학자들은 단어의 앞 글자를 따는 약자를 좋아하며, WIMP와 MACHO(각각 겁쟁이와 남성성을 과시하는 남자를 의미한다—옮긴이)라는 이름을 붙인 학자들도 거의 확실히 남성이었다는 사실을 알 수 있을 것이다. MACHO는 사실상 데이터와 맞지 않아서 배제되었지만, 최근에 MACHO와 유사한 물질이 다시 유력한 후보로 떠오르고 있다.

일반상대성이론으로 예측되며 시공간의 속성이 바뀌어 한 번 들어가면 빠져나갈 수 없는 신기한 천체인 블랙홀은 중력파gravitational wave가 검출되면서 유력한 후보로 주목받고 있다. 이는 오래된 개념이지만 최근 몇 년 사이에 주목받기 시작했다. 우리는 블랙홀 발견의 새로운 시대에 살고 있으며, 중력으로 묶여 있는 두 블랙홀 즉 블랙홀 쌍성처럼 매우 무거운 천체가 움직일 때 발생하는 시공간의 잔물결인 중력파의 검출로 이 새로운 시대가 열리게 되었다. 중력파는 연못에 조약돌을 떨어뜨리거나 싱크대에 고인 더러운 물에 포크를 떨어뜨릴 때 보이는 잔물결과 비슷하다. 이는 오랫동안 가설로 남아 있었고 맥동하는 중성자별에서 보인 간접 증거는 있었지만, 2015년에 들어서야 비로소 직접 검출기에서 진동이 감지되었다.

이 진동은 별이 수명을 다할 때 생겨나는 특이한 형태의 별인 중성자별 2개가 충돌하여 발생했다. 별이 굉장히 무거우면 수명을 다하면서 초신성으로 폭발하고 중성자별을 남긴다. 이러한 천체는 로스앤젤레스 크기의 공간에 태양 2개 반을 붙여놓은 것만큼 밀도가 극도로 높으며, 거의 대부분 중성자로 이루어져 있어 그 안에서 "뜨거운 쿼크 수프"라고 요약할 수 있는 흥미로운 물리 현상이 발생한다고 여겨진다. 중성자별은 기본적으로 우주에 존재하는 양자 색역학 실험실이나 다름없고 여기에 과도한 질량이 들어가면 블랙홀로 붕괴하기 때문에 엄청나게 흥미로운 천체이다. 이들은 아주 무겁기 때문에 2개가 죽음의 소용돌이에 빠져 서로를 돌고 있으면 이제 특수한 장비로 검출할 수 있는 엄청난 시공간의 파동이 생겨난다.

중성자별 쌍성에서 발생한 중력파를 처음 검출한 이후 몇 년간 블랙홀 쌍성과 블랙홀-중성자별 쌍성에서도 중력파가 검출되었다. 이 검출 결과에서 우리는 중성자별 간 충돌에서 생겨나는 금과 같은 무거운 원소의 생성 과정을 알게 되었고, 별과 유사한 질량의 블랙홀이 이론에서 예측한 것보다 더 흔하다는 사실도 알게 되었다. 실험이나 관측이 이론과 모순되면 새로운 의문이 제기되기 때문에 문제가 흥미로워진다. 물리학자들은 점차 이런 궁금증을 갖게 되었다. 암흑물질의 정체가 물질이 아니라 중력으로 인해 극도로 뒤틀려 고립된 시공간이라면 어떨까? 왜 우주에는 이렇게 많은 블랙홀이 있을까? 블랙홀 암흑물질은 다른 의미에서 특별하다. 블랙홀은 빛을 흡수하고 방출하지 않아서 "암흑"이라는 표현에 내가 동의할 수 있는 유일한 가설이기 때문이다.

여기서 반복적으로 발생하는 사건과 그 배경을 잠시 짚어볼 필요가 있다. 흔히 물리학은 새로운 사실을 발견한 뛰어난 백인 남성 영웅들의 잇따른 등장으로 대변된다. 하지만 실제로는 훨씬 더 복잡하다. 때로는 이론이 먼저 나오고, 때로는 실험 데이터가 먼저 나온다. 다른 장소에 존재하는 사람들이 정확히 동시에 독립적으로 같은 결론에 도달하는 경우도 있다. 과학자들은 보통 문제가 무엇인지 첫 단계부터 동의하지 않는다. 과학 문제를 분명히 정하는 과정은 사회적이다. 어떤 개념은 수십 년의 세대에 걸쳐 움트다가 마침내 누군가 등장하여 그 실체를 파악하기도 한다. 켈빈, 푸앵카레, 츠비키는 모두 당대의 천재적 거장으로 역사에 남았지만, 이상하게도 베라 루빈은 그렇지 못했다. 루빈이 살아 있는 동안 루빈보다 젊은 남성 학자들은 암흑에너지의 증거를 발견한 공로로 2011년 노벨상을 받았는데, 보이지 않는 물질처럼 행동하는 무언가가 존재한다는 증거 또한 그만큼 중요한 현상이다. 다른 여성 천문학자인 조셀린 벨 버넬Jocelyn Bell Burnell은 처음으로 중성자별을 관측했지만 남성인 지도교수가 대신 상을 받는 것을 지켜보았다. 앞서 말했던 이론 분야의 발전 과정에서도 헬렌 퀸과 우젠슝만 유일한 여성이었다.

최근 내 연구는 대부분 암흑물질과 중성자별, 특히 암흑물질 후보인 액시온과 액시온 실험실의 역할을 하는 중성자별에 초점을 두고 있다. 한쪽 성별에 치우친 역사를 지닌 이런 천체들을 내가 연구하고 있는 것은 그저 우연의 일치이다. 하지만 전적으로 우연만은 아닐지도 모르겠다. 자신감도 떨어지고 이론물리학계에서 입지를 다질 수 있을지 걱정하던 대학원생 시절, 나는 루빈 박사와 하루를 보낼 기회가 있었다. 루빈 박사가 내게 건넨 첫 질문은 암흑물질 문제를 어떻게 해결할 수 있겠느냐는 것이었다. 그전까지는 대학원에서도, 당연히 학부에서도 물리학의 중대한 문제에 대해 아무도 내 의견을 묻지 않았다. 물리학자들은 보통 유용한 대화를 나누기에 충분히 성장하지 않은 것처럼 여겨지는 학부생의 의견에 별로 관심이 없다. 연구 과정에서 보통 학부생에게는 문제를 제시하고 어려운 문제의 아주 작은 부분에 알려진 기술을 적용하기 위해 창의적으로 노력하는 정도를 기대한다. 어느 정도는 이해할 만하다. 그러나 내가 과학자로서 수행한 아주 흥미로운 연구 중 일부는 수업 내용을 파고들고 거기에서 더 나아가 질문을 던지며 흥미로운 맥락을 찾던 학부생과 함께한 연구들이었다. 물리학에서는 정확히 이런 식으로 학부생에게 큰 그림을 그리는 질문을 던져야 한다. 학부생에게서 답을 얻기 위해서가 아니라, 이러한 질문에 스스로 답해보도록 격려해야 하기 때문이다.

하지만 스스로 생각해보지 않는다면 어떨까? 처음 나와 암흑물질 사이의 관계가 바로 이런 상태였다. 나는 암흑물질을 입자물리학이 아니라 관측천문학의 문제라고 여겼기 때문에 거기에 그다지 관심이 없었다. 그래서 중요한 문제라고는 생각했지만 '내' 문제로 여기지는 않았다. 루빈 박사가 했던 행동은 예상보다 더 반체제적이었다. 학생에게 물리학에서 가장 큰 문제 중 하나를 해결할 방법을 물었을 뿐만 아니라, 갈색 피부의 여성인 나에게 질문했기 때문이다. 물론 그 과정에서 다른 학부생들에게도 분명 의견을 물었을 것이다. 나는 백인, 대부분 남성이었던 학우 몇 명이 다음 세대의 물리학 거장인 양 환대받는 상황을 지켜보았다. 교수진이 그 특별한 무리에 나를 포함하지 않기로 했다는 사실은 분명했다. 왜 과학자가 되지도 못할 사람에게 과학을 어떻게 생각하는지 묻겠는가? 루빈 박사는 나를 물리학의 중대한 문제를 해결할 수 있는 사람인 것처럼 대하면서 물리학계에서 내가 대우받는 방식에 의문을 제기했다. 당시 나는 암흑물질을 연구하고 있지 않아서 적절한 대답을 제시하지 못했다. 암흑물질의 지적 영향권에 들기까지 5년이 더 걸렸고, 그때까지도 나는 암흑물질을 연구할 마음이 없었다. 그러던 중 한 동료가 액시온 보스-아인슈타인 응축이 작동하는 방식을 해석하기 위해 제안된 이론을 연구해보자고 제안했다. 함께 노력한 끝에 우리는 흥미로운 결과를 얻었고, 나는 갑자기 루빈 박사의 격려처럼 나 또한 암흑물질을 바짝 뒤쫓는 사람이 될 수 있겠다는 생각을 하게 되었다.

오늘날 암흑물질은 우주론의 두 가지 거대한 수수께끼 중 하나이다. 때때로 과학자들은 암흑물질이라는 용어가 일반 대중에게 무섭고 불길하게 들린다고 주장한다. 사실 나는 백인 과학자들에게서만 이러한 주장을 들었고, 그럴 때마다 이들이 "암흑"이라는 개념을 이해하는 방식을 실제로 더 자세히 설명해줄 수 있는지 궁금했다. 내가 보기에 암흑물질에는 아무 문제가 없다. 문제가 있었다면 진작에 발생했을 것이다. 사실 암흑물질은 우리의 존재 가능성에 아주 중요한 역할을 한다. 암흑물질은 우주의 모든 구조를 형성하는 데 필수적이기 때문에 초창기부터 존재했을 것이다. 나머지 거대한 수수께끼인 우주 가속 팽창은 나중에 다룰 것이다. 이는 암흑물질이 별, 태양계와 같은 항성계, 지구와 같은 행성으로 가득 찬 은하와 같은 구조를 형성하는 역할을 하고 나서야 일어난 일이다. 암흑물질이 우리의 존재에서 중요한 역할을 하지만, 이를 이해하려는 연구는 신념에 입각한 행위이다. 일단 우리는 암흑물질이 완전히 눈에 안 보이지는 않기를 바라야 하기 때문에 연구 분야로 선택하기에 낯설고 흥미로운 주제이다. 완전히 눈에 보이지 않고, 경입자든 쿼크든 어느 입자와도 상호작용이 전혀 없다면, 결코 직접 검출할 수 없을 것이다. 그러니 "데이터가 있다"고 말할 수 없을지도 모른다. 그리고 어디에서 누가 암흑물질에 대한 가장 흥미로운 아이디어를 제시할지도 결코 알 수 없다.

3장

시공간은 휘어져 있다

저는 양자중력에 문제가 있는지조차 몰랐는데요.

– 대니얼 "데서스" 베이커, 〈데서스 앤 머로〉(미국의 코미디 토크 쇼—옮긴이)' 시즌1 8화

물리학과 학생이었던 시절, 나는 내가 직관적으로 시간과 공간을 완전히 다른 현상으로 경험하고 있다는 이야기를 끊임없이 들었다. 이제 물리학자로서 나는 이 이야기가 사실인지, 아니면 그저 물리학 교수들이 자신의 경험을 학부생이었던 우리에게 투영한 것인지 궁금해졌다. 사실 나는 그 이야기를 듣기 전까지 이 문제에 대해 깊이 생각해본 적이 없었다. 18세기 유럽 계몽주의에 뿌리를 둔 현대 지식 체계에서 인간은 시간과 공간을 완전히 다르다고 여기며 우주가 평평하다고 배웠다. 어떤 의미에서 서구 사상가들을 위해 이를 성문화한 사람은 바로 아이작 뉴턴이었다. 뉴턴은 시간을 모든 관찰자 관점에서 균일하게 흐른다고 가정하여 보편적으로 공간에서 일어나는 움직임을 해석하는 매개변수로 활용했다. 이 개념이 바로 우리가 알고 있는 현대 물리학의 시초이며 여전히 대학에서 물리학과 학생들에게 처음으로 가르치는 내용이다.

이러한 내용을 고안하기 위해 뉴턴은 (현재 아프리카 이집트에서 두 번째로 큰 도시인) 알렉산드리아까지 거슬러 올라갈 정도로 역사가 깊은 기하학(도형과 공간을 다루는 수학)의 여러 개념을 활용했다. 알렉산드리아가 그리스 치하였던 시기의 수학자 유클리드 Eucleides는 지중해 지역에서 지속적 인상을 남긴《원론Stoikheîa》이라는 책을 집필했다. 책에서 유클리드는 거의 모든 미국 고등학생들이 배워야 하는 개념인 유클리드 기하학을 제시했다. 유클리드 기하학은 원래 다섯 가지 기본 공리, 가정을 기반으로 한다(현대에는 유클리드 기하학이 기능하려면 다섯 가지가 넘는 공리가 필요하다는 사실이 밝혀졌다). 이 다섯 가지 공리에서는 평평한 종이와 같은 평면을 다루는 수학의 기술 방법을 제시했다. 평면을 기술하려면 다음과 같은 법칙이 필요하다.

1. 어떤 두 점도 직선으로 연결할 수 있다.
2. 어떤 선분도 더 길게 늘릴 수 있다.
3. 선분이 있으면, 그 선분을 반지름으로 한 원을 그릴 수 있다.
4. 두 직선이 수직으로 만나서 생기는 각도, 즉 직각은 모두 90도로 같다.
5. 두 평행선은 계속 평행하게 유지되고, 평행하지 않은 모든 선은 결국 교차한다.

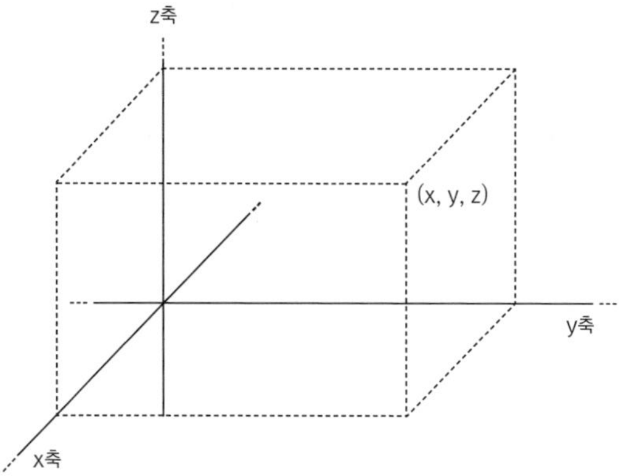

그림 4 유클리드 기하학을 뒷받침하는 공간의 세 평면.

이러한 법칙은 추상적으로 보이지만, 결론적으로 아시아 대륙의 반도나 다름없는 유럽의 지식인들이 3개의 교차 평면으로 구성된 공간을 생각하게 된 기반이다. 초등학교에서 배운 수학을 어렴풋하게 떠올린다면, 공간은 x, y, z축으로 설명할 수 있다. 내가 처음으로 공간에 대한 문제를 다루었던 수업은 고등학교 기하학 수업, 특히 유클리드 기하학 수업 시간이었다. 기하학 수업에서는 이렇게 수직으로 교차하는 평면 3개로 세계를 설명할 수 있다고 배웠다(그림 4 참조). 유클리드의 공리를 가정하면 어떤 삼각형이든 그 내각의 합은 180도임을 증명할 수 있다.

고등학교 기하학 수업에서 보통 우리는 유클리드 기하학이 좁은 영역에서만 평평해 보이고 실제로 굴곡진 지구 표면에는 적용되지 않는다고 배운다. 지구 표면 위 어느 정도 넓은 영역에서 삼각형을 그리면 내각의 합이 180도가 넘는다. 유클리드 기하학은 국소적인 이론이기 때문에 우리에게 익숙한 일상적 길이의 규모에 상응한다. 인간의 키로는 지구의 굴곡을 볼 수 없다. 지구가 둥글다는 사실은 현대의 지식이 아니다. 유클리드가 살던 당시 이미 피타고라스Pythagoras는 지구가 평평하지 않을 수 있다고 주장했다. 아리스토텔레스Aristoteles도 지구가 둥글다는 데 동의했다. 유클리드가 세상을 떠나고 얼마 지나지 않아 그리스의 식민 도시 키레네(현대의 아프리카 리비아) 출신의 에라토스테네스Eratosthenes는 처음으로 지구의 둘레를 정확하게 측정했다. 하지만 여전히 지중해와 유럽 주변에서는 유클리드 기하학이 유일한 기하학으로 받아들여졌다. 1800년대에 이르러서야 유럽의 수학자들은 다른 기하학의 존재 가능성과 정당성을 널리 받아들였다. 심지어 오늘날 고등학교 기하학 교과 과정에서도 이러한 기하학들은 아주 조금만 다룬다. 예를 들어 베른하르트 리만Bernhard Riemann의 이름을 딴 리만 기하학은 교과 과정의 마지막에서 다루지만, 우리가 유클리드 기하학을 적용하기 어려운 구형의 행성에 살고 있음에도 그보다 덜 중요한 것처럼 보인다.

19세기 이전, 거의 2000년 동안 이집트, 페르시아, 그리스, 유럽의 많은 천문학자와 철학자가 지구 너머의 공간을 구형으로 가정했는데도 19세기에 다른 기하학을 받아들이지 않았다는 사실은 약간 의아하다. 나에게 천구 개념의 기원은 꽤 직관적인 것처럼 보인다. 이러한 개념은 지중해 연안에서 지구가 평평하지 않고 실제로는 둥글다는 사실을 이해하면서 생겨났다. 우리가 살고 있는 토대가 구형이라면, 구가 기본 형태일 것이다. 적어도 플라톤은 그렇게 생각했다. 플라톤은 틀렸지만, 나는 플라톤이 왜 그렇게 생각했는지는 이해할 수 있다. 나는 늘 당시 사람들이 공간 자체가 휘었을 가능성을 고려하지 않았다는 사실이 놀라웠다. 거의 2000년 동안 우주는 천구로 둘러싸인 평평한 공간 안에 둥근 지구가 놓여 있는 형태로 여겨졌다. 우주의 본성에 대해 두 종류의 신념이 동시에 존재했다. 지구 표면과 천구 표면은 휘어 있지만, 그 사이는 모두 평평했다.

이 천구 개념은 수 세기 동안 이어져 아주 유력한 우주 모형으로 자리 잡았지만, 뉴턴은 요하네스 케플러Johannes Kepler의 행성 운동 법칙에서 비롯한 만유인력 개념으로 케플러 법칙을 포괄하는 설명을 제시하여 이 모형을 무너뜨렸다. 뉴턴은 무한소 미적분학이라고 알려졌던 완전히 새로운 수학을 도입하여 이 법칙을 설명했다. 이 수학 체계는 물리학의 기본이어서 누군가 나에게 종일 무엇을 하느냐고 물으면 "미적분"한다고 대답할 수 있을 정도이다. 기하학에서는 직선을 가장 중요하게 생각하지만, 미적분학에서는 곡선에 집착한다. 그렇다고 유클리드 기하학이 미적분학의 등장으로 사라진 것은 아니다. 대신 뉴턴의 저서《자연철학의 수학적 원리Principia Mathematica》의 기초가 되었으며, 여기에는 오늘날 대학교 1학년 물리학과 학생이 '고전역학'으로 배우는 뉴턴의 미적분학과 자연철학 개념이 들어 있다.

뉴턴은 우주에서 움직이는 물체를 이해하는 구성 원리로서 유클리드 기하학에 크게 의존했다. 어떤 의미에서 학생들은 여전히 이러한 관점으로 미적분학을 배운다. 모든 곡선은 너무 작아서 무한소라고 부를 만큼 작은 직선 여러 개로 쪼갤 수 있다. 수학 함수를 적분하려면 함수를 그렸을 때 함수가 만드는 곡선의 아래에 있는 아주 작은 사각형의 면적을 계산해야 한다. (수학자들은 결국 이러한 기하학적 개념에서 더 추상적인 개념으로 옮겨 가지만, 물리학자들은 보통 여전히 이런 방식으로 생각한다.)

내가 우주에 관해 배웠던 거의 모든 것은 결국 유클리드 기하학으로 되돌아갔다. 직관적으로 여겨졌기 때문이다. 뉴턴 역학을 처음 배우는 물리학 개론은 항상 x, y, z로 우리에게 익숙한 르네 데카르트의 데카르트 좌표를 적용하여 계산하는 것으로 시작한다. 이 좌표에서는 유클리드 기하학을 따르는 평면 내의 위치를 기술할 수 있다. 우리는 이러한 과정이 실제 세계의 공간 구조를 살펴보기에 가장 직관적이기 때문에 최선의 방법이라고 배운다.

아마존의 팔리쿠르Palikur 사람들은 이를 다소 다르게 바라본다. 밤하늘을 가로지르는 별의 움직임을 유클리드 기하학보다 더 정확하게 기술하는 팔리쿠르의 기하학 체계는 "곡선" 기하학으로 부를 수 있다. 하늘을 가로지르는 별의 움직임을 이해하려면, 유클리드 기하학 관점에서는 얻기 힘든 일종의 곡선에 대한 직관이 필요하다. 팔리쿠르 체계에서는 직선을 곡선의 출발점으로 사용하기보다 처음부터 곡선의 관점에서 생각하도록 훈련하는 것처럼 보인다. 내가 인류학과 교수인 레슬리 J. F. 그린Lesley J. F. Green과 데이비드 그린David Green이 진행한 인터뷰에 기반하여 팔리쿠르의 수학적 세계관을 얕게나마 이해한 바에 따르면, 팔리쿠르 기하학은 곡선을 고려하고 추상적인 직선보다는 아나콘다의 형태를 기본적인 기하학적 대상으로 사용한다. 인류학과의 방문 연구원과 진행한 인터뷰에서, 팔리쿠르 체계의 한 전문가는 이 지식에 접근할 수 없는 다른 세계의 사람들이 안타깝다는 말을 남겼다.

사실, 나 역시 서구의 전통적 교육을 받은 과학자로서 아마 안타까움의 대상일 것이다. 하지만 나는 유클리드적 직관을 다른 물리학자들처럼 자연스럽게 받아들이지 못했다. 또한 직관적이고 보편적이라고 여겨지는 유클리드 기하학에 의문을 제기하면서 시간이 관찰자에 독립적으로 균일하게 앞으로 흘러간다는 과학적 가정에 궁금증이 생겼다. 'CP 타임(유색 인종의 시간colored people's time, 유색 인종이 시간을 잘 지키지 않는다는 고정관념—옮긴이)'에 관한 농담이 아니다. 물론 각자 자신만의 시간관념이 있으며, 시간을 재는 방법의 문화적 맥락은 다양하다. 서양에서는 우리가 흔히 개인적으로나 집단적으로나 시간을 항상 앞으로 나아가는 1차원적 현상으로 경험한다고 여긴다. 그러나 마야 문명에서는 순환적 시간 개념을 갖고 있었고, 나와 같은 사람들에게는 이런 개념이 그렇게 반직관적이지 않을 것이다. 내 월경 주기는 달이 차고 이지러지는 주기와 거의 같다. 월경 주기를 겪어본 사람이라면 알겠지만, 월경 주기가 일정한 경우는 거의 없다. 나이가 들면 변하기 마련이다. 나는 주기가 시작되면 보통 시간이 새로 시작되어 전부 다시 처음으로 돌아가는 듯한 느낌이 든다. 이는 같은 순간이 아니라 같은 곳이다. 다시 말해, 내 자궁 내막과 피는 질에서 흘러나온다. 하지만 동시에 내 몸이 점차 늙어가고 난자도 나이를 먹으며, 주기가 반복될 때마다 폐경에 가까워진다는 사실도 알고 있다. 폐경 이후에는 질의 상태도 변할 것이다. 어딘가에서 발생하는 사건으로 시간을 특정한다면, 우리는 정말 시간과 공간을 분리해서 인지할 수 있을까? 질에서 흘러나오는 피와 하늘에서 특정한 모양을 띠는 달, 이 둘 중에 어떤 시간 감각이 올바른가? 앞으로만 나아가고 절대 반복하지 않으며 보편적으로 반드시 쇠퇴가 일어나도록 구성되었다고 보는 관점인가, 아니면 반복을 중심으로 인식하는 관점인가?

누군가는 인간의 시간이 사회적 현상이며, 시계로 측정되는 물리적 현상으로서 절대적 시간이 따로 있다고 주장하기도 한다. 내가 여기서 주목하려는 점은 시공간에 대한 '직관'이 보편적이지 않을 수 있으며 문화적·경험적 맥락이 있다는 것이다. 따라서 어떤 모형이 이 세계에 가장 그럴듯한지 판단하는 직관이나 '직감'은 사회적 현상으로 구성된다. 즉 우리는 직관을 타고난다기보다 습득하게 된다. 나는 운 좋게도 교육받은 환경과 다른 직관을 지녔고, 유클리드와 뉴턴의 방식으로 시공간을 바라보는 방식이 어떤 면에서는 계산에 용이할지라도 완전히 정확하지는 않다는 사실이 밝혀졌다. 시공간이 분리되어 있다고 믿었던 이유가 직관 때문인지 아니면 그저 내가 받은 교육 체계에서 이를 반복해서 강조했기 때문인지는 절대 알 수 없다. 지금 확실한 것은 시간과 공간이 분리되어 있다는 개념이 시계의 관점에서조차 거짓이라는 점이다.

유럽인들과 식민지에 정착한 후손들에게 직관적이라고 여겨졌던 많은 개념이 그렇듯이, 시공간의 분리에 관한 이 구체적인 직관 또한 근본적으로 잘못되었다. 이들은 자신의 세계관에서 시공간의 분리가 자연스러워 보였기 때문에 잘못되었다는 사실을 알아차리지 못했다. 물리학자들은 이를 받아들이기 위해 실험을 해야만 했다. 19세기 말, 마이컬슨-몰리 실험Michelson-Morley experiment에서는 빛의 속도가 유한하여 우주에 일종의 제한 속도가 존재한다는 사실을 밝혀냈다. 이 실험은 우주가 발광 에테르로 가득 차 있을 것이라는 오래된 가설을 검증하기 위해 설계되었다. 당시에 이미 빛은 파동이라고 받아들여졌고 파동은 매질을 통해 전파된다고 여겨졌기 때문에, 실험에서는 빛이 어떻게 공간에서 퍼져나가는지 확인하고자 했다. 이러한 직관은 바다에 일렁이는 파도와 같은 현상에서 근원을 찾을 수 있다. 물이 없이는 파도도 일어날 수 없기 때문이다. 이와 유사하게 빛도 무언가에 실려서 이동해야 한다고 여겨졌고, 발광 에테르가 그 후보 중 하나였다. 마이컬슨-몰리 실험은 이 개념을 검증하기 위해 설계되었지만, 발광 에테르와 같은 어떤 매질도 존재한다는 증거는 찾지 못했다. 과학자들이 실험 데이터를 곧이곧대로 받아들이는 엄격한 경험주의자일 것이라는 생각과 달리, 당시 많은 과학자는 빛의 특성을 밝혀낸 실험 결과를 받아들이지 않고 가설로 존재하는 에테르를 되살릴 방법을 모색했다.

그러나 아인슈타인은 그런 부류의 사람이 아니었다. 아인슈타인은 빛의 속도에서 시공간을 바라보는 근본적이고 새로운 방식을 찾아내 시공간이 사실 하나의 4차원 현상이라는 주장에 근거를 제시했기 때문에 흔히 천재로 여겨진다. 내가 여기에서 짚고 싶은 아인슈타인의 최대 업적은 빛의 속도가 일정하고 빛이 파동으로서 실제로 빈 공간에 전파될 수 있다는 생각의 논리적 결론을 진지하게 받아들였다는 점이다. 다시 말해, 아인슈타인은 마이컬슨-몰리 실험과 같은 여러 실험에서 비롯한 현실을 받아들여, 특수상대성이론의 첫 부분 등 혁명적인 물리학 이론들을 발전시켰다. 아인슈타인이 이 연구에서 첫 번째 부인인 세르비아의 물리학자 밀레바 마리치Mileva Marić의 도움을 얼마나 받았는지 의문이 남아 있지만, 특수상대성이론에 기여한 마리치의 역할은 물리학 역사가들 사이에서 논쟁의 여지가 있다. 하지만 확실한 사실은 마리치가 학위 과정을 두 번째로 마친 이례적인 여성이었던 반면, 아인슈타인은 남학생으로서는 상대적으로 평범하게 다닐 수 있던 그 과정에서 비범한 정도였다는 점이다. 또한 이 두 사람이 졸업하고 결혼했던 당시 유럽에서는 어떤 종류든 과학 연구를 하는 전문직 여성이 거의 없었으며 기혼 중산층 여성이나 고위층 여성이 할 수 있는 일은 무급으로 가사노동을 하는 정도에 불과했다.

마이컬슨-몰리 실험의 결과를 곧이곧대로 받아들였던 사람이 아인슈타인만은 아니었다. 1889년에서 1904년 사이에 활동했던 수학자와 과학자인 조지 피츠제럴드George FitzGerald, 헨드

릭 로렌츠Hendrik Lorentz, 조지프 라모어Joseph Larmor, 앙리 푸앵카레 모두 특수상대성이론의 초석이 된 개념을 발전시켰다. 피츠제럴드와 로렌츠는 물체가 움직이면 움직이지 않고 멈춰 있을 때보다 그 길이가 더 줄어든다는 개념을 제시했다. 이는 기준계frames of reference 개념을 전제로 한다. 예를 들어 당신이 차를 운전한다면, 차와 상대적으로 비교했을 때 운전석에 앉아 있는 당신은 정지해 있다고 볼 수 있다. 당신이 길에 서 있는 사람 옆을 지나쳐 운전한다고 가정해보자. 당신에게는 그 사람이나 그가 서 있는 길모퉁이가 다가오는 것처럼 보일 것이고, 지나치고 나면 그들은 멀어지는 것처럼 보일 것이다. 길모퉁이에 서 있는 사람은 다른 기준계를 사용한다. 이 사람은 가만히 서 있을 뿐이고 움직이는 물체는 당신과 자동차이다. 피츠제럴드와 로렌츠는 각자 독립적으로 마이컬슨-몰리 실험을 설명하려면 차를 운전하는 사람과 길에 서 있는 사람이 서로의 기준계에서 측정한 길이가 일치하지 않는다는 점을 인정해야 한다고 주장했다. 길에 서 있는 사람에게는 자동차가 더 짧아 보일 것이다.

마이컬슨-몰리 실험 이후 수년간 발광 에테르의 증거를 찾거나 질량의 성질을 검증했던 후속 실험에서는 피츠제럴드-로렌츠 길이 수축 가설에 기반한 설명이 필요했다. 일상에서는 '질량'과 '무게'를 같은 의미로 생각하는 경향이 있지만, 사실 질량은 힘으로 물체의 운동을 변화시킬 때 물체가 저항하는 정도를 정의하는 심오한 물리적 개념이다. 이 저항하는 정도는 인간과 천체인 지구 사이의 인력, 즉 일반적으로 몸무게라고 부르는 특정한 종류의 인력과 같이 두 중력체 사이의 인력을 결정하기도 한다. 물론 이 인력은 지구를 달로 바꾸면 변한다. 달에서의 무게는 지구에서 측정한 무게의 16.5퍼센트 밖에 되지 않지만, 질량은 여전히 같다. 이러한 무게 차이가 발생하는 이유는 지구보다 달이 훨씬 더 가볍기 때문에, 즉 달에 중력 작용을 일으킬 물질이 적기 때문이다.

특수상대성이론을 다룬 아인슈타인의 유명한 1905년 논문이 발표되기 전 수년간, 라모어, 로렌츠, 푸앵카레 모두 길이 수축뿐 아니라 시간과 관련된 유사한 현상인 시간 지연까지 포함하도록 피츠제럴드-로렌츠 수축 개념을 확장했다. 시간 지연은 길모퉁이에 서 있는 사람과 움직이는 차 안에 있는 사람처럼 두 가지 다른 기준계의 상대 속도가 있을 때, 길이뿐만 아니라 시간에서도 차이가 발생한다는 점에서 본질적으로 길이 수축과 관련이 있다. 한 구역을 차로 운전해 지나가는 동안 시간이 얼마나 걸릴까? 운전자와 길에 있는 사람은 이 시간을 다르게 측정할 것이다. 시간은 길에 서 있는 사람에게 천천히 흐를 것이다. 그 차이는 아주 작아서 대개는 알아차리기 어렵고 별문제가 되지 않는다. 그러나 중성미자와 같은 입자가 종종 그러듯이 사물이 빛의 속도에 가깝게 운동한다면 중요해진다.

1905년, 아인슈타인은 이러한 과학자들의 연구를 통합하는 두 가지 개념을 상정했다.

1. 물리 법칙은 가속도, 즉 속도(속력과 방향의 개념을 포함)의 변

화가 일어나지 않는 기준계인 모든 '관성계'에서 동일하다.

2. 관찰자나 광원의 운동 여부와 관계없이 빛의 속도는 모든 관성계의 모든 관찰자에게 동일하다.

아인슈타인은 1905년 논문 〈운동하는 물체의 전기역학에 관하여On the Electrodynamics of Moving Bodies〉에서 이 두 개념을 가정하면 길이 수축과 시간 지연이 자연스럽게 따라와서 이전에 임시로 만들었던 개념의 근본 체계를 제공한다는 사실을 보여주었다. 내가 전기역학이나 전자기학에 관련된 어떤 개념도 이야기한 적이 없으니 이 제목은 뜻밖일 것이다. 그렇지만 여기에서는 단순히 마이컬슨-몰리 실험뿐 아니라 뉴턴의 물리 법칙에 관해 알려진 바와 일치하지 않는 전자기 이론의 발전을 이해하고자 한다. 마이컬슨-몰리 실험은 사실 전자기학이라고 불리는 분야의 현상과 긴밀한 관련이 있다. 실험이 있기 불과 10년 전, 제임스 맥스웰James Maxwell은 전자기학 이론을 완성했고, 전기와 자기가 사실 한 동전의 양면이나 다름없으며 파동의 성질을 띠는 빛의 근원임을 보여주었다.

여기에서 어떻게 시공간을 통합된 개념으로 이해할 수 있는지 더 이어가기 전에, 내가 이런 방식으로 설명하고 있는 이유를 잠시 이야기해보려고 한다. 이렇게 역사적 관점에서 이야기를 풀어가는 이유는 훌륭한 백인의 역사를 기록하여 재현하고 싶었기 때문이 아니라, 우리가 대중에게 물리학을 설명할 때마다 고독한 천재의 지루한 이야기처럼 말하기 때문이다. 물리학은 오히려 엄청나게 사회적인 학문이며 시간이 지날수록 점점 더 그렇게 변했다. 물리학을 구성하는 개념들, 특히 확고한 개념들은 개인에게서 나오기보다 집단적 노력에서 비롯한다. 예를 들어 특수상대성이론의 경우, 아인슈타인이 핵심 개념들을 통합하는 논문을 썼지만 부분적으로는 다른 사람들이 이전에 수년간 연구해온 개념들로 구성되었다. 학창 시절 우리는 아인슈타인의 특수상대성이론에서 다루는 시공간 통합이 '시공간'에서 거리를 측정할 때 쓰이는 잣대를 민코프스키 계량법Minkowski metric이라고 불리는 방식으로 설명할 수 있음을 의미한다고 배웠다. 아인슈타인의 새로운 과학에서 거리를 관장하는 계량법을 생각해낸 사람은 아인슈타인이 아니라 헤르만 민코프스키Hermann Minkowski였다. 민코프스키 계량법은 빛의 속도가 모든 관성계에서 동일하다는 개념을 고려하기 때문에 전통적인 유클리드 계량법과 다르다.

특수상대성이론이 훌륭하기는 하지만, 중력을 고려하지 않기 때문에 시공간을 완전히 기술하기에는 한계가 있었다. 우리가 중력에 대해 생각하는 방식은 뉴턴에게서 물려받았다. 뉴턴에게 공간은 사물로 가득 차 있고 사건이 일어나는 방과 같다. 엄밀히 말하면 여기서 공간은 배경이라 할 수 있다. 사건이 벌어지는 동안 공간은 배경으로 존재한다. 이런 맥락에서 질량이 있는 물체 사이에 생기는 인력인 만유인력은 방 자체에 어떤 영향도 주지 않고 그 안에서 작동하는 힘이다. 특수상대성이론에서 이는 여전히 사실이지만, 이제 방 안에서 거리와 시간을 측정하는 몇 가

그림 5 본문에서 설명한 대로, 어느 쪽이든 두 소녀가 들고 있는 공은 똑같이 움직인다!

지 새로운 방법이 개발되었다. 중요한 점은 뉴턴의 중력이 특수상대성이론과 연관될 때 문제가 생긴다는 것이다. 중력은 물체 사이의 거리에 좌우되고, 앞서 설명했듯 거리는 관찰자에 따라 다르게 측정되기 때문이다. 중력과 상대성이론을 아우르려면 중력의 개념을 다시 생각해야 했는데, 특수상대성이론이 공개되고 10년이 지나서야 이 문제를 해결할 수 있었다.

중력을 상대성이론으로 끌어들여 일반상대성이론을 탄생시킨 아인슈타인의 핵심적 통찰은 바로 다음과 같다. 우주 공간에서 지구가 물체를 잡아당기는 것과 같은 비율로 일정하게 가속하는 로켓에 갇혀 밖을 볼 수 없는 사람은 자신이 로켓에 있는지, 지구 표면의 엘리베이터에 있는지 구분할 수 없다(그림 5 참조). 또한 롤러코스터에서 무중력을 느낄 때도 잠시 이러한 경험을 한다. 이러한 예시는 물리 현상이 동일한 원리를 따르고 있다는 사실, 중력이 실제 힘이 아니라 가속도, 즉 중력에서와 동일한 비율로 발생하는 속력이나 방향의 변화로 흉내 낼 수 있는 가상의 힘이라는 사실을 보여준다. 사실 중력은 실재하지 않는다.

중력과 중력이 제기하는 질문에 대한 이러한 깨달음은 엄청난 결과를 낳았다. 이를 수학적으로 설명하기 위해 민코프스키 계량법을 넘어서는 새로운 잣대가 필요했다. 여기에서 19세기 리만 기하학을 사용하여 궁극적으로 휘어진 시공간이 나타나게 되었다. 중력은 힘이 아니라 휘어진 시공간의 부산물이다. 곡선 주로가 있는 기다란 미끄럼틀을 타고 내려간다고 상상해보자. 우리는 동일하게 시공간에 묶여 있으며 미끄럼틀의 꼭대기에서 바닥까지 가능한 한 짧은 방법으로 곡선 주로를 따라간다. 리만 기하학에서는 이를 고려할 새로운 잣대의 구성 원리를 설명했다. 곡률이 생기는 이유는 무엇일까? 물질은 주변의 시공간을 구부리며, 우리는 이 시공간의 휘어짐을 중력이라는 힘으로 느낀다. 다시 방의 비유로 돌아가보자. 시공간은 배경에 가만히 존재하는 방이 아니다. 방은 그 안에 들어 있는 물체들과 상호작용한다. 과거 뉴턴의 관점에서는 물체만 방의 모양에 따라 주위를 운동할 수 있지만, 동시에 이제는 물체가 방의 모양에도 영향을 준다. 이제 공간은 전면에 나서 시간에 따라 변한다. 수 세기 동안 과학 사상가들은 중력이 물질의 속성이라고 생각했지만, 사실 시공간의 속성이라는 사실이 밝혀졌다.

이러한 내용이 우리의 일상과는 관련 없다고 생각할 수도 있

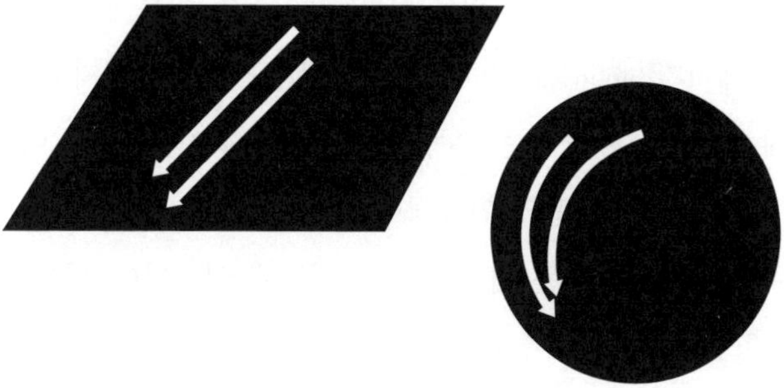

그림 6 평평한 유클리드 평면에서 직선은 절대 교차하지 않는다. 반면 구의 표면에서 나란하게 출발한 두 선은 결국 교차하게 된다.

지만, 운전 경로나 비행 경로를 컴퓨터로 확인한 적이 있다면 GPS(범지구위치결정시스템Global Positioning System)의 영향을 받았을 가능성이 있다. 애플맵Apple Maps과 같은 서비스에도 쓰이는 이 군사 기술의 개발에 기여한 사람들 중 흑인 여성 수학자인 글래디스 웨스트Gladys West가 있었다. 그럼에도 오랫동안 로저 이스턴Roger Easton, 아이번 A. 게팅Ivan A. Getting, 브래드퍼드 파킨슨Bradford Parkinson이 오랫동안 발명의 공로를 인정받았다. GPS가 뉴턴 물리학에만 의존했다면 계속 잘못된 위치 정보를 제공했을 것이다. 이는 특수상대성이론에서처럼 일반상대성이론에서도 시간 지연을 도입하기 때문이다. 시간과 공간이 연결된 상태에서 공간이 휘어진다면 시간도 왜곡되어 길어져야 한다. 이러한 중력 시간 지연을 고려하지 않으면 GPS 기능에 필요한 시계에 오류가 생길 것이다. 일반상대성이론은 미국인의 일상에 자리 잡았으며, 이제는 아마 애플파이보다 더 흔할 것이다.

칼 세이건의 저서《에필로그: 칼 세이건이 인류에게 남긴 마지막 메시지Billions and Billions》에서 한 구절을 빌리자면, 일반상대성이론을 기술하는 수학은 엄청나게 화려하다. 이 이론에서 시공간은 매끄럽고 연속적이어서 아무리 자세히 들여다봐도 허점이 없다. 모든 지점이 다른 지점에 연결된다. 나는 대학교 3학년 때 방문 교수였던 벨리즈계 미국인 수학자 알리 페터스Arlie Petters가 가르치는 MIT 대학원 과정의 일반상대성이론 강의를 들었다. 페터스 교수는 몇 가지 측면에서 내 인생을 바꿔버렸다. 첫째로 페터스 교수는 내가 만난 최초이자 유일한 흑인 교수였고, 내 성과에 개인적인 관심을 보여주었으며 그 관심은 내게 정말 필요한 것이었다. 둘째로는 너무 추상적이고 수학적이라서 배우기 굉장히 어렵다고 여겨지는 교과서로 수업을 진행했다. 로버트 월드Robert Wald의 저서《일반상대성이론General Relativity》은 내게 완벽한 교과서였다. 그중에서도 나는 일반상대성이론에서 물리적 시공간과 일치하는 수학적 공간인 다양체의 정의를 매우 좋아했다. 다양체는 가까이에서 유클리드 공간으로 보이지만 멀리서 보면 매우 휘어져 보일 수 있는 공간을 설명한다. 예를 들어 여기 뉴햄프셔에 있는 내 집에서 보면 지구는 꽤 평평하다. 하지만 알다시피, 로스앤젤레스로 돌아가려면 조종사는 지구 표면의 곡률을 고려한 경로를 거쳐야 한다.

일반상대성이론 수업을 듣기 전까지 나는 상대성이론이라는 전문 지식이 필요한 과학 분야에 종사할 만큼 내가 똑똑하지 않다고 생각했다. 그러나 이 교과서로 공부하기 시작하면서 이 과학을 '해야만' 한다는 사실을 깨달았다. 페터스의 수업을 들으며 나는 들떴으며 동시에 충격을 받았다. 나는 다양체 개념을 정말 좋아했다. '입문' 과정인 유클리드 기하학은 내게 전혀 직관적이지 않았지만, '고급' 과정인 일반상대성이론은 세상에서 가장 자연스러운 것처럼 느껴졌다.

보통 모든 일반상대성이론에서는 소위 아인슈타인 방정식을 도출하고 계산하는 데 필수적인 도구를 구상하여 시공간의 곡률과 시공간의 물질-에너지 함량 간의 관계를 설명한다. 이는 곡률과 물질-에너지가 서로 변화를 일으키기 때문에 동적 관계라고 불린다. 다음은 내가 이 책에 실은 유일한 수식이다.

$$G_{\mu\nu} = 8\pi T_{\mu\nu}$$

이 방정식은 꽤 위협적으로 보이지만, 이제 하나씩 설명하면서 우리 이론물리학자들에게 어떤 어려움을 주었는지 보여주고자 한다. 좌변에는 아래 첨자로 그리스 문자 μ(뮤)와 ν(뉴)가 붙은 G가 있고, 우변에는 대략 3.14로 많이 외우고 있는 초월수 π(파이)에 8과 $T_{\mu\nu}$를 곱한 항이 있다. 아인슈타인 텐서라고 불리는 G는 시공간의 곡률을 나타내고, 스트레스-에너지-운동량 텐서라고 불리는 T는 모든 물질-에너지의 함량을 나타낸다. 다시 말해, 방정식에서 시공간의 모든 속성 정보를 담은 부분은 시공간의 물질-에너지 함량의 모든 속성 정보를 담은 부분과 같다. 이 방정식은 앞서 논의한 바를 다르게 생각하는 방식일 뿐이다. 즉 시공간은 물질이 운동하는 방식을 결정하고 물질은 시공간이 휘어진 정도를 결정한다.

앞서 G와 T가 텐서라고 언급했지만 그 의미는 설명하지 않았다. 텐서는 많은 정보를 구조화하기에 편리한 방법을 제시하는 수학적 개념이다. μ와 ν는 첨자라고 불리며 각각 시간, x, y, z에 해당하는 0, 1, 2, 3의 값을 취한다. 따라서 G_{00}, G_{23} 등이 존재하며 주어진 성분마다 $G_{23} = 8\pi T_{23}$과 같은 방정식이 성립한다. μ와 ν에는 각각 4개의 값이 가능하기 때문에 텐서 G와 T에는 총 16개의 성분이 있다. G_{00}와 같은 방정식의 각 성분은 수학 방정식의 일부에 해당하므로 사실상 아인슈타인 방정식은 16개의 수학 방정식이다. 1장에서 언급했던 구 대칭과 유사한 대칭 덕분에 10개의 방정식이 중복되어 실제로는 6개가 남는다는 사실이 밝혀졌다. 6개도 여전히 많다! 과연 그 의미는 무엇일까?

방정식의 G항에는 미분이라고 하는 일련의 연산이 있다. 미분이라는 수학적 도구는 물리 시스템의 변화를 설명하기 위해 아이작 뉴턴과 고트프리트 빌헬름 라이프니츠Gottfried Wilhelm Leibniz가 동시에 발명했다. 일상에서 미분의 예시는 일정 시간 동안 일어나는 자동차의 위치 변화, 즉 속도에서 찾아볼 수 있다. 자동차의 진행 방향을 무시한다면 속도는 단순히 속력에 해당하며 자동차의 속도계에서 읽은 숫자와 같다. 사실상 아인슈타인 방정식은 시공간 계량법에서 사용하는 잣대가 물질-에너지 함량에 따라 시공간에서 어떻게 동적으로 변화하는지 설명한다. 아인슈타인 방정식에서 나타나는 미분의 정확한 본질은 사실 일반상대성이론이 나오기 수십 년 전 우리에게 친숙한 리만이 개발했다.

방정식의 T 항은 시공간의 물질-에너지 함량에 따라 다르게 정해진다. 우리는 대상을 대부분 유체로 설명할 수 있다고 확신하는 경향이 있다. 예를 들어, 우주를 만들어내는 대규모 시뮬레이션에서 암흑물질은 흔히 유체처럼 취급된다. 일반상대성이론에서 유체를 기술하는 방정식에는 속도와 유체 표면에 가해지는 힘(압력이라고도 한다), 유체에 얼마나 많은 질량이 있는지에 대한 정보가 들어 있다. 이 모든 정보를 종합하면 시공간에 들어 있는 물질의 몇 가지 기본 정보를 활용하여 시공간의 구조를 이해할 수 있다.

어쨌든 이론상으로는 이런 식으로 작동한다. 실제로 여기서 설명한 내용은 미분방정식이며, 미분방정식은 (보통) 쉽게 적을 수는 있어도 풀기는 끔찍하게 어렵다. 일반적으로 미분방정식에서는 물리량과 해당 물리량의 변화 사이의 관계를 기술한다. 아인슈타인 방정식이라고 불리는 미분방정식은 우주에서 거리와 시간의 흐름을 측정하는 잣대인 계량법과 물질의 함량에 따라 시공간의 각 지점에서 일어나는 계량법 변화 사이의 관계를 기술한다. 아인슈타인 방정식을 푼다는 것은 계량법의 수학적 형태를 찾는다는 의미이다. 그리고 이 계량법을 구하고자 하는 이유는 시공간에 무엇이 들어 있는지 안다고 했을 때 그것이 정확히 어떻게 휘어져 있는지 알 수 있기 때문이다.

어떤 미분방정식의 해답은 1개뿐이며 어떤 형식인지도 알려져 있다. 그러나 여러 미분방정식에는 다양한 해답이 있을 수 있다. 아인슈타인 방정식도 다르지 않다. 이 방정식은 물리적으로 합당한데, 거기에는 여러 조건들이 있다. 우주에는 빈 공간도 있고 별과 암흑물질 입자로 차 있는 공간도 있다. 시공간의 움직임을 설명하는 데 사용하는 잣대는 빈 공간에서와 구형의 물질이 있는 공간에서 다르고, 길이 규모에 따라서도 달라진다. 나는 중성자별 주변의 시공간을 연구할 때 모든 시공간을 연구할 때와는 다른 계량법을 사용한다. 중성자별 주변의 시공간이든 모든 시공간이든 1장에서 설명했던 특정한 대칭에 의존할 수 있으며, 이를 통해 계량법의 정확한 형태를 계산할 수 있다. 시공간에는 특별한 대칭성이 있다. 넓은 관점에서 시공간은 어디에서나 동일하게 균질하며 등방성을 띤다. 즉 모든 지점에서 어떤 방향으로 보든 거의 모든 것이 동일하게 보인다. 균질성과 등방성은 우주론의 이론적 토대를 제공하는 중요한 속성이며(다음 장에서 더 자세히 살펴보겠다), 지난 한 세기 동안 관측적 증거로 계속 확인되었다. 이 속성 덕분에 계산이 더 간단해진다.

많은 경우 아인슈타인 방정식을 정확히 풀기는 어렵지만 그렇다고 포기한다는 의미는 아니다. 우리는 '수치적 기법'이라고 불리는 다른 기법을 사용할 수 있다. 이 기법을 사용하면, 해답을 간결한 공식으로 표현할 수 없을지라도 특수한 알고리즘으로 값을 계산할 수 있다. 이 알고리즘은 사람이 직접 계산할 수 있는데, 사실상 '숨겨진 인물'인 수학자이자 물리학자였던 흑인 여성들이 미국항공우주국(NASA)에서 수행한 작업이었다. 오늘날에는 손에 넣을 수 있는 거의 모든 컴퓨터, 우리가 버리지 못하고 있는 오래된 아이폰조차 이러한 계산을 수행할 수 있기 때문에 사람이 계산하는 경우는 거의 없다. NASA에서 '인간 컴퓨터'가 전업으로 삼았던 일은 이제 뉴햄프셔대학교 학부생이 과제로 수행하고 있다.

한계는 있지만 우리는 중력을 상당 부분 이해하게 되었다. 이전 장에서는 입자물리학과 양자적 특성을 자세히 살펴보았다. 그러나 중력이나 시공간은 별로 다루지 않았다. 데서스는 몰랐지만 양자중력에 문제가 있기 때문이다. 양자역학을 배우면 일상의 매끄러움이 가장 작은 규모에서는 유지될 수 없는 근사치임을 알 수 있다. 가장 작은 규모에서는 전부 양자화된다. 즉 매끄러움과는 상반되게 개별 부분으로 쪼개진다. 미시 세계를 바라보는 이 새로운 방식에서 물질의 기본 속성은 입자가 가질 수 있는 에너지 준위와 같이 불연속적으로 양자화된다. 예를 들어, 헬륨 원자에 속한 전자는 페르미온이기 때문에 에너지는 아무 값이 아니라 정해진 값만 취할 수 있다. 시공간도 처음에는 어느 정도 이러한 양자적 특성을 지닌다고 여겨지지만, 멀리서 보면 완전히 고전적으로 매끄럽고 연속적이며 이상한 양자적 효과가 보이지 않는다.

내가 보기에 기초 물리학에서 가장 중요한 문제는 어떻게 이 양자 세계의 이론과 시공간 이론을 결합할 수 있는지 설명하는 것이다. 이론물리학에는 개념적 문제와 수학적 문제의 두 가지 다른 도전 과제가 있다. 실제로는 개념적 문제가 해결되더라도 항상 수학적 문제가 뒤따른다. 특히 물리학에서는 개념적 그림을 떠올리면 일반적으로 그 개념을 대략적으로 설명하는 수학 방정식을 작성할 수 있다. 그러나 마구 대입하거나 대칭을 단순화해도 방정식을 풀 수 있다는 보장은 없다. 아직 양자역학과 중력을 통합하는 이론인 양자중력은 개념적 단계에 머물러 있다. 심지어 수학적으로 표현하기는커녕 작동하는 방식에 대한 합의도 이루어지지 않았다.

이론물리학자들은 흥미로운 아이디어를 다양하게 제시했고, 그중 몇 가지는 들어본 적이 있을 것이다. 끈이론과 루프loop 양자중력은 수많은 아이디어 중 일부일 뿐이다. 끈이론은 지금까지 가장 널리 연구된 이론이며 대중의 상상력까지 자극했다. 왜 그런지는 쉽게 이해할 수 있다. 끈이론의 가장 기본 개념 중 하나는 시공간이 단순히 3개의 공간 차원과 1개의 시간 차원으로 구성된 것이 아니라, 시공간 차원이 적어도 10개가 있으며 26개까지 있을 수 있다는 것이다. 여기에서 모든 입자는 가장 작은 규모에서 끈이라고 불리는 일차원의 양자적 존재로 대체된다. 끈이론의 가장 흥미진진한 측면은 네 가지 주요 물리적 힘인 중력, 전자기력, 약한 상호작용, 강한 상호작용을 하나의 이론으로 통합한다는 점이다. 현 상태에서 우리는 표준모형으로 세 가지 힘을 통합했지만 중력은 여전히 이 틀에서 벗어나 있다.

끈이론에는 발전 가능성이 있을지라도 앞서 언급한 표준모형의 확장인 초대칭의 의존성을 비롯해 여러 의문점이 존재한다. 많은 학자들은 지난 10년 동안 대형강입자충돌기에서 끈이론의 증거가 발견되리라고 예상했지만(적어도 매우 기대했지만), 아직은 발견되지 않았다. 이는 끈이론이 틀렸다는 뜻이 아니라 아직 증거를 찾지 못했다는 의미이다. 끈이론에는 상당히 많은 차원이 있기 때문에 수학적으로 아주 다채로워 그 가능성이 무궁무진하다. 끈이론은 계산하기 아주 어렵기 때문에 우리는 끈이론을 처리하는 능력에서 문제에 맞닥뜨린다. 그러나 양자중력 모형 중에서 끈이론만 특정 문제에 직면한 것은 아니다. 모두 마찬가지다. 물리학자들을 자극하고 싶다면 각 양자중력 모형의 지지자를 한 방에 모아놓고 모형들의 상대적 장점에 대해 토론하게 하면 된다. 일부 끈이론가들은 잘난 체하며 끈이론이 기존의 입자물리학에서 영감을 받아 수학적 구조의 상당 부분을 공유하기 때문에 가장 훌륭하다고 주장한다.

루프양자중력을 연구하는 학자들은 이 모형만 시공간의 본질에 대한 일반상대성이론의 핵심 중 일부를 고려한다고 응수한다. 루프양자중력은 입자물리학에서 시작하는 것이 아니라 앞서 언급했듯 시공간이 동적이고 정적이지 않다는 발상에서 시작한다. 그런 다음 이 개념을 염두에 두고 일반상대성이론을 직접 양자화하려고 시도하여, 가능한 한 가장 작은 규모에서 시공간을 개별적으로 양자화된 단위, 즉 루프로 기술할 수 있다고 주장한다. 이 루프는 서로 긴밀하게 연결되어 큰 규모에서는 연속적으로 느껴지게 된다. 셔츠가 몸을 잘 가리고 있어도 현미경으로 들여다보면 실로 짜여 있어 직물에 작은 구멍들이 있는 것과 비슷하다. 동료 심사를 받은 내 첫 논문에서 나는 이 아이디어를 채택하여, 이 루프가 직관적으로 나란히 연결되어 있지 않고 비국소적(먼 거리에 떨어져 있더라도 서로 영향을 미치는 성질—옮긴이)으로 연결되었을 가능성이 있다고 제안하면서 우주론 문제(다음 장에서 다룰 우주 가속 문제)에 적용하고자 했다. 공저자이자 지도교수였던 리 스몰린Lee Smolin의 전폭적인 지지를 받은 나는, 내 박사학위 심사위원이었던 포티니 마르코풀루칼라마라Fotini Markopoulou-Kalamara와 함께 스몰린 교수의 아이디어에서 영감을 받아, 우주가 무질서한 성격을 띨 것이라고 제안했다.

끈이론과 다르게 루프양자중력은 오로지 양자역학과 시공간만 다루며, 이 둘을 입자물리학과 연관지어 설명하지 못한다. 그런 의미에서 루프양자중력은 어떻게 시공간이 본질적으로 양자역학의 성질을 띠는지만 설명할 뿐 자연에 존재하는 다른 세 가지 힘과 중력을 통합하지 못하기 때문에 끈이론만큼 야심 찬 이론은 아니다. 루프양자중력은 끈이론보다 덜 알려져 있는데, 그 근거가 논쟁거리다. 스몰린 교수와 같은 루프양자중력 연구자들은 주류 학계가 편협하기 때문에 이러한 현상이 발생한다고 이야기한다. 끈이론가들은 루프양자중력이 입자물리학을 설명하지 못하기 때문에 주류에서 벗어났으며 생산적이지 못하다고 주장한다. 이러한 논쟁은 여전히 순수하게 이론적이며, 끈이론이든 루프양자중력이든 어떠한 관측적·실험적 증거가 없고 아직까지는 데이터로 판단할 수 없다. 애초에 데이터로 판단이 가능할지에 대한 논쟁도 있다.

우리 사회에서도 양자중력 문제를 알고 있을까? 내가 폭소를 터뜨렸던 "양자중력에 문제가 있는지조차 몰랐다"는 데서스의 한마디는 과학계에서 블랙홀의 가장자리, 즉 아무것도 돌아올 수 없는 지점인 사건의 지평선을 포착한 가장 정확한 이미지를 두고 한 말이었다. 알려졌다시피 블랙홀은 양자역학과 시공간을 연결하는 훌륭한 실험실이기 때문에 이 사건의 지평선을 가까이에서 보면 양자중력의 단서를 찾을 수 있다. 질문을 다르게 하자면, "양자중력 이론을 아는 것이 인류에게 중요한가?"라고 물을 수 있을 것이다. 글쎄, 나도 잘 모르겠다. 중력이 특수상대성 이론에 통합되지 못했다는 사실이 1910년 당시에 중요했는지는 분명하지 않지만, 결국 이 둘을 통합하여 GPS와 같은 흥미로운 기술이 개발되었고 서구 사회에서 밤하늘에 더 깊은 관심을 갖게 되었다. 내가 느끼기에 과학자든 아니든 사람들은 시공간에, 그리고 시공간이 여러 이유로 휘어져 있다는 사실에 엄청난 관심을 가진다. 적어도 거의 모든 사람이 이러한 질문에 흥미를 느끼는 것 같다. 이렇게 별나게도 모두 여기에 관심을 갖는 것으로 보아 어쩌면 이러한 지식은 인류에게 중요할 수도 있겠다.

4장

가장 거대한 그림을 찾아서

사람들이 내게 무슨 일을 하느냐고 물으면 나는 "입자우주론학자로서 수학으로 시공간의 역사를 파악한다"고 한다. 우주의 역사에서 벌어진 중요한 사건들의 세부 정보를 채워 넣는 것, 즉 수학을 이용해 우주의 이야기를 풀어놓는 것이 내가 하는 일이다. 서론에서 설명했듯이 과거와 현재 사이의 역사가 많이 채워졌음에도 우주의 시작은 여전히 잘 모르기 때문에 해야 할 일이 남아 있다. 내가 이 일을 사랑하는 이유는 시공간 그 자체와 시공간을 구성하는 (또는 구성하지 않는) 것들에 관해 전체적인 그림을 그릴 수 있기 때문이다. 이 일은 인간의 심오한 본능을 다루는 것처럼 느껴지기도 한다. 내 흑인 선조들에게서 전해 내려온 토착 언어를 빌리자면, 나는 우주의 '그리오griot(서아프리카 지역의 음유 시인이자 구전 역사가—옮긴이)'이며 이야기꾼이다. 내가 이론우주론에서 교수직을 맡은 첫 흑인 여성이기는 하지만, 우주의 '그리오' 역할을 맡은 첫 흑인 여성은 확실히 아니다.

실제로 내 아프리카 선조를 비롯해 모든 공동체에는 우주를 설명하는 이론이 존재했다. 아프리카 조상들을 납치하고 노예로 삼은 서구 제국주의자와 정착민에게서 물려받은 해석적인 틀을 통해 우주를 연구하는 내 방식만 존재하는 것은 아니다. 이러한 연구 방식은 내 모계 조상들의 우주론도 아니고 부계 조상들의 우주론도 아니다. 나의 아버지는 전 세계적인 관점에서는 백인으로 보이지만, 서유럽 도시 출신이 아니라 아인슈타인처럼 유대인 마을 슈테틀 출신인 동유럽 혈통의 아슈케나지 유대인이다. 이들의 우주론은 내가 몸담은 일반상대성이론 같은 것이 아니라 성경의 창세기였다. 우주론은 인간의 심오한 본능과 같다. 우리는 항상 우리가 어디에서 왔는지, 왜 여기에 있는지 알고 싶어 하기 때문이다. 나는 내가 자란 환경과 개인적인 취향 때문에 우주론의 한 가지 특정한 관점을 연구하게 되었으며, 이번 장에서 이 우주론에 쏟는 내 노력을 소개하는 방식으로 이야기를 풀어보고자 한다. 동시에, 이 연구의 더 큰 맥락도 무시할 수 없기 때문에 마지막 부분에서 다루어보겠다.

물리학자들은 우주의 역사 속에서 "태초에 시작이 없었을 수도 있다"고 이해한다. 인류가 우주라고 부르는 시공간은 사실 무한한 수의 거품 중 하나일 수 있으며, 우리는 이 거품들 중 우리가 속한 거품에만 접근할 수 있다. 이러한 가능성이 진실일지 아닐지 물리적 증거나 관측적 증거로 검증하기는 어렵다. 그러나 현재 학계에서는 대부분 이 가설이 사실이라고 믿는 경향이 있다. 실제 빅뱅은 없었을 수도 있다. 우리는 아마 우리가 속한 거품의 탄생만을 이야기하고 있으며, 이 거품은 1초도 지나지 않아 표준모형의 입자들이 확실히 돌아다니기 전에 시공간이 빛의 속도보다 빠르게 성장하는 급속한 팽창을 겪었을 것이다. 현재 이해하기로는 시공간만이 보편적인 속도 제한인 빛의 속도를 넘어설 수 있는 우주에서 유일한 현상phenomenon이기 때문이다. 이 기간은 인플레이션inflation이라고 하며, MIT 시절 내 연구의 훌륭한 멘토 중 한 명이었던 앨런 구스Alan Guth가 처음 제안했다. 인플레이션에는 정확한 원인을 비롯하여 우리가 이해하지 못하는 부분이 많이 있다. 인플레이션은 10분의 1초보다 짧게 지속되었으며 그 후에 우주는 그보다 훨씬 느리긴 했지만 계속 팽창했다.

인플레이션은 모호하며 논쟁의 여지가 있는 개념이다. 내가 모호하게 이야기하는 이유는 수는 적어도 엄청나게 강경한 "인플레이션 혐오자" 부류의 학자들이 있기 때문이다. 특히 지난 5년간, 《사이언티픽 아메리칸Scientific American》이나 《네이처Nature》와 같은 저명한 잡지에는 표준 우주론에서 핵심을 차지하는 인플레이션에 의문을 제기하고, 심지어는 검증이 불가능하기 때문에 과학이 아니라고까지 주장하는 사설이 점점 늘어나고 있다. 본질적으로 이러한 주장은 인플레이션이 무엇을 어떻게 일으키는지는 알고 있지만 인플레이션을 일으키는 입자의 세부 정보는 여전히 모르며, 동일한 결과를 낳는 다양한 인플레이션 모형을 쉽게 상정할 수 있다는 사실에서 비롯한다. 종종 과학 언론과 블로그 등에서는 인플레이션이 절대 검증할 수 없

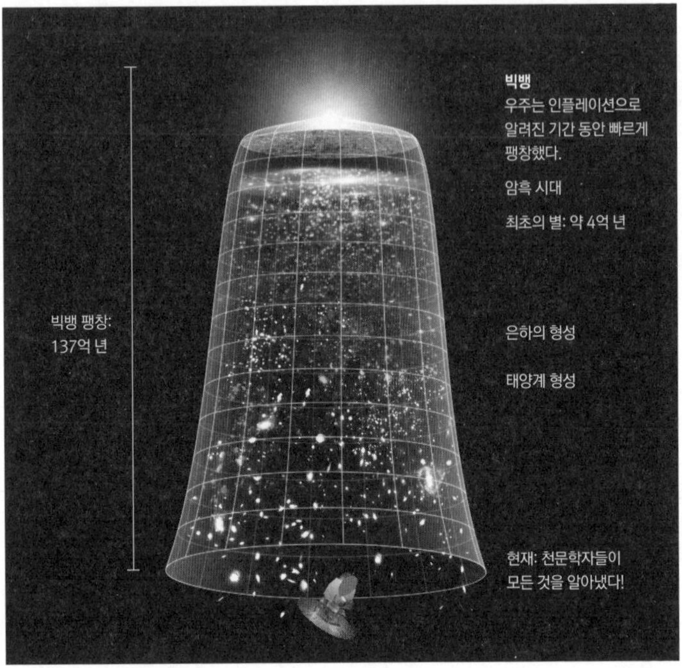

그림 7 이는 실제 우주론에 따른 우주의 역사에 비례하는 그림은 전혀 아니다. 맨 위에는 빅뱅이든 아니든 시공간이 존재하기 이전에 있었던 현상이 있고, 맨 아래에는 대부분 비어 있지만 많은 은하가 존재하는 현재의 가까운 우주가 있다. 이 그림을 보고 모든 문제를 해결했다고 생각하기 쉽지만, 우리는 여전히 은하의 형성을 완전히 재현해낼 수 없다. (그림 출처: NASA/WMAP Science Team)

는 현상이라며 비난하곤 한다. 실제로 인플레이션 이론에 의문점들이 있지만, 인플레이션 없이는 관측 데이터를 설명할 수 없는 경우도 있기 때문에 나는 이러한 반대 의견에도 의문을 표하는 편이다. 인플레이션은 현존하는 최선의 모형이고 그 사실만으로도 지속적으로 연구하고 이론적으로 실험할 만한 가치가 있다. MIT 시절 내 또 다른 지도교수였던 이론물리학자이자 역사가 데이비드 카이저David Kaiser는 인플레이션의 증거도 계속해서 강화되고 있다고 주장할 것이다. 그러나 현재 어떤 증거가 있는지 설명하기 전에, 우주의 역사를 좀더 살펴보고자 한다.

모든 물리학자와 천문학자는 어떤 분야에 있든 시공간이 급속도로 팽창하는 인플레이션의 기초를 알고 있다. 그러나 시공간이 처음 생겨난 후 1초보다 훨씬 짧은 기간에 일어나는 인플레이션이 끝난 뒤 무슨 일이 일어났는지는 많이 논의되지 않았다. 현재 인플레이션을 일으키는 입자 장particle field인 인플라톤inflaton은 자신의 여분 에너지를 다른 입자로 옮겨 입자의 수를 증가시키는 것처럼 보인다. 또한 인플레이션이 일어나면 우주가 상당히 식는다는 사실도 알려져 있다. 그러나 실제 실험 데이터와 관측 데이터에 따르면 은하나 별, 생명체와 같은 나머지 구조를 형성하기 위해서는 우주가 다시 뜨거워져야 한다. 그러나 그 방법은 아직 알려지지 않았다. 이 문제는 내가 지난 몇 년간 진행해온 연구의 주요 동기 두 가지 중 하나이다. "인플레이션으로 순식간에 얼어붙은 우주적 재료를 어떻게 너무 뜨겁지 않게 다시 데울 수 있을까?" 이 질문은 휘어진 시공간의 양자장이론(중력과 연관된 입자물리학)에서 기술적 문제를 연구하는 학자들뿐만 아니라 우주론 학자들의 일반적인 관심사이다. 나는 우연히 두 부류 모두에 해당되어 이 문제에 흥미를 갖게 되었다.

그림 8은 예상되는 초기 우주의 역사를 개략적으로 보여준다. 가로축은 시간을 보여주며 왼쪽에서 오른쪽으로 이동할수록 초 단위로 시간이 증가한다. 세로축에서는 우주의 온도를 보여주며

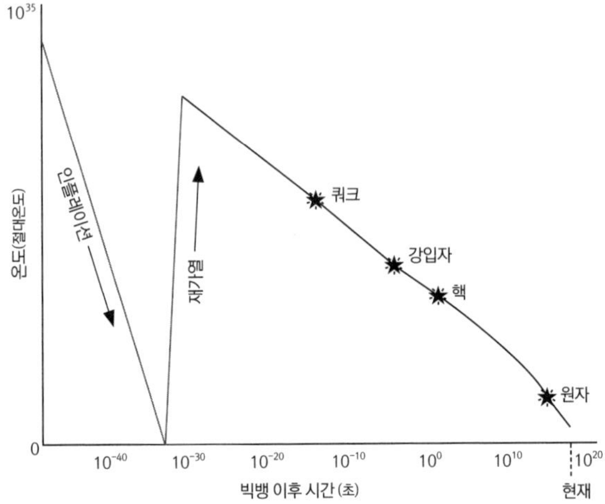

그림 8 이 그림은 그림 7에서 보았던 우주의 역사를 다른 방식으로 보여준다. 내가 실제로 연구할 때 보는 그림에 훨씬 가깝다. 초기 우주에서 우주의 온도가 시간에 따라 어떻게 변하는지 이해하는 것은 중요한 주제로서 활발히 연구되고 있다. 이 그림은 호주의 천문학자 찰스 라인위버Charles Lineweaver의 2005년 논문 〈인플레이션과 우주배경복사Inflation and the Cosmic Microwave Background〉에서 가져온 것이다.

아래에서 위로 이동할수록 온도가 올라간다.

이 도표에는 '재가열'이라고 쓰여 있는 점선이 있다. 아주 깔끔한 선이지만, 사실 재가열이 무엇인지, 어떤 형태로 일어나는지 모르기 때문에 단순히 채워 넣은 선일 뿐이다. 재가열 문제를 더욱 어렵게 만드는 인플레이션 기간에 그려진 선도 마찬가지이다. 우리가 알고 있는 사실은 이상적으로 점선이 수학적으로 예측할 수 있는 지점(열평형 온도)에서 실선과 만나도록, 인플레이션이 끝날 때 인플레이션을 일으킨 입자들, 즉 인플라톤이 계속 에너지를 방출하여 다른 종류의 물질로 그 에너지를 전달하고,

그럼으로써 우주의 온도를 다시 올려야 한다는 것뿐이다.

이 과정이 바로 재가열 단계로, 우주 초기 팽창에서 입자물리학의 표준모형으로 알려지게 될 물질로 에너지를 전달하면서 우주를 한 단계 끌어올리는 시기이다. 재가열 시기의 초기에는 이러한 에너지 전달이 매개변수 공명parametric resonance이라는 현상을 통해 효율적으로 일어난다고 예상한다. 그네를 타본 사람이라면 누구나 한 번쯤은 더 높이 올라가려고 적절한 지점에서 다리를 차본 적이 있을 것이다. 몸의 에너지를 완벽한 순간에 그네로 전달해서 에너지 전달을 극대화하는 동작이다. 이것이 바로 매개변수 공명이다. 재가열의 첫 번째 단계인 예열은 마치 인플라톤이 적절한 지점에서 다리를 차면 결국 우리가 보는 모든 것으로 진화하는 물질이 점점 더 높이 올라가는 것처럼 보이는 현상을 의미한다.

나는 맷 데크로스Matt DeCross와 데이비드 카이저, 아니루드 프라부Anirudh Prabhu, 에반젤로스 스파키아나키스Evangelos Sfakianakis와 함께 이와 관련한 연구를 진행하면서, 인플레이션을 일으키는 입자를 둘 이상으로 상정하는 모형인 다중장multi-field 인플레이션 이후의 여파를 조사했으며 이 입자들이 단지 시공간에 존재하는 것 이상으로 시공간과 더 깊은 관계를 맺고 있다는 사실을 밝혀냈다. 이 시점에서 하나 이상의 입자를 상정하는 발상은 그렇게 급진적이지 않다. 과거에 양성자와 중성자는 기본 입자로 여겨졌지만, 이 입자들 내부에 쿼크가 있다는 사실이 밝혀졌다. 처음에 우리는 쿼크에 세 가지 종류가 있다고 생각했지만, 이제는 여섯 가지 종류가 있다는 사실을 알고 있다. 또한 쿼크가 없는 이론, 소수의 쿼크만 존재하는 이론, 알려진 모든 쿼크가 존재하는 이론 사이에 수학적·물리적 복잡성이 크게 차이 난다는 사실도 안다. 이와 똑같은 현상이 인플라톤에도 적용될 수 있다. 인플라톤이 사실 복합 입자라면, 이는 입자물리학에서 흔한 일이라는 점에서 일맥상통한다.

우리가 연구한 종류의 모형은 그보다 한층 더 복잡하다. 입자가 중력과 상호작용하는 방식을 다루는 문제는 다음 두 가지 방법 중 하나로 해결할 수 있다. 가장 간단한 방법은 평범한 물질과 같은 기준으로 상호작용하는 것이다. 더 복잡한 방법, 엄밀히 말하면 '비최소non-minimal' 결합은 곡률을 기술하는 아인슈타인 방정식의 일부와 직접적으로 연관짓는 것이다. 이미 간단한 작업 방식이 있는데 왜 이렇게 복잡한 방식을 고려하는지 의아할 수도 있겠다. 그 이유는 과학적이기도 하고 사회적이기도 하다. 사회적인 이유를 대자면 이 비최소 다중 입자 모형이 흥미롭기 때문이다. 이와 같은 모형에는 입자와 시공간 사이에 얼마나 강한 힘이 있어야 매개변수 공명이 발생하여 가장 효율적으로 작동할 수 있는지와 같이 물리적으로 흥미롭게 해석되는 복잡한 수학적 구조가 있다는 사실이 밝혀졌다. 더 과학적인 이유는 입자물리학과 중력물리학 사이의 어딘가에 존재하는 이 이론이 관측 결과를 설명하고 입자물리학에 새로운 논쟁거리를 만들지 않으려면, 인플레이션과 시공간 사이의 관계가 비최소 결합일 때 더 합리적일 수 있기 때문이다.

어떤 경우든 둘 모두 추측에 근거한다. 이러한 종류의 연구는 인플레이션 직후 시공간에 무슨 일이 발생하는지 우리가 아는 범위를 넘어서고자 한다. 어떻게든 지구가 형성되고 인류가 태어나는 시기에 도달하려면 예열이 끝나고 우주의 역사에서 많은 사건이 발생해야 한다. 즉 우리에게는 원자가 필요하고, 더 중요하게는 1장에서 설명했던 원자를 구성하는 입자들이 필요하다. 예열은 옳은 방향을 향해 적절한 원동력을 제공하고, 중입자 생성이 일어날 수 있도록 우주의 온도, 즉 에너지를 필요한 만큼 증가시킨다. 중입자 생성은 물질이 반물질보다 우세해지는 과정인데, 그렇지 않으면 물질과 반물질이 완전히 소멸되어 아무런 구조도, 우리와 같은 생명체도 생성될 수 없기 때문에 반드시 필요하다. 이러한 비대칭이 발생하는 이유를 설명하는 수많은 이론이 이미 있으며 거의 매일 새로운 제안들이 등장한다. 또한 우리는 어떤 재가열 과정이 중입자 생성을 일으킬 만큼 높은 온도(다시 말하지만, 온도는 에너지 수준의 지표이다)에 도달할 수 있는지 여전히 알지 못한다. 분명한 사실은 재가열 후에 중입자 생성이 일어났고, 이 과정이 끝난 뒤 우주는 냉각되기 시작했다는 것이다. 이렇게 에너지가 낮아지자 대칭이 깨지기 시작했다. 첫째로 강한 상호작용이 전자기약력에서 분리된다. 냉각이 더 진행되면 전자기약력electroweak force은 현재 우리에게 더 친숙한 전자기력과 약한 상호작용으로 분리된다. 이 시기는 우주의 역사, 적어도 우리 우주의 역사에서 쿼크가 시공간을 자유롭게 돌아다녔던 유일한 시기이기 때문에 쿼크 시대로 알려져 있다. 1장에서 살펴봤듯이 쿼크는 항상 강입자인 중간자와 중입자에 묶여 있다. 이 모든 과정은 찰나에 일어나며, 아직 빅뱅 이후 1초도 지나지 않은 시기의 일이다.

우주가 냉각되기 시작하면서 쿼크는 거의 완전히 중성자와 양성자로 합쳐진다. 이 시기는 여전히 뜨거워서 전자와 양성자가 결합하기 어렵고, 그에 따라 어떤 원자도 생성되지 못한다. 1초가 지나자 경입자(전자, 뮤온, 타우, 중성미자)가 우주에서 우세한 물질이 되었다. 이 시기에 우주는 경입자와 '반'경입자 쌍이 높은 빈도로 생성될 수 있을 만큼 뜨거워진다. 그러나 이러한 현상은 우주가 계속 냉각되기 때문에 지속될 수 없다. 우주가 태어난 후 10초가 지나자 광자가 우주에서 우세해졌다. 이 광자 시대는 핵합성이 시작되는 시기로, 우주에 아직까지 존재하는 대부분의 수소 동위원소와 헬륨이 우주가 태어난 후 1분 사이에 생성되었고 핵합성을 거쳐 핵이 만들어졌다.

지금까지 우리는 우주의 역사에서 수만 분의 1초도 안 되는 순간부터 몇 초까지의 시간 범위만 살펴보았다. 그러나 인플레이션에 뒤따르는 광자 시대의 시간 범위는 이와 다르며 표준모형에서 광자를 제외한 물질이 우주를 완전히 지배하는 시기인 수만 년까지 확장된다. 약 40만 년이 지나자 우주는 충분히 냉각되어 광자가 수소와 헬륨을 이온화된 핵 상태로 유지할 수 없게 되었다. 이 시기는 '재결합' 시대라고 알려져 있으며, 수소와 헬륨 핵이 자유 전자와 결합하여 오랫동안 살아남은 최초의 중성 원자가 생성되었다. 동시에 수소, 헬륨, 리튬, 베릴륨과 상호작용하면서 잡혀 있었던 광자는 이제 이러한 상호작용을 지속할 에너지가 없어지자 우주 전체로 자유롭게 퍼져나갔다.

140억 년이 지나고, 한 나선은하의 평범한 별 주위를 도는 작은 행성에서 태어난 탄소 기반 생명체는 그 별 주위 빈 공간의 온도를 측정하여 그 값이 0이 아니라는 사실을 밝혀냈다. 이 탄소 기반 생명체(이 생명체는 스스로를 인간이라고 부른다)의 이름은 앤드루 맥켈러Andrew McKellar였으며, 많은 사람이 수긍하길 그 해는 1941년이었다. 23년 후, 이번에는 아노 펜지어스Arno Penzias와 로버트 우드로 윌슨Robert Woodrow Wilson이라고 불리는 같은 종의 탄소 기반 생명체 둘이 전파 대역폭에서 긴 파장대의 약한 신호를 검출했다. 이 신호는 예상치 못한 것이었다. 즉 우연한 발견이었다. 내가 학생이었을 때 배운 내용은 다음과 같다. 펜지어스와 윌슨은 전파망원경으로 실험을 하다가 어느 방향을 가리켜도 사라지지 않고 동일하게 보이는 신호를 우연히 발견하고 이 원치 않는 간섭을 제거하려 했다. 거의 비슷한 시기에 로버트 딕Robert Dicke과 짐 피블스Jim Peebles, 데이비드 윌킨슨David Wilkinson은 초기 우주에 대한 이론적 연구를 진행하며 거기에서 예측한 신호를 찾기 시작했다. 이 두 그룹을 동시에 알고 있었던 지인은 이러한 예측 논문의 초안을 보고 펜지어스와 윌슨에게 알려주었다. 펜지어스와 윌슨이 발견했던 전파 신호는 현재 우주 마이크로파 배경복사cosmic microwave background radiation(CMB)로 알려져 있다. 맥켈러는 1941년 처음으로 우주 배경복사의 증거를 발견하고도 거의 인정받지 못했다. 어떤 의미에서 우주배경복사는 우주의 첫 번째 빛이다. 재결합 시대는 우주의 역사에서 처음으로 광자가 자유롭게 퍼져나갈 수 있었던 시기였고 오늘날에도 계속되고 있다.

CMB는 우주의 나이가 40만 년이었던 시기의 시공간과 시공간을 구성하는 물질에 대해 많은 정보를 알려준다. 유용하게도, 주어진 빛의 파장과 온도는 서로 관련이 있다. 따라서 우주 마이크로파 배경복사의 파장을 온도로 변환하면 절대 영도보다 불과 3도밖에 높지 않은 약 2.73켈빈(K)[1]임을 확인할 수 있다. CMB의 존재는 현재 우주의 어떤 것도 2.73켈빈보다 차가울 수 없다는 사실을 의미한다. 시간에 따라 우주가 점점 팽창하면서 빛의 파장은 시공간과 함께 길어지고, 그에 따라 온도는 점차 내려간다. 그러다 지금은 2.73켈빈에 도달해 있는 것이다. 우주배경복사가 발견된 후 몇 년 동안 NASA에서는 이를 더 자세히 이해하기 위해 망원경 두 대를 우주로 발사했다. 첫 번째로 발사한 위성은 우주배경탐사선Cosmic Background Explorer(COBE)이었다. 1989년부터 1993년까지 COBE는 하늘의 온도가 실제로 거의 완전히 균일하게 2.73켈빈으로 측정되어 넓은 규모에서 보면 실제로 우주는 균일성(어떤 지점도 서로 동일하게 보이는 성질)과 등방성(어떤 방향에서도 동일하게 보이는 성질)을 띤다는 폭넓은 증거를 제시했다. 그러나 좁은 규모에서 보면 온도에 비등방성이라 불리는 요동이 존재한다는 증거 또한 제시했다.

1 켈빈은 섭씨 단위의 온도에 273을 더하면 얻을 수 있는 단위이다.

이제 인플레이션의 몇 가지 증거를 살펴볼 준비가 되었다. 좁은 영역에서는 온도에 요동이 있지만 넓은 규모에서는 균일성을 띠는 현상, 그리고 이 현상이 CMB에 각인된 방식은 인플레이션 모형으로 가장 잘 설명할 수 있다. 앞서 설명했듯이 인플레이션 기간에는 우주가 급속도로, 사실 빛의 속도보다 더 빠르게 팽창한다. 이는 이전에 인과적으로 접촉한 적 없던 시공간의 지점들이 여전히 유사성을 띨 수 있다는 의미이며, 서로 멀리 떨어진 시공간의 지점들이 왜 이러한 유사성을 '인지하게' 되었는지에 대한 질문에 답을 제시한다. 이 균일성과 등방성은 오랫동안 우주론의 핵심적인 가정이었지만, 아무도 그 이유를 설명하지 못했다. 인플레이션은 이 가정이 가능한 이유를 제시한다. 동시에 우주는 모든 장소에서 완벽히 똑같지는 않다는 사실도 밝혀졌다. 어떤 장소에는 은하와 같은 물질이 더 많이 들어 있고 어떤 장소는 비어 있다.

이러한 비등방성의 근원은 앞서 언급했던 인플라톤 입자의 들뜸 현상, 즉 예열을 촉발하는 현상을 보여주는 인플라톤 양자장의 양자요동으로 거슬러 올라간다. 이는 입자들이 빈 시공간의 안팎에서 명멸한다는 의미이며, 일부 입자들은 한곳에 머물게 된다. 이는 입자물리학의 핵심적인 개념이다. 입자는 수명이 있고, 붕괴하며 자발적으로 살아난다는 것이다. 초기 우주에서 벌어지는 입자의 명멸은 CMB의 비등방성으로 드러나는 양자요동으로 해석된다. NASA의 윌킨슨마이크로파 비등방성탐색기Wilkinson Microwave Anisotropy Probe(WMAP), 유럽우주국

European Space Agency의 플랑크 우주망원경Planck telescope을 활용한 후속 실험에서는 이러한 작은 요동이 실제로 존재하며 인플레이션 이론의 비교적 평범한 예측과 일치한다는 사실을 밝혀냈다. 다시 말해, CMB 온도의 작은 요동(일반적으로 약 10만 분의 1)은 사실상 태초에 시작되어 우리를 비롯해 우주에서 볼 수 있는 모든 것들로 변화하는 양자요동을 포착한 것이다.

그러나 CMB는 우주의 나이가 40만 년에 불과했을 때 발생했다. 현재에 도달하려면 아직 멀었다. 우리는 아직 별이 없고 우주가 상대적으로 어두웠던 시기에 머물러 있다. 우주의 역사에서 '암흑 시대'라고 불리는 이 시기는 수억 년에서 10억 년 동안 지속되었다. 그러나 결국 중력은 수소와 헬륨을 끌어모았고, 밀도가 매우 높아 핵 연쇄 반응이 일어나는 천체인 항성(별)을 만들어냈다. 구조 형성을 위한 이 첫 번째 단계의 근원은 인플레이션 시대에 존재했던 빈 공간의 작은 요동에서 비롯했으며, 이러한 요동은 CMB에 흔적을 남겼다. 중력의 관점에서 빈 공간은 실제로 비어 있지만 양자역학적 관점에서는 입자가 가끔 무작위로 명멸하여 양자요동이라고 불리는 현상이 일어난다. 이 입자들은 항성을 비롯해 나중에 생성될 모든 존재의 시초이다. 이 항성에서 벌어지는 핵 연쇄 반응은 나중에 인간의 눈이 적응한 파장대인 가시광 영역을 비롯한 다양한 파장대에서 우주를 밝히는 광자를 만들어낸다.

항성은 기체와 플라스마로 이루어진 거대한 공과 같다. 여기서 플라스마는 고체, 액체, 기체와 더불어 물질의 네 가지 상 중

하나이다. 즉, 항성은 원자와 전자의 무리 그리고 양성자와 중성자로 이루어진 원자의 일부인 전하를 띤 핵으로 이루어졌다. 최초의 항성은 재결합의 잔재에서 태어났으며, 휘어진 시공간에 생긴 움푹 들어간 영역과 스스로 팽창하여 물질을 퍼뜨리려는 시공간의 성질 사이에 완벽한 균형이 맞춰지면서 만들어졌다. 큰 규모에서 시공간은 계속 팽창하여 기체와 먼지 입자 사이의 거리는 대개 점점 멀어진다. 그러나 동시에 작은 규모에서는 인플레이션이 진행되는 동안 무작위로 명멸했던 물질 장의 미세한 요동인 양자요동의 여파가 흩어져 있다. 시공간은 물질이 움직이는 방식을 정의하고 물질은 시공간이 휘는 방식을 정의하기 때문에, 이 작은 규모의 양자요동으로 아주 작은 중력적 우물이 형성되어 움푹 들어간 시공간에 물질이 함께 모이게 된다. 시간이 지남에 따라 원자들은 이 중력적 우물로 떨어지며, 원자의 질량으로 우물의 중력이 강해지기 때문에 우물은 더 깊어지고 강화된다. 바로 이 원자 무리 속에서 최초의 별이 탄생한다.

별은 내부에서 지속적으로 핵폭발이 일어나 빛나는 공처럼 변하기 전에 기체 덩어리에서 시작되었다. 기체 상태의 원자가 끌어당기는 중력이 너무 커져 기체의 밀도가 높아지면 중력을 넘어서는 원자 사이의 상호작용이 만들어진다. 그렇게 약한 상호작용과 강한 상호작용이 우세해지고 핵반응이 시작된다. 핵반응이 일어나면 항성이 빛나기 시작한다. 우리 태양 질량과 유사한 항성에서 일어나는 반응은 비교적 단순하다. 먼저 양성자 2개가 융합하고, 결국 수소 핵 4개가 붕괴하여 헬륨 핵 1개, 양전자(전자의 반입자) 2개, 전자 중성미자 2개로 붕괴한다.

이 양성자-양성자 연쇄 반응은 바로 지금 일어나고 있으니, 태양이 떠오를 때 우리가 보는 빛, 밤에 달을 비추는 태양 빛의 근원이다. 매초 400만 톤 이상의 물질이 에너지로 전환된다. 또한 이 과정에서 1990년대 이탈리아의 그란사소산 깊은 곳에서 진행한 갈륨 실험Gallium Experiment(GALLEX)에서 처음으로 검출된, 전자 중성미자도 생성된다. 태양보다 약 1.3배 무거운 항성의 핵 연쇄 반응은 더 복잡하며 탄소, 질소, 산소가 포함된다. 이러한 세 원소는 우리가 지구라고 부르는 암석 물질 더미에서 생명체를 형성하는 데 중요한 요소라고 여겨진다. 중요한 것은 별이 그저 과거에만 태어나는 것이 아니라는 사실이다. 별은 내가 글을 쓰고 있는 지금, 당신이 글을 읽고 있는 지금도 형성되고 있다. 별의 양성소는 그림 9에서 볼 수 있다. 컬러 사진으로 보려면 인터넷 검색창에 "Hubble Pillars of Creation(허블 창조의 기둥)"을 입력해보길 바란다. 시중의 작은 망원경으로도 어두운 하늘에서는 연중 적절한 시기에 '기둥'처럼 보이는 별의 고향 성운인 독수리 성운을 흐릿하게 볼 수 있다.

우리가 어떻게 별에 대해 이렇게 많이 알 수 있을까? 어느 정도는 별이 밝아 보이고 어두워 보이는 빛의 주파수를 관측한 덕이다. 전자기 스펙트럼은 빛의 전체 주파수 범위에 해당한다. 이러한 주파수는 색의 스펙트럼으로 우리에게 익숙하지만, 모든 주파수를 눈으로 볼 수 있는 것은 아니다. 인간의 눈이 감지할 수 있는 주파수는 전자기파 스펙트럼에서 아주 좁은 영역일 뿐

그림 9 창조의 기둥은 실로 아름답다. 이 성운은 7000광년 떨어져 있다. 즉 우리의 망원경까지 도달하는 모든 광자는 7000년 전에 출발한 것이다. 기둥 자체의 너비는 약 6광년이기 때문에 빛이 이 기둥을 가로지르려면 6년이 걸린다. 참고로, 빛이 태양에서 지구까지 오는 데는 8분이 걸린다. (그림 출처: NASA, ESA and the Hubble Heritage Team (STScI/AURA))

이다. 전자기파에는 음식을 빨리 데우도록 해주는 마이크로파나 피부, 근육, 지방, 혈액 층을 뚫고 뼈를 볼 수 있게 해주는 엑스선, 소중한 오존층과 더 중요하게는 우리의 멜라닌 색소로 차단할 수 있는 발암 물질인 자외선 등이 포함되어 있다. 이렇게 빛을 여러 주파수로 분해하는 과정을 분광이라고 한다. 비가 내리는 동안 해가 뜨면 우리는 흔히 무지개라고 부르는 스펙트럼을 볼 수 있다. 비 오는 날 보이는 무지개의 경우, 빗방울이 빛을 여러 에너지 주파수로 쪼개어 개별적으로 볼 수 있게 하는 기기인 분광기 역할을 한다. 과학자들은 이와 동일한 작업을 수행하는 기기를 개발했으며, 나는 우주를 연구할 때 이러한 기술을 가장 좋아한다.

우리가 관측하는 빛의 주파수, 즉 전체 스펙트럼에서 누락된 빛의 주파수를 보면 광원이 무엇으로 구성되어 있는지 파악할 수 있다. 이런 방식으로 별마다 어떤 원소가 존재하는지에 관해 많은 정보를 얻는다. 양자역학의 결과로 원소 주기율표의 모든 화학 물질은 전자기 스펙트럼의 특정 영역에 대응한다는 사실이 밝혀졌다. 예를 들어 나트륨에 전기를 공급하면 589나노미터에 해당하는 특정 파장의 빛을 방출하는데, 우리는 흔히 이 파장대의 빛을 '주황색'이라고 부른다. 주황색 가로등이 있는 지역에서 자란 사람들은 이러한 현상을 매일 보았을 것이다. 바로 이 가로등이 더 에너지 효율적인(솔직히 말하면 못생긴) 백색 LED 조명에 밀려 이제 점차 사라져가는 나트륨 조명이다. 반대로 이 파장의 빛을 나트륨에 쬐면 나트륨이 이 빛을 흡수하고 양자 에너지 상태를 변경하여 화학 반응을 한다.

이와 같이 빛을 해석하는 능력은 비교적 새로운 기술이며 여기에는 양자역학적 지식이 필요하다. 미시간대학교에서 학업을 마치고 1918년 물리학 박사학위를 받은 두 번째 미국 국적의 흑인인 엘머 아이메스Elmer Imes는 염화수소, 브롬화수소, 불화수소 분자의 스펙트럼을 측정하여 양자역학의 정확성을 확인하는 데 중요한 역할을 했다. 측정 결과에서는 양자물리학이 정확할 때만 의미가 있는 분자 스펙트럼의 특징이 포착되었다. 이 분자들은 내가 앞서 설명했던 원자보다 더 복잡하다. 염화수소는 수소 원자와 염소 원자의 화합물이며 분자는 원자에서 보이지 않던 특성을 보여준다. 앞서 언급했듯이 원자에는 스핀이라고 불리는 양자 회전 운동이 있다. 분자도 이러한 특성을 이어받았다. 게다가 분자를 구성하는 원자들은 연결되어 있기 때문에 기타의 현과 유사한 진동 운동을 보여줄 수 있다. 스핀과 진동은 분자의 스펙트럼 방출선에 영향을 주는데, 여기에서 고전물리학과 양자물리학은 전혀 다른 예측을 한다. 20세기 초반에는 서로 모순되는 실험 결과를 둘러싼 논쟁이 있었다. 왜 어떤 실험에서는 넓게 퍼진 스펙트럼이 관측되고 어떤 실험에서는 좁은 스펙트럼이 관측되는지를 파악하기 위해서는 더 정밀한 실험이 필요했다. 흑인 물리학자이자 역사가인 로널드 미킨스Ronald Mickens가 연구한 바에 따르면, 아이메스는 인류 역사상 처음으로 이 분자들의 적외선 스펙트럼을 측정하고 그 과정에서 양자역학에서 예측하는 스핀과 진동 운동을 구분하기 위해 높은 정밀도의 실험을 수행했다.

적외선 스펙트럼은 인간의 눈으로 볼 수 있는 범위를 넘어선 파장대이며, 야간 투시경은 흔히 인체와 같은 따뜻한 물체에서 방출되는 적외선을 감지하여 작동한다. 온도와 빛의 파장 사이에 존재하는 이러한 상관관계는 양자적 특성이며, 20세기에 양자역학이 등장하기 전 존재했던 물리학 이론으로는 완벽히 설명할 수 없었다. 또한 적외선 방출과 흡수는 분자의 스핀이나 진동 운동과 관련이 있으며, 이런 이유로 아이메스는 해당 파장 범위에서 분자 운동을 측정하기로 했다. 중요한 사실은 별 자체와 보통 별의 양성소를 만드는 우주 공간의 먼지도 적외선을 방출하고 흡수한다는 것이다. 다시 말해 실험실에서 수행하는 분광, 즉 스펙트럼 연구를 통해 우리는 지상의 물리학과 화학을 이해하면서 별 내부의 핵물리학 지식을 해석할 수 있다. 아이메스의 연구는 우주화학의 초창기 연구에 해당한다. 우리는 지상의 핵 실험부터 핵물리학의 수학적 해석까지, 비교적 친숙한 물리학을 활용하여 매우 멀리 떨어진 별의 관측 결과를 해석할 수 있었다. 멀리 있는 별은 유한한 빛의 속도 때문에 필연적으로 태양보다 훨씬 나이가 많으며, 따라서 멀리 있는 별들을 관측하면 태양보다 나이가 많은 별의 조성을 파악할 수 있다.

중력은 이러한 1세대 별들을 끌어모아 은하를 만들어냈고, 더 복잡하게 표현하자면 별이 휘어진 공간에 사로잡히게 되었다. 이 현상은 은하의 형성으로 이어졌다. 은하들은 병합하여 더 큰 은하를 형성했다. 별은 영원히 살지 못한다. 1세대 별이 수명을 다하면 새로운 세대의 씨앗과 함께 화려한 사후 세계인 중성자별과 백색왜성도 형성된다. 이 사후 세계는 그 자체로 일종의 별이다. 즉 별의 유령이 다른 종류의 놀라운 현상으로 나타난 것뿐이다. 중성자별은 태양보다 약 10배 무거운 별의 사후 세계이다. 이렇게 무거운 별이 수소 연료를 모두 소모하면 초신성의 형태로 표면층을 환상적으로 날려버리는데, 그 과정에서 궤도를 돌고 있던 위성들까지 제거한다. 이 폭발의 여파로 많은 것들이 파괴되지만, 원자만큼 밀도가 높은 핵을 남기며 이 핵은 대부분 중성자로 이루어져 있다. 이 중성자별은 그 자체로 별의 한 종류이다. 일부 중성자별은 굉장히 빨리 회전하기 때문에 지상 망원경에서 관측할 수 있는 빛을 방출하는 거대한 자기장을 만들어낸다. 이러한 별은 1967년 당시 대학원생이었던 조셀린 벨 버넬과 버넬의 지도교수 앤터니 휴이시Antony Hewish가 최초로 발견했다. 1974년, 휴이시는 이 관측 결과로 노벨상을 받았지만 버넬은 받지 못했다.

1장을 주의 깊게 읽었다면, 파울리 배타 원리가 전자에도 적용된다는 점을 재빨리 지적할 수 있을 것이다. 실제로 그렇고, 그 덕분에 전자는 백색왜성의 중력 붕괴에 대응할 수 있다. 전자는 전하를 띤 입자이고 중성자는 이름에서도 알 수 있듯이 중성인 입자라는 점에서 큰 차이가 있기 때문에 백색왜성은 그 자체로 매력적이다. 중성자는 전자기적으로 서로 반발하지 않지만 전자는 서로 반발한다. 결과적으로 백색왜성은 전자로만 이루어진 것이 아니라 전자 축퇴degenerate라고 불리는 물질로 이루어져 있기 때문에 안정적이다. 전자 축퇴 물질은 플라스마로 존재한다. 백색왜성의 플라스마에는 양성자와 중성자를 모두 포함하는 원자의 핵심 구성 요소인 핵과 전자가 섞여 있다. 백색왜성은 핵폭발 때문이 아니라 아주 뜨거워서 열을 복사로 방출하기 때문에 우리가 관측할 수 있다. (인간도 체온에 해당하는 빛을 발산하지만, 그 온도가 다소 낮기 때문에 여기에 해당하는 광자는 전부 인간의 눈에 보이지 않는 전자기 스펙트럼 영역에 포함된다.)

영원히 살 가치가 있는지 물었던 프레디 머큐리Freddie Mercury(영국 록밴드 퀸Queen의 보컬리스트로 〈후 원츠 투 리브 포에버Who wants to live forever(누가 영원히 살길 바라는가)〉라는 곡이 있다—옮긴이)가 옳았다. 평범한 별에서는 금이 만들어지지 않는다. 죽어가는 별이나 어떤 별의 사후 세계를 형성하는 중성자별에서만 금이 만들어진다. 다시 말해, 중성자별의 죽음과 같은 별의 죽음은 우주에 존재하는 원소의 생애 주기에서 중요한 역할을 한다. 다른 별들의 죽음으로 형성된 금은 지구로 변한 먼지의 일부가 되었다. 그러나 금이 매우 우아하고 나도 금을 좋아하기는 하지만, 죽은 별에서 나오는 최고의 물질은 아니다. 별이 탄소, 질소, 산소와 같이 지구에 필요한 모든 물질의 근원이기는 하지만, 죽어가는 별이 만들어내는 최고의 물질은 중성자별이다. 다른 사람과 이 문제로 다툴 수도 있을 것이다. 입자물리학의 관점에서 중성자별은 '우리가 알고 있는 모든 물리학 지식'에서 나오는 자연스러운 결론이다. 기억하겠지만 파울리 배타 원리에 따라 중성자와 같은 페르미온 입자들은 동일한 양자 상태에 있을 수 없다. 이러한 입자로 압력이 만들어진다. 이에 따라 실제로 적절한 천체물리학적 조건만 충족되면 중성자로만 이루어진 천체가 형성될 수 있다. 이러한 필연성은 '시공간의 멋진 산물'에 계급이라는 것이 존재한다면(당신은 들어본 적도 없을 것이다!) 블랙홀에 비해 중성자별은 사실 그렇게 환상적인 천체가 아니라는 결론으로 이어진다.

상대적으로 말하면 모든 종류의 별은 작은 규모의 물질이다. 중성자별의 크기는 로스앤젤레스만 하다. 어느 규모에서 우주를 바라보는지가 중요하다. 작은 규모에서는 수축하고 있지만 큰 규모에서는 팽창하고 있다. 그동안 우주는 계속 팽창하고 있다. 이 역시 중력 때문이다. 우리는 중력 효과에 맞서 싸우는 우주를 바라보고 있다. 인플레이션 이후 4억 년이 지나 구조가 실제로 형성되기 시작될 즈음, 시공간도 함께 확장되기 시작했다. 그리고 다시 가속되기 시작했다. 이러한 현상은 우주 가속 문제로 알려져 있으며 왜 이런 일이 일어나고 있는지, 왜 지금인지, 가속이 시간에 따라 변할지 우리는 알지 못한다. 2020년대와 2030년대에 계획된 관측 과제들이 이러한 질문의 답을 제시할 수 있기를 바란다. 우주론 연구에는 여러 세대에 걸친 인내가 필요하다.

우주 가속이 일어나는 원인은 오랫동안 나에게 동기를 부여하는 과학적 불가사의였다. 문제를 이해하려면 우주론적 거리 측정법을 제대로 알아야 한다. 실제로 정말 거대한 자가 필요하다. 이 자는 '표준 촛불standard candle'이라고도 하며, 최초의 표준 촛불은 세페이드 변광성Cepheid variable이었다. 세페이드 변광성은 대기의 맥동으로 밝기가 변하는 별이다. 20세기 초, 하버드대학교 천문대에서 계산을 담당했던 청각 장애인 여성 헨리에타 스완 레빗Henrietta Swan Leavitt은 이 맥동 주기와 별이 방출하는 광량 사이에 상관관계가 있다는 사실을 알아냈다. 별의 절대 밝기를 알면 기초 물리학으로 별의 거리를 계산할 수 있다. 세페이드 변광성은 초창기에 먼 거리의 시공간을 이해할 수 있는 바탕이 되었고, 우주가 팽창하고 있다는 사실을 밝혀낸 에드윈 허블Edwin Hubble이 1929년 수행한 관측의 기초가 되었다.

내가 열여섯 살이 될 때까지 과학자들은 우주의 팽창률이 일정하거나 감소할 가능성이 있다고 생각했다. 이 가설을 확인하기 위해 천문학자들은 폭발하는 별인 Ia형 초신성을 활용했다. 지구 생명체의 죽음처럼 별의 죽음 이후에 우주에서 벌어지는 일은 별의 일생 동안 벌어지는 일만큼이나 아주 흥미롭다. Ia형 초신성은 아주 특정한 환경에 있는 별이 폭발하는 현상이다. 이들은 백색왜성 쌍성의 수명이 다하는 과정에서 생겨나는데, 이때 백색왜성은 백색왜성일 가능성이 있는 다른 별과 중력적으로 묶여 있다. 즉 Ia형 초신성은 별의 사후 세계의 사후 세계인 셈이다. 표준 촛불의 관점에서 이 초신성이 흥미로운 이유는 시간에 따라 변하는 밝기를 나타내는 선, 즉 광도 곡선에 일관성이 있기 때문이다. Ia형 초신성의 광도 곡선은 아주 특이한 형태를 띠며, 실제로 모든 Ia형 초신성에서 동일하다. 이에 따라 천체 사이의 밝기를 비교할 수 있으며, 한 천체의 거리를 알면 다른 천체의 밝기를 이용하여 얼마나 멀리 떨어져 있는지 추정할 수 있다. 이러한 방법으로 우주론적 거리를 측정한 첫 번째 논문이 1998년에 발표되었는데, 그 결과는 세계를 충격에 빠뜨렸다.

내가 2011년 관측을 위해 방문한 칠레의 한 천문대에서 들은 바에 따르면, 당시 대학원생이었던 애덤 리스Adam Riess는 우주 팽창이 감속하고 있다는 증거를 찾으려고 너무 집중한 나머지 처음에는 데이터의 의미를 깨닫지 못했다고 한다. 리스는 초신성 관측을 통해 계산한 거리를 검토하면서, 천체들 사이의 거리가 변하는 속도, 즉 천체들 사이 시공간이 팽창하는 속도의 변화가 왜 작아지는 것처럼 보이지 않는지를 이해할 수 없었다. 그러자 이 팽창 속도가 느려지기보다 오히려 빨라질 수도 있다는 가설이 등장했다. 이런 식으로 리스가 이끄는 팀은 시공간의 팽창이 가속되고 있다는 사실을 밝혀냈다.

아마 우주 가속 문제가 드러난 그 시점에 내가 성인이 되었기 때문에 이 문제가 학생인 나에게 커다란 영향을 주었던 것 같다. 대학교 2학년이 되기 전, 나는 리스의 박사학위 과정 지도교수였던 로버트 커슈너Robert Kirshner에게 연락하여 그의 연구가 매우 흥미로우며 함께 초신성 연구를 하면서 근로 장학생으로 근무하고 싶다고 말했다. 커슈너는 아주 친절하게도 내게 일자리를 제공해주었다. 그 후 2년 동안 나는 허블 망원경이 막 발견한 초신성의 이미지를 분석용으로 준비하여 교과서와 탐폰을 사고 야식으로 모차렐라 감자튀김을 사 먹을 수 있었다. 대학원에 들어가고 나서는 우주 가속 문제를 해결할 방법을 생각하느라 밤늦게까지 깨어 있곤 했다. 처음에는 내가 하는 일이 무엇인지 감이 잡히지 않았지만, 결국에는 그 주제로 학위 논문을 작성할 수 있게 되었다. 내 박사학위 논문 〈양자중력 현상학으로서의 우주 가속Cosmic Acceleration as Quantum Gravity Phenomenology〉에는 양자역학과 일반상대성이론을 통합하는 이론인 루프양자중력에 관한 최신 연구가 포함되어 있다. 내가 우주 가속을 연구한 지 10년이 지났지만, 나는 우주 가속이 양자중력의 첫 번째 실마

리일 것이라고 굳게 믿고 있으며 성공적인 양자중력 이론으로 우주 가속의 원인을 설명할 수 있으리라고 생각한다.

우리는 이 모든 것을 어떻게 확신할까? 이는 앞에서 설명한 입자물리학과 휘어진 시공간의 조합이다. 또한 수학적 원리의 보편성에 대한 믿음이다. 하늘과 실험실 모두에서 일관성을 보여주는 놀라운 현상이기도 하다. 그리고 고대 그리스 제국 출신의 아프리카, 중동, 그리스 사상가들과 니콜라우스 코페르니쿠스Nicolaus Copernicus, 요하네스 케플러, 아이작 뉴턴과 같은 유럽 사상가들의 사상에 뿌리를 둔 체계이다. 코페르니쿠스와 초기 사상가들이 인도에서 수학적 개념을 가져왔는지에 대한 질문은 역사가들 사이에서 여전히 논쟁거리이지만, 이 지적 체계는 뒤따른 유럽 계몽주의와 과학혁명의 산물이라고 널리 받아들여지고 있다. 그러나 이 체계로만 세계의 기원을 이해할 수 있는 것은 아니며 계몽사상과 혁명으로만 이 체계를 확립한 것은 아니라는 사실은 여전히 간과되고 있다.

내가 하는 우주론 연구는 부분적으로 영토를 통제할 뿐만 아니라 원주민까지 대체하려는 식민주의의 한 형태인 정착형 식민주의의 산물이다. 받아들이기 어렵다면 이렇게 생각해보자. 바로 내가 부분적으로 정착형 식민주의의 산물이다. 다음 장 '멜라닌의 물리학'에서 더 자세히 다루겠지만, 나의 옅은 피부색은 아버지의 유전적 구성뿐만 아니라 어머니의 유전적 구성 때문이기도 하다. 입자우주론 학자이자 흑인 여성으로 성장하면서 나는 인생의 모든 순간마다 고군분투해야 했다. 현재 알고 있는 지식들은 어떻게 쌓인 것일까? 20세기 우주론의 역사에서 남자는 왜 그렇게 많고 여자는 거의 없는 것일까?

물리학 박사로 경력을 쌓는 동안 나는 우주론 역사상 매우 드문 여성 위인인 헨리에타 레빗과 세실리아 페인가포슈킨Cecilia Payne-Gaposchkin을 존경해왔다. 앞서 언급했듯 '인간 컴퓨터' 역할을 했던 레빗은 우주 거리 측정 방법을 확립했던 데이터에 나타나는 패턴에 주목했다. 레빗이 패턴을 발견한 별인 세페이드 변광성은 앞서 설명한 Ia형 초신성의 중요한 측정 기준점이 된다. 페인가포슈킨은 레빗의 뒤를 이어 천문대에서 박사학위를 취득했다. 이 학위 논문에서 그는 별이 주로 헬륨과 수소로 구성되어 있다고 주장했다. 한 유명한 남성 천문학자는 처음에 이 연구가 틀렸을 가능성을 제기하며 페인가포슈킨이 논문에서 다른 결론을 내리도록 설득했다. 그는 나중에 이 결론이 옳았다는 연구를 발표하면서 페인가포슈킨의 주장을 인정했지만, 그의 연구는 출판되어 인용될 수 있었던 반면 페인가포슈킨의 연구는 그렇지 못했기 때문에 한동안 그가 페인가포슈킨보다 항성 연구의 공로를 더 널리 인정받았다. 기억하겠지만, 앞서 암흑물질을 다룬 장에서 언급했듯이 우주론 역사에서 중요한 역할을 하는 다른 여성 천문학자로 베라 루빈이 있다. 그러나 이를 제외하면 우주론은 역사적으로 위대한 백인 남성의 이야기이며, 따라서 우주론이 내 학문적 미래의 토대일지라도 내 학문적 유산이라고 받아들이기는 어렵다.

한 가지 문제는 보통 백인 남성 이외의 사람들이 과학에 기여한 방식이 숨겨져 있다는 것이다. 예를 들면 이렇다. 하와이 마우나케아[2] 천문대(이 책의 네 번째 상에서 자세히 다룰 것이다)를 활용하는 천문학에서는 흔히 산에서 시야가 얼마나 좋은지에 주목한다. 높은 고도에서는 대기가 적어서 대기 간섭 없이 하늘을 더 선명하게 볼 수 있다. 이 특정한 장소가 우리에게 알려진 이유는 유럽이나 미국에서 탐험했기 때문이 아니라 하와이 원주민이 수세기 동안 하늘의 아버지, 즉 '와케아Wākea'의 뜻을 받아 그들만의 우주론을 만드는 장소로 여겨졌기 때문이다. 올레로 하와이 'Ōlelo Hawai'i, 즉 하와이어로 카나카 마올리kānaka maoli 또는 카나카 오이위kānaka 'ōiwi라고도 하는 하와이 원주민은 영국 천문학자들도 귀중한 관측 장소라고 여기는 장소, 예를 들어 마우나케아 화산 꼭대기에서 하늘을 관찰하면서 우주론을 정립했다. 결과적으로 내가 보기에 서구 과학을 위해 하와이인들의 신성한 장소를 원주민의 허가 없이 계속 사용하는 행태는 과학 연구에서 원주민의 지식을 사용하면서도 공로를 제대로 인정하지 않는다는 사실을 보여준다. 하와이 원주민들도 마우나케아의 시야가 좋다는 사실을 알고 있었기 때문이다. 하와이 원주민들은 유럽과 미국에서 온 손님들을 맞이했을 때 자신의 문화, 역사, 지리

2 마우나케아Maunakea는 마우나 케아Mauna Kea 혹은 마우나 아 와케아Mauna a Wākea로도 알려져 있다. 하와이 원주민의 문화적 소양을 지닌 사람들과 상의한 후 이 책에서는 마우나케아Maunakea를 사용하기로 했다. 이 글을 관례적 기준으로 삼아서는 안 된다. 올바른 기준을 찾으려면 하와이 원주민의 문화적 소양을 지닌 작가들의 저술을 참조해야 할 것이다.

에 관한 정보를 전해주었다. 거기에는 밤하늘이 자연 그대로 깨끗하다는 정보도 있었다.

그동안 우리가 우주론과 천문학에 대해 쌓은 지식의 상당수는 대개 마우이섬의 할레아칼라와 같은 다른 곳에 지어진 천문대뿐만 아니라 지난 70년 동안 마우나케아에 지어진 13개의 망원경 시설에서 비롯했다. 따라서 어떤 의미에서 서구 세계의 우주론은 어느 정도 이미 하와이 원주민 지식을 기반으로 한다고 볼 수 있다. 전 세계적으로 유럽과 미국에서 방문한 사람들이 원주민의 지식을 수집하여 제국의 형태를 갖춘 고국으로 가져가 과학 지식이라고 불리는 형태로 통합했다는 수많은 사례가 있다. 현대 식물학과 생태학은 이러한 사례로 가득 차 있다.

식민주의와 원주민 사이의 관계를 보여주는 모든 사례에는 원주민 지식에서 다루는 더 커다란 규모의 우주론이 무시되었다는 공통점이 있다. 하와이 원주민의 지식은 땅에 있는 사물뿐만 아니라 땅 자체와 관련이 있다. 2016년 하와이대학 교수 존 오소리오Jon Osorio는 내셔널퍼블릭라디오와 한 인터뷰에서 이러한 관계성을 다음과 같이 설명했다. "이 땅과는 깊은 관계를 맺고 있으며 땅은 가족과 같다. 여기에서 쿨레아나kuleana라고 불리는 강력한 의무와 책임이 나오며, 자식이 부모와 조부모에게 의지하는 방식과 같은 진정한 의존성도 비롯한다." 허가 없이 토지에 정착하여 훼손하는 행위는 가족 구성원을 공격하는 것이나 마찬가지이다. 유럽과 미국의 천문학자들은 오랫동안 하와이 원주민이 세상을 바라보는 이러한 방식을 버려야 한다고 주장해왔으며, 땅을 사용하면서 과학 대 종교, 더 노골적으로 말하자면 '현대 과학 대 원시 종교'의 구도를 조성함으로써 너무 자주 의견 충돌을 일으켰다. 나는 서구 전통의 과학에 따라 교육받았음에도 이러한 주장에 숨은 의미에는 동의할 수 없다. 이러한 차이를 생각할 때마다 정착형 식민주의 국가의 과학자들이 항상 땅과 생태계를 가족의 일부로 여겼다면 현재 세계에 어떤 일이 벌어졌을지 궁금해진다. 원주민이 아닌 과학자들이 이러한 정신적 연결을 반영하는 과학적 관점을 갖고 있다면 어떨까? 어쩌면 우리는 지구 온난화라는 재앙을 마주하지 않았을 수도 있다.

내가 마우나케아에 관해 자세하게 쓴 것처럼, 내게는 아프리카 조상의 우주론보다 하와이 원주민의 상황을 다루는 것이 항상 더 쉬울 것이다. 나는 대서양 디아스포라의 흑인으로서 세상에서 나 자신을 위한 자리를 찾는 과정은 과거부터 내려온 노예제도의 관습에 영원히 얽매여 있을 수밖에 없다는 사실과 늘 맞닥뜨린다. 노예 제도는 우리 선조들의 육체를 지배했고, 정체성이나 우주론과 같은 정신적 유산도 극심한 폭력으로 대부분 사라져버렸다. 나는 유럽의 계보를 잇는 우주론, 즉 내 선조들을 지독히 괴롭힌 유럽인이 만들어낸 이 우주론도 이제 나의 우주론이라고 받아들이게 되었다.

Phase 2 두 번째 상

물리학과 선택된 소수

이제 우주에는 지구라는 아주 작은 점에
소수의 인간이 존재한다.
인간은 우주의 작동 원리를 알고 싶어 하지만,
결국 몇몇의 인간에게만 누가 무엇을 어떻게
연구할지를 통제하는 일종의 권한이 주어진다.

5장

멜라닌의 물리학

여러분, 우리의 미래는 바로 지금입니다.

– 이타샤 L. 워맥Ytasha L. Womack, 《아프로퓨처리즘: 흑인 공상과학과 판타지 문화 Afrofuturism: The World of Black Sci Fi & Fantasy Culture》

인간의 피부와 머리색을 좌우하는 멜라닌이 흥미로운 이유는 빛과 상호작용하기 때문이다. 멜라닌은 빛을 흡수하여 눈에 보이는 색으로 반사한다. 또한 착색이 강하다는 특징 외에도 소위 광대역 자외선을 흡수하는 성질이 있다. 즉 나트륨 원자가 광자를 흡수하여 에너지를 높이듯이 멜라닌도 넓은 주파수 영역에 걸친 자외선 광자를 흡수하여 멜라닌에 덮인 모든 영역을 자외선의 유해한 영향으로부터 보호한다. 멜라닌은 천연 자외선 차단제이며, 이런 이유로 진화적 관점과 생물물리적 관점에서 연구하기에 흥미로운 물리적 장치라 할 수 있다. 물리학자로 살아가면서 내가 멜라닌에 대해 아는 정보는 이 정도가 전부였다. 그러나 본격적으로 멜라닌을 공부하기 시작하면서 내가 흥미롭게 생각했던 멜라닌의 특성들이 가장 흥미롭지 않은 부분일 수 있다는 사실을 깨달았다. 멜라닌을 이해하면 더 나은 친환경 기술을 개발하는 데 도움이 될 수 있기 때문이다. 어느 날 문득 나는 궁금해졌다. 내 피부에 어떤 물리학이 숨어 있을까? 이런 질문은 한번도 해본 적이 없었다. 오만하게도 가장 흥미로운 답을 내가 이미 알고 있다고 생각했기 때문이기도 했지만, 그보다 경찰이나 자경단의 관점이 훨씬 중요하다고 생각했기 때문이다.

이들이 보는 인종은 결코 생물학적이지 않으며 우주의 작동 방식을 지배하는 법칙에 근거한 적 없는 사회적 해석에 따른 개념이다. 이러한 관점은 지금까지 널리 퍼져왔고, 모두는 아닐지라도 많은 사람이 받아들였다. 인종을 사회적 개념으로 보더라도 여전히 피부색으로 인종을 정의하는 관행이 더 자연스럽게 보일 수 있다. 당연하게도 대부분 밝은 피부와 어두운 피부를 명확하게 구분할 수 있기 때문이다. 그러나 우리가 이 특정한 차이에 아주 익숙하며 이를 기반으로 사람을 분류하는 경향이 있는 이유를 설명하는 데 잘 검증된 과학 법칙은 필요 없다. 우리는 역사 속의 동산 노예제chattel slavery(노예를 재산으로 여기는 제도—옮긴이)와 그 후 일어난 모든 사건에서 자연스럽게 이를 습득하게 되었다. 인종 개념은 19세기에 인간의 피부와 머리카락 색을 다양하게 만드는 색소, 즉 멜라닌을 생성하는 세포인 멜라닌 세포가 발견되기 수백 년 전에 나타났다. '검다, 어둡다'라는 의미의 그리스어 '멜라스melas'에서 이름을 따온 멜라닌은 대부분의 생물체에서 발견되며, 과학 연구에 활용할 때 연구자들은 보통 갑오징어의 먹물을 사용한다. DNA와 생화학 연구에서 밝혀냈듯이 인간을 피부색으로 분류하는 것은 과학적으로 아무 의미가 없다. 따라서 인종 개념은 절대적인 과학적 진리보다 인간이 스스로를 체계화하는 방식과 더 관련이 있다.

인종은 권력을 구조화하는 체계이다. 진화생물학자이자 인류학자, 사회학자인 셰이아킬 맥린Shay-Akil McLean은 이에 대해 자신의 에세이 〈사회적 구조, 역사적 근거Social Constructions, Historical Grounds〉에서 다음과 같이 언급했다. "인종의 유용성은 전 세계적으로 확장하려는 흐름을 따라 과거부터 현재까지 진행 중인 추방과 약탈 과정에서 축적된 식민국과 제국의 권력을 안정화하는 데 있다." 중요한 점은 인종 개념을 인종차별주의와 분리할 수 없다는 것이며, 시간이 지남에 따라 인종차별주의와 그로부터 비롯한 권력 구조가 변했듯이 인종도 마찬가지라는 것이다. 오늘날 자신을 흑인Black이라고 부르는 사람들은 과거에 니그로negro, 물라토mulatto(백인과 흑인의 혼혈—옮긴이), 쿼드룬quadroon(물라토와 백인의 혼혈—옮긴이), 유색인colored처럼 전혀 다르게 불렸다. 또한 우리 흑인들은 공동체와 가족의 집합체로서 공동체를 구축하고 정체성을 이론화하며 디아스포라 개념을 개발하면서 동산 노예제, 즉 납치, 음모, 강간으로 몸에 새겨진 식민주의에 맞서 싸웠다. 2021년 현재 피부의 멜라닌 함량만으로 흑인을 구별하거나 차별하지 않는다. 오늘날 흑인다움은 멜라닌 함량에 뿌리를 둔 역사와 얽혀 있지만 거기에만 국한되어 있지 않은 문화적 정체성으로 인식된다. 이 흑인다움이 나를 포함하여 많은 사람들이 자부심을 갖고 주장하는 정체성이다. 흑인의 피부색은 남색이 감도는 짙은 갈색에서 농담조로 '거의 백인이나 다름없다'고 할 만한 베이지색까지 다양하다. 흑인 정체성은 멜라닌과 관련이 있지만 사회적 담론이기도 하다. 흑인 정체성은 유전학과 미미한 연관성이 있는 역사적·사회지리학적 개념이다.

이렇게 사회적으로 정의된 인종이 있고, 물리적이며 굉장히 흥미로운 멜라닌이 따로 존재한다. 물리적으로 멜라닌은 효소로 합성된다고 알려진 여러 색을 띠는 생체 분자의 집합, 즉 다양한 인종에 기반한 인간 세계 너머에 존재한다. 인간의 멜라닌 함량은 유전적으로 정해진다. 인간은 조상과 복잡한 관련이 있는 고유한 유전적 구성으로 정해진 피부색을 갖고 태어난다. 이 기본 바탕에 햇빛이나 태닝 기계와 같은 인공 광원으로 자외선을 쬐어 색을 덧입힐 수 있다. 파장이 짧은 자외선은 피부 표층에 작용하여 멜라닌 생성을 자극한다. 파장이 긴 자외선은 피부 속까지 더 깊숙이 침투해 실제로 멜라닌을 갈색으로 만들 수 있다. 물론 멜라닌 생성이 받아들이는 빛의 세기를 미처 따라잡지 못할 수도 있다. 이러한 경우 피부색에 관계 없이 화상을 입을 수 있는데 원래 멜라닌이 적은 상태면 더 심할 수 있다. 피부의 기저층이 좋지 않으면 장기적으로는 자외선 노출로 피부암에 걸릴 위험도 높아진다.

멜라닌에는 세 가지 종류가 있다. 가장 흔한 유멜라닌eumelanin

은 검은색과 갈색으로 나타나며 피부와 머리카락에서 볼 수 있다. 그보다 적은 페오멜라닌pheomelanin은 노란색에서 빨간색 사이의 색으로 나타나며 머리카락을 붉게 하거나 입술을 분홍빛으로 만든다. 마지막으로 뉴로멜라닌neuromelanin은 인간의 뇌에서 가장 많이 발견되지만, 어떤 기능을 하는지는 여전히 불확실하다.

수년 동안 멜라닌과 그에 해당하는 특성을 파악하기 위해 노력했지만, 여전히 멜라닌에 관해 아직 모르는 부분이 많은 것처럼 보인다. 그러나 우리가 멜라닌은 잘 모르더라도 멜라닌이 미치는 사회적 영향은 확실히 알고 있다. 피부에 유멜라닌이 많을수록 경찰의 손에 목숨을 잃을 가능성이 크다. 이 현실을 얼마나 직관적으로 받아들일 수 있는지는 아마 길가에서 경찰이 쏜 총에 맞아 사망한 테런스 크러처Terence Crutcher나 거실 소파에서 경찰이 쏜 총에 맞아 사망한 아이야나 스탠리존스Aiyana Stanley-Jones와 얼마나 닮았는지에 따라 다를 것이다. 수 세기 동안 피부에 유멜라닌 함량이 낮은 과학자들은 멜라닌 함량이 높으면 과학적으로 지능이 낮다고 주장해왔다. 모순적으로 뉴로멜라닌은 '지능이 높다'고 알려진 동물에게서만 풍부한데, 나는 피부에 유멜라닌이 부족한 사람들, 즉 백인의 뉴로멜라닌 함량은 피부에 유멜라닌이 풍부한 사람들과 다르지 않다고 생각한다.

불행히도 현대 역사에는 유멜라닌이 적은 사람들이 높은 유멜라닌 함량을 구실로 사람들을 괴롭혔던 사례들이 가득하다. 사회학자이자 과학 연구 이론가인 루하 벤저민Ruha Benjamin

은 자신의 저서 《기술 이후의 인종: 노예 제도 폐지론자를 위한 뉴 짐 코드Race After Technology: Abolitionist Tools for the New Jim Code》에서 인종이 단순히 개인의 자의식이나 멜라닌 수치 문제가 아니라 사회적 기술이라고 지적한다. 한 연구에서는 피부가 검은 여성의 사진에서 피부색을 밝게 바꾸자 사람들은 이 여성을 다른 인종으로 분류했고, 코를 작게 만들자 더 많은 사람이 다른 인종으로 분류했다. 다른 연구에서는 코의 형태, 모발의 질감, 모발의 멜라닌 함량에 대한 고정관념이 피부의 멜라닌 함량과 함께 인종을 구분하는 단서로 작용한다는 사실을 보여주었다.

인종 분류에 맞서는 투쟁은 증오, 학대, 탐욕, 고집이 혼란스럽게 뒤섞이면서 시작되었으며, 아마도 이러한 이유로 지금까지 멜라닌이 물리적 현상으로서 흥미롭다는 사실은 어디에서도 주목받지 못했을 것이다. 현재까지 알려져 있거나 앞으로 이해하고자 하는 멜라닌의 특성에는 역사적 맥락이 존재한다. 인종이라는 개념이 얼마나 터무니없고 인종차별주의와 밀접한 연관이 있는지 확인할 수 있는 전형적인 예시는 다음과 같다. 샐리 헤밍스Sally Hemings[1]라는 흑인 노예를 정부로 삼고 자식을 둔 토머스 제퍼슨Thomas Jefferson은 자신의 저서 《버지니아주에 관한 비

1 나는 헤밍스가 노예제 때문에 강제로 이러한 관계를 맺게 되었으리라고 생각하지만, 자신의 삶에서 허용된 선택 의지를 행사한 인물이었다고도 생각한다. 나는 헤밍스가 주어진 상황에서 제퍼슨과의 관계를 선택했다고 생각하며, 동산 노예제의 잔혹성과 법적인 현실 때문에 이러한 선택을 할 수밖에 없었다고 이해한다. 현대에 들어 헤밍스와 제퍼슨의 관계와 이러한 조건에서 행해진 동의라는 개념에 대해 학문적인 논쟁이 벌어지고 있다.

망록Notes on the State of Virginia》에서 '백인다움'에 관해 이렇게 언급했다. "붉은색과 흰색의 아름다운 혼합, 즉 하얀 빛깔에 색이 적절히 더해져 온갖 감정이 드러나는 편이 영원한 단조로움에 지배당한 얼굴, 즉 다른 인종이 지닌 모든 감정들을 가려버리는 굳건한 검은 장막보다 낫지 않은가?" 다시 말해, 현재까지도 존경받는 미국 건국의 아버지는 표정이 없는 흑인 노예의 얼굴보다 표정이 풍부한 자유 백인의 얼굴을 선호했고, 이러한 외모의 차이가 자유민와 노예의 상대적인 지위 때문이 아니라 인종 때문이라고 믿었다. 이러한 제퍼슨의 느낌을 뒷받침하는 과학적 근거는 없으며 편견만 존재할 뿐이다. 이는 가수 존 메이어John Mayer가 "내 거시기dick는 백인우월주의자 같다"고 말했을 때와 크게 다르지 않다. 적어도 메이어는 자신의 선호도를 표명할 만큼 솔직했다.

백인우월주의에서 나온 메이어의 '거시기' 발언은 멜라닌이 기괴하며 미의 개념과 정반대라고 생각하는 백인의 문화적 유산을 반영한다. 그리고 메이어만 그런 것은 아니다. 학부 1학년 시절 가장 오래된 기억 중 하나는 수학 벌레 백인 친구와 데이트 선호도에 관해 대화를 나누었던 기억이다. 나는 그 친구에게 특별한 관심이 없었는데도 그는 흑인 여성이 매력적이라고 느낀 적이 없기 때문에 나와는 절대 함께 데이트하지 않겠다고 말했다. 그는 자신의 편견을 의식하는 동시에 완전히 무관심했다. 몇 달 후, 나는 그 친구가 지금의 아내인 백인 여성에게 데이트 신청하는 것을 도와주었다. 이처럼 그는 내 피부의 멜라닌 때문에 내 여성성을 완전히 신뢰하지 않으면서도 내가 여성의 마음을 잘 알고 있을 것이라고 믿고 있었다.

물론 제퍼슨의 백인우월주의에서는 적어도 여성에게 멜라닌이 조금 있다고 해서 성적 욕망이 억제되지 않았으며, 아메리카 대륙 전역에서 흑인을 정의하는 갈색 스펙트럼을 고려했을 때 많은 백인 남성들은 확실히 흑인 여성을 성적 욕망을 충족시키는 도구로 보았다. 제퍼슨은 멜라닌에 모순된 입장을 취했다. 멜라닌에서 성적인 아름다움을 찾았지만 동시에 더 심오한 정서적 아름다움이 존재할 가능성을 무시했다. 분명히 제퍼슨의 관점은 초기 피부색차별주의colorism의 형태를 띠고 있다. 밝은 갈색의 피부를 지닌 노예였던 제퍼슨의 정부 샐리 헤밍스는 사실 제퍼슨 부인의 이복동생이며, 제퍼슨 부인의 아버지가 헤밍스의 흑인 어머니를 강간하여 태어난 자식이었다. 제퍼슨은 얼굴이 '굳건한 검은 장막'으로 가려졌다고 생각한 다른 노예들보다 헤밍스를 인간처럼 대하기가 확실히 더 쉬웠을 것이다.

흑인 여성주의자 저넬 홉슨Janell Hobson이 자신의 저서 《어둠 속의 비너스: 대중문화 속의 흑인다움과 아름다움Venus in the Dark: Blackness and Beauty in Popular Culture》에서 살펴보았듯이, 이러한 흑인다움과 아름다움의 역사적 개념은 현대 문화에서 계속 등장하고 있다. 영화 속에서 흑인 여성을 다루는 방식을 살펴보는 장에서, 홉슨은 "비록 흑인 여성이 청록색 눈동자와 긴 금발을 가지고 있기는 하지만 실제로 아름답게 보일 수 있다"고 언급한다. 홉슨은 이렇게 묻는다. "다양한 피부색을 아우르면서 동시에 밝은 피부의 특권을 유지하는 백인우월주의를 파괴하는 흑인다움, 즉 본질에서 벗어난 흑인다움을 상상할 수 있는가?" 피부색차별은 여전히 우리가 다루기 힘든 주제이다.

나는 개인적으로 피부색차별 덕분에 인종차별을 덜 겪기도 하지만, 이 때문에 내가 종종 흑인에 반감을 가진 사람들에게 숭배의 대상이 된다는 사실을 알게 되었다. 수년 전, 나는 소위 '어반urban' 미디어에 관심 있는 청취자(주로 힙합과 알앤비 장르를 좋아하는 흑인들)를 대상으로 하는 '뉴욕 핫 97(New York's Hot 97)'이라는 인기 라디오 방송국 디제이인 에브로 다든Ebro Darden과 인터뷰를 진행했다. 방송이 유튜브에 생중계되었을 때, 첫 번째로 달린 댓글에는 내가 피부색이 밝아서 '피부색이 밝은 건강한' 아기를 낳을 좋은 신붓감이 될 수 있겠다는 내용이 쓰여 있었다. 나는 소름이 돋았다. 나를 대상화했기 때문이기도 했지만, 내 매력이 가족 계보에서 멜라닌을 제거하는 사람이 될 수 있는 능력과 얽혀 있다는 생각 때문이기도 했다. 홉슨의 책에서 설명하길, 혼혈이자 이중 국적을 지닌 흑인 여성 영화감독 은고지 오누라Ngozi Onwurah는 단편 영화 〈커피색 아이들Coffee Colored Children〉을 통해 이 댓글에 깔린 의도를 다음과 같이 표현했다. "남매는 비누, 표백제, 산성 용액, 세정제를 사용하여 자신의 피부에서 검은색을 '씻어내려고' 노력한다. … 부조화를 이루는 이 자기혐오 행위에는 백인다움이 깨끗함을 나타내고 흑인다움이 '노폐물'을 나타낸다는 인식이 들어 있다." 제퍼슨과 같은 노예 소유주가 제도화한 권력 역학에서는 피부색이 더 옅은 노예일수록 인간답게 대우했으며, 흑인들이 서로 소통하는 능력을 계속 방해하고 있다.

위험할 정도로 관대한 누군가는 멜라닌 결핍과 선한 천성을 연결짓는 사람들을 너그럽게 이해하라고 종용할 수도 있을 것이다. 18세기 말까지 체내 멜라닌의 근원은 알려지지 않았다. 고대 그리스인들은 태양과 열 때문에 피부에 멜라닌이 생긴다고 생각했다. 1819년에 이르러서야 조수에 산조반니Giosuè Sangiovanni가 최초로 오징어에서 멜라닌 세포를 분리했고, 1837년에는 프리드리히 헨레Friedrich Henle가 피부 세포의 색소와 안구 세포의 색소를 결부시켰다. 제퍼슨이 이러한 사실을 몰라서 그렇게 행동했을 것이라고 옹호할 수도 있겠지만, 이 주장에는 두 가지 문제가 있다. 첫 번째 문제는 흑인의 표정에 대한 제퍼슨의 결론은 흑인이 인간 이하의 존재라는 생각을 전제한다는 점이다. 분명히 합리적인 결론은 인간이 감금되어 강제 노역을 하면 불행해질 수밖에 없다는 것이지만, 그 결론에 도달하려면 당연하게도 당신 앞에 있는 존재를 인간으로 여겨야 한다.

두 번째 문제는 제퍼슨이 활동하던 시대에 다른 결론을 내릴 수 있는 과학적 지식이 있었다는 점이다. 네덜란드의 피부과 전문의 비테 베스테르호프Wiete Westerhof에 따르면, 토머스 제퍼슨이 살았던 시기보다 약 100년 앞서 장 리올란 2세Jean Riolan Younger는 에티오피아 흑인 피험자의 피부를 두 층으로 "분리했다." 베스테르호프가 인간 멜라닌 세포의 역사를 발표한 2006년, 조지 밀링턴George Millington과 닉 레벨Nick Levell 박사는 이 과정을 조금 다르게 진술했다. 이 두 박사는 리올란이 1618년에 출간한 저서 《인류학Anthropologia》에 직접 기술한 내용을 인용하면서, 리올란이 흑인 피험자의 물집이 생긴 피부를 "관찰했다"고 언급했다. 여기에서 리올란의 행동을 묘사하기 위해 선택한 단어를 주목할 필요가 있다. 베스테르호프의 진술에서 흑인 피험자가 살아 있는 상태인지 아닌지, 피부 분리에 동의했는지 여부는 불분명하다. 밀링턴과 레벨은 접촉이 없었다는 의미에서 "관찰했다"는 표현을 사용했다. 이는 피부가 얼마나 얇은지를 고려했을 때 믿기 어려운 진술이다. 두 경우 모두 '유럽의 한 과학자가 흑인을 과학적 호기심의 대상으로 취급한' 사건을 제대로 묘사하지 못하고 있는 것처럼 보인다. 그 과정에서 리올란은 피부의 표피가 '검은색'을 띠는 상층부와 흰색을 띠는 하층부로 분리될 수 있음을 발견했다.

따라서 이미 1600년대에 검은 색소가 환경이나 정신적 특징 때문이 아니라 피부 자체에 박혀 있다는 사실이 알려져 있었다. 그러나 흥미롭게도 계몽사상을 추구했던 유럽에서는 무엇이든 정복하려는 집착과 일의 작동 방식을 알고자 하는 욕망이 서로 긴장 관계에 있었다. 그래서 모든 일은 끔찍한 행위를 정당화하는 방식으로 작동해야 했다. 제퍼슨은 리올란의 결론을 알았더라도 분명 검은색 층이 흰색 층을 가두었다고 해석하거나 자신이 노예를 희생하면서 꾸준히 얻는 경제적 이득을 정당화하는 말도 안 되는 논리로 해석했을 것이다. 이것이 바로 유럽의 강대국과 식민지 미국에서 일어난 일이었다. 계몽주의 시대에 교회에서 과학으로 권력이 넘어가면서, 과학은 인종차별주의자들의 새로운 근거가 되었다. 인종차별주의자들은 노예를 부린 가해자들의 도덕적 결함 때문이 아니라 노예제가 논리적이고 자연스러운 질서였기 때문에 흑인들이 노예제도에 순응했다는 과학적 근거를 찾고자 했다.

그러나 이러한 주장은 전혀 자연스럽지 않으며 물질일 뿐인 멜라닌과도 관련될 이유가 없다. 백인 과학자들 사이에 인종차별주의적 관습이 존재한다는 사실은 과학과 사회가 서로를 구성한다는 점을 고려하면 놀랄 일이 아닐 것이며, 이러한 상호작용은 멜라닌 함량이 높은 피부에서 가장 두드러진다. 사실 식민지에서 제국의 한복판으로 자원이 계속 흐르게 하는 도구로 삼기 위해 식민지의 흑인들을 끊임없이 괴롭힌 주체는 바로 계몽사상을 추구했던 유럽이다. 대개 과학자들은 식민지에 대한 이러한 관점에 의심을 품기보다는 과학적 근거를 찾아서 입증하고자 했다. 따라서 과학은 과학자들이 편견을 강화하는 과정이 되었다. 인종차별주의는 회의적으로 점검해야 하는 믿음이 아니라 자명한 공리가 되었다.

이러한 이유로 로스앤젤레스 동부의 라틴계 혼혈 가정에서 자란 흑인 아이였던 나는 인종차별이 존재하며 경찰이 내 피부색이나 더 어두운 피부색을 띠는 사람들을 즉시 사살할 수 있다는 사실을 알게 되었다. 우리 가족의 친구이자 흑표당Black Panther Party2(미국의 정당이자 극좌파 흑인 무장단체—옮긴이) 당원이었던 고 마이클 진전Michael Zinzun은 경찰의 폭행으로 한쪽 눈을 잃었고, 여기에서 일말의 정의라도 되찾기 위해 도시 전체를 상대로 소송을 제기해야 했다. 이것이 바로 우리 사회가 돌아가는 논리이며, 이에 기반하여 사회 구조가 형성된다. 이 논리는 백인우월주의가 스스로 강화한 거대한 구조 때문만이 아니라 백인우월주의가 우리의 능력을 제한하는 방식 때문에 여러 면에서 터무니없이 어마어마한 힘을 가진다. 나는 물리학, 천문학, 천체물리학 학사학위를 받은 지 13년, 천체물리학 석사학위를 받은 지 11년, 이론물리학 박사학위를 받은 지 6년이 지나서야 처음으로 나 자신에게 다음과 같은 질문을 던졌다. 이 모든 이야기를 가능하게 한 멜라닌에는 어떤 물리학이 숨어 있을까?

인간이 만든 사회 구조에서 우리가 기본적이고 뻔한 질문을 하지 못하도록 훈련받는다는 사실을 깨닫는 순간은 세상이 돌아가는 방식에 의문을 품도록 훈련받은 과학자에게 아주 가혹하다. 내가 비타민 D 부족인 이유를 물었을 때 의사는 원래 어두운 피부의 사람이 비타민 D를 생산하기에 필요한 만큼의 햇빛을 흡수하기가 더 어렵다고 설명해주었지만, 나는 그 설명에 숨어 있는 물리적 원리가 무엇인지 물어볼 생각은 하지 못했다. 나는 먼저 의학적 측면을 살펴보았고, 무시할 수 없는 수준의 멜라닌이 피부에 존재하는 사람에게는 현재 비타민 D 검사 체계가 적절하지 않을 수 있다는 사실을 발견했다. 그러나 여기서 더 파고들거나 내 물리학 지식을 내 신체의 구성 성분에 적용할 생각은 하지 않았다. 예를 들어, 빛이 멜라닌과 상호작용한다는 것이 무슨 의미인지, 물리적으로 비타민 D와 피부색 사이의 연관성이 정확히 무엇인지에 대해서는 묻지 않았다.

지난 장에서 나는 관측천문학과 우주론에서 차지하는 스펙트럼의 중요성을 언급한 바 있다. 나는 고등학생 시절부터 원자와 빛 사이에 존재하는 역학 관계에 매력을 느꼈고, 학부 3학년 때 원자의 속성을 계산하는 방법을 배운 양자역학 수업을 들으면서도 마찬가지였다. 실제로 나는 스펙트럼에 너무 빠져들어서 스펙트럼으로 외계행성 대기의 특성을 연구하는 방법에 대한 학부 논문을 썼으며, 뒤이은 여름 동안 특정 파장에서 보이는 스펙트럼의 방출선을 효율적으로 증폭시키는 레이저를 만들었다. 내가 인생의 대부분을 빛과 물질의 상호작용에 완전히 열광하면서 지냈는데도 빛과 인간의 피부 사이에 벌어지는 특정한 상호작용을 궁금해한 적이 없었다는 사실은 너무나 이상할 따름이다. 어쨌든 이 상호작용은 정말로 흥미로운 현상이다. 원자가 광자를 흡수한다는 사실을 떠올려보자. 우리가 빨간 립스틱을 볼 수 있는 이유는 립스틱의 화학 물질이 모든 가시광 스펙트럼을 포함하는 백색광에서 빨간색 이외의 나머지 모든 색을 흡수하기 때문이다. 빨간 립스틱은 빨간색만 반사한다. 그래서 우리가 멜라닌이 함유된 피부를 바라본다는 것은 그 사람의 피부가 흡수하지 않는 색을 보고 있다는 의미이다.

물론 갈색은 무지개에서 보이는 색이 아니다. 그렇다면 어떻게 유멜라닌은 갈색을 띠게 되는 것일까? 갈색은 수많은 방식으로 만들 수 있다. CMYK 색상 모형(파란색cyan, 빨간색magenta, 노란색yellow, 검정색key color을 활용하여 색상을 조합하는 모형—옮긴이)

에서처럼 빨간색, 노란색, 검은색을 섞어서 만들 수도 있고, RGB 색상 모형(빨간색red, 초록색green, 파란색blue을 활용하여 색상을 조합하는 모형—옮긴이)에서는 빨간색과 초록색을 섞어서 만들 수 있다. 검은색 페인트와 주황색 페인트를 섞어도 갈색이 나온다. 멜라닌과 가시광 스펙트럼 사이의 주요 상호작용은 스펙트럼의 일부를 흡수하여 나머지를 반사하는 것이다. 우리가 보는 색은 가시광 스펙트럼에서 어느 범위의 색이 흡수되는지에 따라 달라진다. 흑인들의 다양한 피부색에서 보이는 갈색을 얻으려면 멜라닌 함량이 다양해야 한다. 멜라닌이 많을수록 더 넓은 범위의 색상이 흡수된다. 한편 알다시피 피부가 가장 어두운 사람들 중 일부는 피부에 푸른빛이 감돈다. 이는 파란색 빛의 일부가 멜라닌에 흡수되지 않고 다시 반사된다는 의미이다.

여기서 질문이 생긴다. 인종적으로 흑인의 범주에 속하는 갈색을 띠도록 빛을 흡수하고 방출하는 내 피부에는 무엇이 있는가? #BlackLivesMatter(흑인의 생명은 소중하다)와 같은 해시태그가 범람하는 시대에서, 피부색에 숨어 있는 놀라운 물리적 원리를 살펴보는 것 이상으로 흑인 아이들의 특별한 삶의 궤적과 물리학을 연결할 수 있는 방법은 무엇일까? 내가 이러한 질문을 한 번도 떠올리지 못했던 이유는 분명했다. 내 전문 영역 밖이었기 때문이다. 그러나 나는 시간이 지나면서 내가 교육받는 동안 이러한 문제가 한 번도 등장하지 않았다는 사실이 그리 놀랍지는 않지만 조금 이상하다고 느끼게 되었다. 내가 고등학교나 대학을 다니던 시절과 비교하면 확실히 오늘날에는 흔히 STEM(과학

science, 기술technology, 공학engineering, 수학mathematics)이라고 부르는 이공계 분야에서 다양성을 더 많이 고려하고 있다.

그러나 과거와 마찬가지로 지금도 과학자들은 과학에서 다양성을 논할 때 흔히 유색 인종을 아직 손대지 않은 자원의 관점으로 바라본다. 미국국립과학재단은 국가 안보를 위해 과학 분야에서 지금까지 간과되었던 집단의 참여도를 높이는 임무를 맡고 있다. 미국에 충분한 이공계 인력이 있는지 확인하려면 인구통계학적인 변화가 일어나고 있음을 인정해야 한다. 불과 몇십 년 안에 미국은 소수 민족이 다수를 이루는 국가가 될 것이며, 단일 민족이 다수를 구성하지도 않을 것이다. 따라서 아프리카계 미국인, 히스패닉(스페인어권 국가 출신 이주자와 그 후손—옮긴이),[2] 미국 원주민, 태평양 제도 주민처럼 지금까지 간과되었던 소수 민족을 인구 비율에 비례하여 이공계 노동력에 포함하지 않으면 미국은 기술 분야의 노동력을 외국인에 의존할 위험이 있다.

다시 말해, 노예였던 내 선조들처럼 21세기에도 흑인과 여타 소수 민족들은 과학계에서 국가 발전을 위한 재화로 취급되고 있다. 대규모 수감이 유독 유색 인종, 그중에서도 특히 가장 멜라닌 색소가 풍부한 미국 흑인들에게 영향을 미치기는 하지만, 우리 대부분은 노예였던 선조들에 비하면 자유롭기 때문에 이

2 공식 문서에는 흔히 '라티노Latino', '라티나Latina', '라티넥스Latinx'가 아니라 '히스패닉Hispanic'이라는 단어가 사용된다. 이는 백인 히스패닉을 소수 민족으로 간주한다는 의미이며, 스페인 출신 사람들이 소수 민족을 위한 제도의 혜택을 받을 목적으로 스스로를 소수 민족으로 지칭한다는 이야기가 많다.

렇게 직접 비교하는 데는 분명 한계가 있다. 그러나 기저에 깔린 논리는 비슷하다. 두 경우 모두 유색 인종이 국가 기관에 제공하는 노동력에 비하면 사회에서 유색 인종에게 주는 복지는 많지 않다. 이런 의미에서 역사적으로 내 선조들을 학대하는 구실로 사용되었던 놀라운 생체 분자인 멜라닌에 관해 아무도 나에게 이야기할 생각을 하지 않았다는 사실은 그리 놀라운 일이 아니다. 이런 이야기를 하려면 물리학에서 국가주의적 힘을 유지하기 위해 흑인을 고려한다는 인식보다 물리학이 흑인 편이기도 하다는 믿음이 필요하다.

여기에 현실적으로 고려해야 할 점들도 있다. 루하 벤저민의 《기술 이후의 인종》에서는 피부색 다양성과 빛 흡수를 고려하지 않는 무심함을 보여주는 아주 일상적인 사례가 등장한다. 벤저민은 자동 비누 기계가 적외선으로 그 밑에 있는 손의 존재를 감지하여 작동하는 방식을 설명한다. 2017년 나이지리아의 페이스북 직원 추쿠에메카 아피그보Chukwuemeka Afigbo는 비누 기계에 백인이 손을 넣자 비누가 나오는 모습을 찍은 동영상을 소셜 미디어에 게시했다. 하지만 흑인에게는 비누가 나오지 않았다. 이 적외선 감지기와 기계를 설계한 기술자는 피부가 어두울수록 더 넓은 범위의 스펙트럼을 흡수하기 때문에 피부가 적외선을 반사하지 않고 흡수한다는 사실을 고려하지 못했다. 어두운 피부는 거기에 존재하지 않기 때문이 아니라 감지기가 어두운 피부를 고려하도록 설계되지 않았기 때문에 보이지 않는 것처럼 여겨진 것이다. 삶을 개선하는 신기술이 개발될 때 흑인이 보이지 않는 것처럼, 흑인이 특별히 관심을 가질 만한 문제도 마찬가지다. 흑인 과학자로서 나는 자신의 흑인다움을 이해하기 위해 과학 기술을 어느 정도 활용할 수 있다는 사실을 깨달았다. 물리학자들은 특정한 방식으로 세계를 바라보도록 훈련받으며, 어떤 문제에도 과학 기술을 적용할 수 있다고 생각한다.

멜라닌에 대해 궁금증이 생기면서 결국 나는 과학자답게 과학 문헌들을 검색했다. 인종차별주의자들이 내 기준에서 건성으로 멜라닌 연구를 수행한 지 수 세기가 지난 지금, 나는 멜라닌이 생물물리학에서 활발한 주제가 되었다는 사실을 알고 깜짝 놀랐다. 이제 사람들은 멜라닌이 물질적으로 어떻게 기능하는지, 미래 기술에 어떻게 활용할 수 있는지 알아내고자 한다. 만약 홀로코스트의 사회적 의미가 알려지기 전까지 기초적인 과학으로 여겨졌던 유사 과학인 우생학에 사람들이 약 반세기 동안 주의를 빼앗기지 않았다면 무엇이 달라졌을까? '우생학eugenics'은 그리스어로 '좋음'을 뜻하는 'eu'와 '인종'을 뜻하는 'genos'를 결합하여 만들어진 단어이다. 이 어원에서 권력을 지닌 사람들이 만든 규칙에 따라 살 사람과 죽을 사람, 심지어 존재조차 사라져야 할 사람이 분류된다는 우생학의 의도가 그대로 드러난다. 우생학 사상이 백인우월주의보다 먼저 등장했지만, 우생학은 오늘날에도 과학계 구석구석에 만연한 백인우월주의적 과학의 초석이 되고 있다.

보통 우생학은 약간 비주류 학문처럼 여겨지지만, 인류학적인 관점으로 바라본 과학에서도 어떤 인종에서든 XX 염색체를 가진 사람들(흔히 여성으로 지칭한다)과 같은 약자들이 생물학에서 덜 연구된다는 사실은 여전히 분명하다. 멜라닌이 인기 있는 연구 주제가 된 이유가 아프리카의 후손들이 자발적으로 관심을 가졌기 때문이 아니라 많은 백인이 피부암에 걸리기 때문이라는 사실을 깨닫고 나는 속상했지만 놀라지는 않았다. 수 세기 동안 대개 눈으로 추정한 피부의 멜라닌 함량에 근거하여 납치, 감금, 폭행, 강간, 살해 등이 벌어진 후, 멜라닌이 빛과 상호작용하는 원리나 신체에서 생성되어 이동하는 방식과 같은 멜라닌의 물리적 성질은 피부에 멜라닌 함량이 낮은 사람들의 생존에 도움이 될 때만 관심과 연구의 대상이 되었다. 이는 단지 백인 여성의 의학적 치료법을 밝혀내려는 목적으로 흑인 여성의 생식계에 관심을 가진 19세기의 부인과 의사 J. 매리언 심스J. Marion Sims의 잔인한 실험과 유사하다. 심스는 흑인 여성이 고통을 느끼지 않는다고 주장하며 이들을 마취 없이 절개하여 사실상 고문했지만, 일부 사람들에게 여전히 찬양받고 있다. 흑인 신체 중 흑인이 아닌 사람들의 건강을 위해 관심의 대상이 된 부위가 멜라닌이 처음은 아니었던 것이다.

그러나 너무 많은 죽음을 정당화하는 데 사용된 이 물질은 전화나 전선 같은 일상적인 물건들이 무엇으로 만들어지는지 연구하는 재료 기술의 미래를 보여준다. 호주 출신 대학원생 클레어 자코만토니오Clare Giacomantonio의 2005년 학부 논문에 따르면, 멜라닌은 특이한 전기 전도체이다. 일상적인 전도체와는 달리, 멜라닌은 본질적으로 생물유기체(인간과 같은 생명체의 일부)이며 무질서하다. 즉 멜라닌 분자는 무질서한 결정체이다. 이런 이유로 전자는 더 단순한 유형의 전도체보다 더 무질서한 방식으로 여러 양자역학적 에너지 준위에 존재한다. 이러한 적응성 때문에 분광과 같은 일반적인 생화학 기술로는 멜라닌 연구를 수행하기가 어렵다. 더 나아가 멜라닌은 전기를 매개하기도 하고 차단하기도 한다. 이러한 성질은 멜라닌 생체 분자에 존재하는 수분의 양에 따라 달라지는 것처럼 보인다. 수분이 많을수록 전도율이 높아지는 것처럼 보이지만, 이러한 상관관계가 멜라닌의 적응성을 가장 잘 설명하는 방법인지에 대해서는 여전히 여러 논문에서 논쟁을 벌이고 있다.

멜라닌 정보를 의료적으로 활용할 수 있다는 사실도 흥미롭지만, 멜라닌을 더 자세히 이해하면 기술적으로도 큰 변화를 일으킬 수 있다. 멜라닌은 비교적 간단한 형태의 무질서한 전도체이기 때문에 이러한 종류의 물질에 대한 복잡한 개념을 이해할 기회가 될 수 있다. 이러한 재료 중 하나는 저항 없이 전기가 흐르도록 하는 물질인 초전도체이다. 수은과 납은 특정한 조건에서 초전도체가 될 수 있다. 초전도체를 대규모로 활용하면 전력 공급원에서 전 세계 가정으로 전기를 전달할 때 손실을 최소화함으로써 사회가 돌아가는 데 필요한 에너지의 양을 줄일 수 있다. 이러한 가설은 물론 매우 획기적이지만, 기존의 초전도체는 일반적으로 지구 자연 상태의 온도보다 훨씬 낮은 온도에서만 작동하기 때문에 과냉각을 돕는 헬륨이 필요하다. 헬륨은 초기 태양에서 지구에 아주 많이 전달되었지만, 핵core에서 제한된 비율로 생성된다. 게다가 헬륨을 광범위하게 초저온으로 유지하려면 에너지가 많이 소모되어 에너지 부하를 줄이고자 하는 목표에 역효과를 낳는다. 즉 초전도체를 사회적으로 광범위하게 도입하려면 아직 우리에게 없는 신기술이 필요하다. 여기에서 멜라닌이 큰 역할을 할 수 있다. 기술을 공공의 선을 위해 활용한다는 윤리적 약속이 지켜진다면(안타깝게도 이러한 약속이 아직 과학계에서는 당연하지 않다) 멜라닌은 친환경 에너지 개발의 열쇠를 쥐게 될 것이다.

물론 우리가 멜라닌의 구조를 잘못 알고 있거나 멜라닌이 초전도체를 이해하는 데 전혀 도움이 되지 않을 수도 있다. 그 대신 멜라닌은 전자-이온 하이브리드 전도체일 수도 있는데, 이 전도체에서는 전자뿐만 아니라 이온이 핵심 역할을 한다. 초전도체 모형에서 멜라닌에 내재한 전도성은 물과 분자가 접촉할 때 급격하게 변한다. 물이 첨가되면 자유롭게 움직이는, 즉 전기를 전도하는 하전 입자의 수가 증가한다. 생체 전자-이온 하이브리드 전도체는 이와 다른 대단히 흥미로운 기술적 가능성을 보여준다. 멜라닌은 인체의 일부로 통합되는 기기인 생체 전자 장치에 필요한 인터페이스 설계에서 중요한 역할을 하여 결과적으로 나와 같이 장애를 지닌 사람들의 환경을 바꿀 수 있다. 기계광인 나는 이 특별한 가능성에 몹시 흥분한다. 하지만 인류 역사를 공부하고 종종 공상과학 소설을 읽다 보면, 생체 전자 장치와 연관된 끔찍한 디스토피아적 가능성 때문에 윤리적 문제를 새롭게 떠올리기도 한다. 컴퓨터를 이용해 뇌에 책을 다운로드

할 수 있다는 발상은 아주 멋지지만, 감시와 통제의 가능성을 고려하면 전혀 다른 문제가 된다.

이 모든 가능성은 우생학자들이 아프리카계 사람들을 선천적으로 열등하게 만드는 물질이라고 주장했던 멜라닌이 아프로퓨처리즘Afrofuturism(아프리카 문화와 과학 기술을 접목하는 철학 사조—옮긴이)의 기술적 미래를 선도하는 물질이라는 점을 시사한다. 에너지 공급원에서 각 사용처로 에너지를 전달할 때 손실을 줄여 해로운 탄소 배출을 최소화하도록 하는 미래의 에너지 분배 장치는 자넬 모네Janelle Monáe(미국의 흑인 여성 가수로 아프로퓨처리즘에 입각한 가상 세계를 주제로 하는 앨범을 냈다—옮긴이)의 세계관에서 "아치안드로이드ArcAndroid가 조직한" 흑인 덕분에 실제로 구현될 가능성이 매우 높다. 인간이 생태계와 조화롭게 살아가는 미래에 대한 해결책은 흑인의 유전자 코드에 새겨져 있을지도 모른다. 준 조던June Jordan(미국의 시인—옮긴이)은 늘 "우리가 기다리던 사람은 바로 우리 자신"이라고 강조했다.

이러한 가능성을 제시하면서 내가 흑인의 또 다른 자본주의적 용법을 알려주는 셈이 될까 봐 염려스럽다. 노예제를 기반으로 세워진 사회에서 노예제 논리를 벗어나기는 어렵다. 나는 멜라닌에 대한 정보를 검색하다가 과학적으로 이치에 맞지 않으며 시대에 뒤처진 표현형 분류 체계를 사용한 동료심사 학술 논문을 발견했다. 솔직히 나는 우리 어휘에서 "몽골로이드Mongoloid"라는 표현이 아직도 사라지지 않았다는 사실을 모르고 있었다. 또한 흑인 과학자의 연구도 찾을 수가 없었다. 가끔 흑인의 유전학에 특히 초점을 맞춘 흑인 생물학자들의 연구를 마주하면, 일반적으로 심각하게 재정난에 시달리는 혈액학 분야의 겸상 적혈구 빈혈을 다루는 내용이었다. 보유자의 수명을 상당히 단축시킬 수 있는 비정상적인 모양의 혈구인 겸상 적혈구는 아프리카 계통의 사람들에게만 있는 것은 아니지만 주로 흑인에게 영향을 미친다. 이 주제를 다루는 연구는 굉장히 중요하며, 실제로 이 분야에 더 많은 연구자들이 필요하다. 끔찍하게도 미국의 흑인들은 호기심과 상상력을 마음껏 펼치기보다 항상 비상 상황에 직면하여 스스로 자신의 생명을 구하려는 것처럼 보인다.

2020년대에 들어서면서 멜라닌은 유용한 도구이자 심지어 예술 작품으로 취급받지만, 정작 멜라닌을 눈에 보이게 드러내는 사람들과는 다시 단절되고 있다. 사실 이 글의 일부가《비치 매거진Bitch Magazine》2017년 겨울호에 실린 후, 한 MIT 교수가 멜라닌으로 건축물을 만드는 제안을 했다. 네리 옥스만Neri Oxman 교수의 토템스 프로젝트Totems project는 오지브와족 공동체에서 가족이나 씨족의 대상을 소유격으로 표현하는 단어 '오토테만ototeman'에서 유래한 영어 단어를 사용함으로써 원주민의 언어와 개념을 가져왔을 뿐만 아니라 멜라닌 색소로 고통받아온 사람들과 무관하게 미래 지향적인 친환경 물질인 멜라닌을 사용하고자 했다. 프로젝트 자체는 여러 색의 멜라닌으로 채워진 일련의 3차원 직육면체로 이루어져 있다. 여기에서 멜라닌은 아미노산, 새의 깃털, 오징어 먹물과 결합된 버섯 효소에서 생성된다.

이 작품은 MIT의 매개물질그룹Mediated Matter Group에 속한 옥스만 교수의 팀에서 제작했으며, 이 글을 쓰는 시점에 연구실 청소부를 제외하면 그룹 내의 학생이나 박사후연구원, 직원 중에는 흑인이 한 명도 없다. 이 그룹에서는 다음과 같이 작품을 설명했다. "우리가 '토템'이라는 단어를 사용한 이유는 물질적이든 비물질적이든 살아 있는 모든 것, 특히 이 단어를 만든 오지브와족을 비롯하여 우리와 다르게 이 시너지 효과를 보고 느끼고 연결했던 다른 원주민들의 지혜에 찬사와 존경을 보내기 위함이다." 나는 이 설명을 읽고 심장이 철렁 내려앉았다. 힘이 빠지는 기분이었다.《비치 매거진》에 실린 내 글이 그 작품에 영감을 주었을까 봐 걱정스러웠고, 어떤 제안을 세상에 공개할 때 그 제안이 어떻게 활용될지도 고려해야 한다는 사실을 새삼 깨달았다. 내 의도는 과학자들이 문자 그대로 건축물에 흑인의 피부와 유사한 무언가를 뒤덮는 것과 같은 발상을 해야 한다는 의미가 아니었다. 그보다 나는 멜라닌 과학이라는 미개척 분야를 통해, 과학에서 흑인의 인간성을 배제하는 현상을 멈춰야 한다는 인식과 흑인 과학자들이 실제로 과학에 참여할 수 있는 방식을 보여주고 싶었다. 내가 정말로 모두에게 알리고 싶었던 것은 흑인의 생명과 마찬가지로 흑인의 사고방식도 중요하다는 사실이었다.

노예제의 여파로 아메리카 대륙의 흑인들은 모두 어느 정도 DNA에 새겨진 유멜라닌 함량에 따라 '반反 흑인' 인종차별로 인한 엄청난 고통을 겪고 있다. 유전적 특성은 무작위가 아니라 여러 이유를 통해 나타난다. 미국 흑인의 대다수는 주로 강간으로 인해 일부 유럽 혈통을 물려받았다는 사실이 알려져 있으며,

이는 두 아메리카 대륙에서 모두 분명한 사실이다. 내 피부는 밝은 편이다. 흔히 사람들은 내 피부가 밝은 이유를 아버지가 백인이라는 사실에서 찾는다. 실제로 우리 아버지는 아슈케나지 유대인이자 백인이다. 물론 내 피부가 밝은 이유는 아버지 때문이기도 하지만, 내 모계 조상의 강간범 때문이기도 하다. 어머니는 나만큼 피부가 밝지는 않지만, 전체 범주에서 보면 밝은 쪽이다. 멜라닌 함량은 선조들이 견뎌온 시간 동안 겪은 이야기를 담고 있다.

다른 관점에서 보면, 흑인은 부품을 얻기 위해 분해할 수 있는 물질적 산물이라기보다 마블 코믹스 세계관 속 인물인 와칸다의 슈리 공주와 같다. 슈리 공주는 흑인 여성으로서 무엇이든 직접 만져보기를 좋아하며 스스로 멋진 발명품을 만들거나 세계를 바라보는 새로운 방식을 찾기 위해 오랜 시간을 들여 고민하고 시도한다. 완전히 다른 맥락에서 보면 멜라닌으로 덮인 건축물은 검거나 어두운 피부를 지닌 사람들이 자신의 피부를 자세히 이해하고 이러한 기술적 성취에 깊은 자부심을 느끼며 생각해낸 멋진 아이디어처럼 들릴 수도 있다. 이는 백인이 흑인의 신체를 활용하려고 새로운 방법을 강구하는 것과는 분명히 다르다. 영화 〈블랙 팬서〉가 개봉했을 때 슈리 공주와 자신을 동일시한 흑인 과학자는 나뿐만이 아니었다. 많은 흑인이 어린 시절 슈리가 되는 꿈을 꾸었지만, 백인우월주의 사회에서는 불가능하다는 사실을 깨달았다. 원주민으로서 지적 호기심을 억누르지 않을 때 슈리가 될 수 있다. 그래야 비로소 미국이 바로 설 수 있다.

대신 우리는 대부분 이른바 “인종 과학race science”을 마주했다. 더 적나라하게 표현하자면 “인종차별적 과학racist science”이라 할 수 있을 것이다. 인종 과학이라고 하면 단순히 인종과 관련한 과학적 가설을 의미하는 것처럼 들린다. 하지만 인종차별적 과학은 전적으로 (백인) 유럽인의 우월함을 정당화하기 위해 만들어진 분야일 뿐이다. 또한 백인이 자신과 다른 사람들에게서 느끼는 두려움, 아시아 대륙에 붙어 있는 작은 반도의 유멜라닌 없는 무자비한 사람들이 지배했던 이들의 신보다 자신이 믿는 신이 세계를 더 관대하게 바라볼 것이라는 사실을 인정하는 데서 오는 두려움도 정당화하기 위해 만들어졌다. 이러한 세계관으로 엄청나게 파괴적인 결과가 파생되었고, 질서 있는 파괴와 더불어 무질서하고 예측할 수 없는 결과도 수반되었다. 아프리카인들은 무자비하게 납치, 감금되어 노예가 되었고, 억지로 가족을 이루어 노예 상태에서 새로운 세대를 낳으며 새로운 언어 환경에서 버텨야 했다. 그리고 그렇게 세월을 보냈다.

나는 자라면서 어머니가 인종차별을 겪는 장면을 목격했고, 이 경험은 어머니의 딸로서 내가 이 세상에서 받은 첫인상의 일부가 되었다. 이후 피부색차별주의 때문에 나는 다른 흑인에 비해 덜 차별받았지만, 인종차별주의가 나에게 엄청난 영향을 미친다는 사실은 느낄 수 있었다. 피부에 멜라닌 색소가 훨씬 많은 사람을 비롯해 심지어 나의 어머니까지도 일상에서 끔찍한 구조적 인종차별주의를 나보다 더 많이 겪는다. 더 빈번하고 더 강하며 더 위험하게 겪는다. 이러한 이유로 흑인다움을 “백인이 얼마나 당신을 함부로 대하는가?"라는 질문에 대한 응답에 따라 정의해도 그럴 듯해 보인다. 또는 흑인다움을 고통의 결과, 고통 속의 삶, 고통의 근원으로 정의해도 좋을 것이다. '흑인다움', '고통', '멜라닌'은 모두 우리 흑인을 가리키는 말이므로 동의어로 취급할 수도 있을 것이다.

우리는 가장 가혹한 육체적·심리적 환경에서 강제로 흩어진 공동체였음에도 상상력이 매우 풍부했다. 우리 선조들은 끊임없이 자신을 자유민으로 상상했으며, 이렇게 그려낸 흑인의 미래를 치열하게 지켜내 나와 같은 흑인이 언젠가 별을 바라볼 수 있도록 해주었다. 이는 우리가 노예 사냥꾼에게서 도망쳤기 때문도, 들판에 갇혔기 때문도 아니다. 천문학 박사학위 과정 첫 학기에 별에서 어떻게 끊임없이 핵폭발이 일어나는지 배웠기 때문이다. 이것이 바로 내가 과학자로서 믿는 '흑인의 마법'이다. 선조들은 새로운 가능성이 있는 바로 지금, "멜라닌의 물리학은 무엇인가?"라는 질문을 던질 수 있는 여기까지 오게 했다. 이제 우리는 흑인 과학자가 이러한 질문을 하고, 질문의 답으로 세상을 근본적으로 바꾸는 방법을 기술적으로 자세히 이해할 수 있는 세계에 살고 있다.

6장

흑인은 빛나는 물질이다

양자역학이라는 주제는 올바른 질문을 하도록 영감을 주고 핵심 문제를 전면에 내세우며 편견을 없애고 호기심을 불어넣지만, 우리가 그 지혜를 배우려고 달려들면 왜 필연적으로 실패하고 마는가? 우리는 관련도와 이해도 사이에 필요한 절충안을 나타내는 일종의 불확정성 관계를 가정하는 유혹에 빠지기 십상이다. 그러나 이러한 가정은 흔히 관련 문제를 충분히 이해하지 못하게 하는 일종의 유추적 사고이다.

– 캐런 배러드, 《우주의 중간에서 만나기: 양자물리학, 물질과 의미의 얽힘》

혹시 몰라 말해두자면, 흑인은 평범하다. 물론 흑인이 전 세계 문화에 공헌하지 못한다거나 회복력이나 생존, 번영의 측면에서 비범하지 않다는 뜻은 아니다. 우리는 비범한 존재여야 했기 때문에 그런 존재로 남았다. 하지만 그렇다고 '마법의 니그로Magical Negro(영화나 소설에서 주로 백인의 조력자로 등장하는 지혜로운 흑인 캐릭터—옮긴이)'도 아니다. 그저 백인, 아시아인과 같은 인간일 뿐이다. 흔히 생각하듯이 휴대전화를 총으로 바꾸는 능력이 있는 것도 아니다. 우리도 당연히 고통을 느낀다. 생존할 자격을 지닌 사람처럼 보이기 위해 특별히 노력해야 할 이유도 없다. 그러나 평범한 흑인은 절대 미국 사회에서 받아들여지지 않는다. 흑인의 서사는 결점을 중심으로 흘러가기 때문에 결국 평범한 흑인이 된다는 것은 인생의 실패일 뿐만 아니라 인종 전체의 실패이기도 하다. 흑인은 백인에 비해 영원히 비정상적인 것처럼 취급된다. 그들에게 흑인은 영구적인 결점이 있는 사람들이다.

물론 흑인들은 이러한 이야기를 얌전히 받아들이지 않았다. 앞서 말했듯이, 우리는 생존에 있어서 비범했다. 백인우월주의자들이 하는 터무니없는 이야기에 아주 창의적으로 대항했다. 하지만 여기에는 더 복잡한 문제가 뒤따랐다. 예를 들어 암흑물질 비유가 그랬다. 나는 주로 물리학 중심의 환경에서 학문적 경력을 쌓았기 때문에 아프리카계 미국인, 아프리카 문헌, 흑인 연구를 하는 학자들이 흑인의 존재를 은하 구석구석에 퍼져 있는 것처럼 보이는 암흑물질에 자주 비유하고 있다는 사실을 뒤늦게 알아차렸다. 나는 2015년 10월 한 백인 물리학자가 주요 신문에 글을 기고하면서 이러한 비유를 사용했을 때 이 사실을 처음 알게 되었다. 글을 읽고 나는 친구들에게 이렇게 말했다. "절대 다시는 백인 과학자가 흑인을 암흑물질에 비교하는 글을 쓰지 않았으면 좋겠어. 은하 형성을 식민주의에 비교하는 글도 절대 다시는 보고 싶지 않아." 나중에 흑인과 원주민의 글에서까지 이러한 비유를 발견한 나는 트위터에 글을 올렸다. "제 앞에서 흑인을 암흑물질에 비유했다간 한 소리 할 겁니다. 정말이지 끔찍하고 빌어먹을 비유라고요."

나는 암흑물질 이론을 연구하는 흑인으로서 이러한 비유를 아주 싫어하지만, 내가 알고 존경하는 흑인 작가와 사상가들이 너무나 많이 암흑물질과 흑인을 일대일로 비교하기 때문에 나는 그 근원을 알고 싶었다. 2000년에 출간된 첫 작품집《암흑물질: 아프리카 디아스포라 초현실 소설의 100년Dark Matter: A Century of Speculative Fiction from the African Diaspora》에서 편집자 셰리 R. 토머스Sheree R. Thomas는 암흑물질과 흑인 초현실 소설 또는 공상과학 소설 작가들이 왜 이러한 비유를 하는지 설명하며 글을 소개했다. 토머스는 물리학의 관점에서 "우주에 있는 물질의 대부분은 전자기파를 방출하지 않는다. 즉 우리가 감지할 수 있는 빛을 내지 않는다"라고 강조하며 다음과 같이 말했다. "암흑물질처럼 공상과학 소설 장르에서 흑인 작가가 기여한 바는 눈에 잘 보이지 않았고 관심도 받지 못했다. 문학 연구자와 비평가는 대부분 공상과학 장르의 가장 주목받는 두 흑인 작가 새뮤얼 R. 딜레이니Samuel R. Delany와 옥타비아 E. 버틀러Octavia E. Butler의 작품까지만 연구했다." 그러나 이제는 상황이 바뀌었다. 흑인 여성이자 공상과학 소설 작가 N. K. 제미신N. K. Jemisin은 주류 문학계에 확실히 진입하여 기록적인 수상을 하고 있다.

물론 이 세 번째로 등장한 흑인 초현실 소설 작가의 성공이 내가 비유에 대한 토머스의 정당화에 반대하려는 이유는 아니다. 대신 나는 암흑물질 탐사와 흑인 공상과학 소설 작가 발굴을 비슷한 현상으로 바라보는 토머스의 관점에 동의하지 않는다. 암흑물질의 경우에는 우리가 왜 이해하지 못하는지 명확하지 않다. 암흑물질은 지금까지 우리에게 아무런 영향을 미치지 않았다. 그 특성상 상호작용하기가 근본적으로 어렵기 때문이다. 암흑물질은 특히 파악하기 어렵기 때문에 우주에서 특이한 존재이다. 우리는 암흑물질에 대해 거의 아는 것이 없지만, 노력이 부족하기 때문이 아니다. 실제로 과학자들은 암흑물질의 본질을 파악하기 위해 수백만 달러를 쏟았고, 이론 분야와 실험 분야에 모두 가장 똑똑하고 귀한 인재들을 투입했다. 그에 반해 흑인 작가들이 발굴되지 못했던 것은 전적으로 의도된 현상이지 절대 자연스러운 현상이 아니다. 오래전부터 흑인 공상과학 작가를 발굴하려는 노력은 전무하다시피 했다. 토머스가 서문에서 밝혔듯이 이러한 작가들을 물색하던 그때 이미 그 작가들은 자신의 존재를 세상에 드러내고 있었다.

흑인이 얼마나 세상에 드러나는지는 더 넓은 관점에서 살펴볼 필요가 있다. 흑인이 보이지 않는다는 것은 정확히 무슨 의미일까? 흑인 공상과학 작가들처럼 평범한 흑인 개인도 눈에 띄지 않을까? 사실 흑인은 멜라닌 때문에 눈에 훨씬 많이 띈다. 보이지 않는다기보다 오히려 다채롭다. 그런데도 흑인은 자신의 노동에서 맡은 역할이나 인간으로서 당연한 삶의 의미를 존중받지 못해 늘 투쟁해야 한다. 흑인의 존재 의미는 전 세계에 만연한 백인우월주의 때문에 사라지고 있다. 흑인은 자신이 수행한 노동의 소유권을 인정받지 못한다. 역사적으로 납치되거나 노예가 되어 약탈당했던 노동도, 미국 문화를 형성하는 데 상당 부분을 뒷받침해온 창조적인 노동도 마찬가지였다. 이렇게 노동의 소유권이 박탈되어 우리가 행한 노동은 자신의 노동으로서 존재 의미가 사라지고 인정받지 못하게 된다.

어떤 의미에서 토머스의 글에는 바로 이러한 문제가 존재한다. 나는 토머스가 흑인이 수행한 연구를 하나도 언급하거나 인용하지 않았다는 점을 인정하고 흑인 과학자의 존재를 다루지 않을까 기대했지만, 그러지 않았다. 암흑물질 문제를 연구하는 흑인 과학자들과 이들의 노동은 이 글에서 다뤄지지 않은 바람에 보이지 않게 되었다. 토머스의 글이 출간된 지 15년이 지난 후, 하버드대학교의 백인 여성 이론물리학자인 리사 랜들Lisa Randall 교수는《보스턴 글로브Boston Globe》의 사설에서 이와 같은 개념을 차용하여 유색 인종과 암흑물질이 세계를 하나로 묶는 보이지 않는 힘이라는 점에서 유사하다고 언급했다. 랜들은 이 아이디어를 한 예술가에게서 얻었다고 밝혔지만, 이름을 거론하지는 않았다. 이는 랜들이 아이디어를 차용했다는 사실을 인정하면서도 글을 발표하기 전에 그 예술가가 누구인지 제대로 조사하지 않았음을 시사하며, 그 결과 개념을 만드는 데 중요한 역할을 한 토머스도 사라지게 되었다.

이와 비슷한 일들은 반복해서 벌어지고 있다. 인간은 서로를 보이지 않게 만들고, 때로는 눈에 띄지 않게 적극적으로 숨긴다. 암흑물질에는 이런 일이 벌어지지 않는다고 예상할 수 있다. 그러나 나는 암흑물질 비유에 더 심각한 문제가 있다고 생각한다.

분명 이 비유는 백인 과학자를 포함한 백인들에게 흑인에 대한 잘못된 인식을 제공했고, 때로는 백인들에게 깊이 뿌리 박힌 오해를 뒷받침했다. 암흑물질은 빛을 반사하지 않는다. 그래서 빛날 수 없다. 나는 백인들이 종종 흑인을 이렇게 생각한다는 사실을 알고 있지만, 그렇다고 백인들이 옳다는 뜻은 아니다. 우리는 암흑물질에 관해 거의 아무것도 모르지만, 흑인에 관해서는 아주 많이 알고 있다. 심지어 백인도 흑인에 관해 많이 알고 있다. 여기서 가장 중요한 점은 흑인도 백인과 똑같은 물질로 구성되어 있고, 그러므로 똑같은 인간이라는 것이다. 최악의 경우 흑인은 분명히 눈에 보이는 인간임에도 보이지 않거나 특이하다고 취급받는다.

이러한 비교가 시작일 수는 있으나, 강조를 위해 비유하는 문제가 반복된다. 흑인을 암흑물질에 비유하고 싶더라도 참아야 한다. 지금도 많은 암흑물질이 당신을 통과하고 있다. 암흑물질의 밀도는 1세제곱센티미터당 양성자 1개의 질량에 해당하므로 커피잔 하나당 몇 개 수준이다. 물론 흑인은 몸집과 무관하게 당신을 통과하지 못할 것이다. 한 사람의 혈액량은 5000세제곱센티미터 정도이다. 이 부피면 수많은 암흑물질 입자가 존재할 수 있다. 그런데 왜 암흑물질은 당신을 그냥 통과할까? 흑인과 달리 암흑물질은 일반적으로 다른 물질과 상호작용하지 않는다. 이렇게 생각해보자. 흑인이 그렇게 눈에 잘 띄지 않는다면 어떻게 경찰은 우리 친구와 가족에게 총격을 가하고 폭력을 행사하는 데 이처럼 능숙할까? 랠프 엘리슨Ralph Ellison의 소설《보이지 않는 인간Invisible Man》을 보면, 흑인은 확연히 눈에 띄지만 인간으로서는 눈에 보이지 않는다. 이는 우리가 생겨난 방식 때문이 아니라 백인우월주의 사회에서 인간관계를 구성하는 방식 때문이다.

비유 대상으로서 암흑물질이 '반흑인' 인종차별을 이해하는 데 도움이 되지는 않지만, 여전히 우주를 바라보는 사고방식은 일상 언어에서 한 발짝 벗어나 사회를 추상적으로 바라보는 방식을 제시한다. 우리는 이러한 종류의 움직임에 주의를 기울여야 한다. 항상 왜곡될 수 있기 때문이다. 흑인 연구와 같은 학문에 비해 물리학 분야에서는 흑인이 상당히 간과되기 때문에 오해가 아무런 장애물 없이 널리 퍼질 수 있다. 사람 사이의 차이를 보는 대신 광범위한 차이를 내포하는 시스템에 초점을 맞추는 것을 출발점으로 삼을 수 있다. 흑인을 비유하려고 하기보다 인종차별 자체를 나타내는 비유가 무엇이 있을지 생각해야 한다. 물리학에 좋은 비유가 하나 있다. 바로 약한 중력렌즈weak gravitational lensing 효과이다.

빛은 시공간의 모양을 따라야 한다. 탁자 위를 걷는 개미를 예로 들면, 개미는 탁자의 형태를 이루는 궤적만 가로지를 수 있다. 즉 존재하지 않는 표면을 걸을 수는 없다. 나는 "물질은 시공간의 모양을 결정하고 시공간은 물질의 운동을 결정한다"라는 말로 강연을 정리하곤 한다. 내가 학생이었던 시절 상대성이론에 매료되었던 이유 중 하나는 시공간과 시공간의 4차원 표면에 존재하는 대상 사이에 이루어지는 아름다운 상호작용이 일반상대성이론을 기술하는 방정식에 깔끔하게 들어 있기 때문이었다.

3장에서 설명했듯이, 아인슈타인 방정식은 두 가지 측면을 반영한다. 한쪽 변은 곡률을 반영하고, 등호 다음에 있는 변은 물질-에너지 함량을 반영한다. 사실상 이 방정식에서 물질과 곡률이 서로 얽혀 있다는 일반상대성이론의 위대한 가르침을 바로 읽어낼 수 있다.

즉 시공간이 휘어 있으면 빛은 최단 거리를 이동하려는 성질에 따라 휘어진 경로로 진행하며, 중입자나 암흑물질과 같은 무거운 입자가 만들어낸 경로를 따라서만 진행할 수 있다. 빛이 이러한 궤적에 갇힌다는 사실에서 조던 필Jordan Peele 감독이 영화 〈어스Us〉에서 아주 효과적으로 사용했던 유령의 집 거울과 크게 다르지 않은 화려한 시각적 효과가 발생할 수 있다. 유령의 집 거울은 상이 고르게 반사되지 않는 거울의 왜곡을 활용한다. 머리는 사방으로 늘어나 보이는 반면, 나머지 몸은 엄청나게 작아진다. 이렇게 이상한 현상이 벌어진다.

시공간은 곡률 때문에 우주적인 유령의 집 거울처럼 작동한다. 뒤에 거울이 있는 상태에서 앞에 있는 거울에 비친 자신의 사진을 찍는다고 생각해보자. 그러면 사진에는 동일한 얼굴이 여러 개의 상으로 맺힐 것이다. 시공간은 은하에도 똑같은 일을 일으킨다. 이 현상은 강한 중력렌즈strong gravitational lensing 효과로 알려져 있으며, 망원경으로 찍은 은하 사진에 동일한 은하가 여러 개의 상으로 맺힌다. 그렇다면 이런 현상이 왜 우리 태양계에서는 일어나지 않으며, 왜 아인슈타인이 이 효과를 발견할 것이라고 주장하기 훨씬 전에는 발견되지 않았는지 의문이 생길 것이다.

사실 몇 가지 전조가 있었다. 헨리 캐번디시Henry Cavendish와 같은 과학자들은 19세기 말 뉴턴 물리학으로도 우리의 고향 별인 태양과 같이 무거운 천체 주위에서 빛이 휘어져야 한다는 사실을 알 수 있다고 언급했다. 그러나 뉴턴 물리학에서는 직선 경로에서 태양에서 빛이 굴절되는 정도가 절반밖에 되지 않는다. 오늘날 관측치를 설명하려면 일반상대성이론이 필요하다. 사실 아인슈타인은 태양 때문에 약간의 중력렌즈 효과가 일어날 수 있다고 예측했지만, 당시에는 기기를 충분히 멀리 보내지 못했기 때문에 이론을 검증할 수 없었다. 그러나 현재 우리가 아는 바에 따르면, 목성을 관측할 때 빛의 굴절은 보일 수 있지만 여러 개의 상이 맺히지는 못할 것이다.

여기에서 간과되고 있지만 아주 중요한 요소는 암흑물질이다. 렌즈 역할을 할 만한 무거운 천체가 존재하면, 멀리 떨어진 곳에서 강한 중력렌즈 현상이 관찰될 수 있다. 주로 은하단이 렌즈 역할을 한다. 이러한 렌즈는 실제로 관측하고자 하는 천체, 예를 들어 아주 밝은 은하의 전면에 존재한다. 은하단은 카메라 렌즈와 같이 은하의 모습을 확대하고 왜곡한다. 이는 시공간이 상당히 휘어져 빛이 비정상적인 경로로 우리에게 도달하기 때문에 생기는 효과이다. 이 결과 여러 개의 상이 맺히거나, 은하를 둘러싼 뚜렷한 빛의 고리(아인슈타인 링이라고 한다)가 생기거나, 빛이 호 형태로 늘어지는 등 몇 가지 다른 결과가 발생할 수 있다. 사실상 물질이 시공간의 움직임을 결정하고, 시공간의 움직임과 형태가 빛을 포함하여 시공간에 존재하는 모든 물질의 진행 경로를 결정할 때 중력렌즈 현상이 발생한다.

여기서 설명한 강한 중력렌즈 현상이 일어나려면 배경에는 은하가, 전경에는 시공간을 휘게 하는 무거운 천체(은하단)가 있어야 하며, 이 현상은 너무 뚜렷해서 누구라도 보기만 하면 어떤 왜곡이 일어났음을 인지할 수 있다. 한편 중력렌즈 현상이 강하게 일어나지 않을 때도 있다. 이를 약한 중력렌즈라고 부른다. 나는 이 현상이 구조적인 인종차별과 매우 흡사하다고 생각한다. 이런 상황을 생각해보자. 누군가가 내 머리를 보고 한마디하며 진짜인지 물을 때, 인종차별을 겪어보지 않은 사람은 이렇게 얘기할지 모른다. "아, 그건 인종차별이 아니에요. 그 사람은 그냥 궁금했을 뿐인 걸요." 이 '머리 사건'은 내가 NASA의 고더드 우주비행센터에서 근무하던 당시 주로 다니던 식당에서 점심을 먹을 때 나와 동료 사이에서 있었던 일로, 구조적인 인종차별이 개인에게 적용된 대표적인 사례에 해당한다. 그러나 이러한 차별은 구조적 인종차별을 인지하고 있거나 평생 다양한 형태의 인종차별을 경험했어야 이해할 수 있다. 인종차별 경험이 있다면 쉽게 구분할 수 있다. 누가 말해주지 않아도, 나는 내 머리가 가발인지 물었던 백인 남성이 인종차별적 표현을 사용하고 있다고 느낀다. 이 인종차별은 흑인들이 보기에 "엄청나게 백인다우며super white" 학계 용어로는 거의 매일 벌어지는 미묘한 인종차별을 의미하는 '마이크로어그레션microaggression'으로 지칭한다.

마찬가지로 약한 중력렌즈 현상이 일어났다는 사실을 인지하려면 다양한 형태를 감지하는 능력이 필요하다. 약한 중력렌즈 현상으로 일어나는 왜곡은 뚜렷하기보다 아주 미묘하다. 그래서 은하를 보았을 때 그 형태만 조금 이상하다는 느낌을 받게 될 것이다. 이미지에서 왜곡이 일어났는지 파악하려면 전체 은하들을 살펴보고 은하 형태 간의 상관관계를 확인해야 한다. 중력렌즈가 있으면 없을 때보다 은하가 약간 더 길고 얇아 보일까? 어떤 경우에는 내가 '바나나화bananafication'라고 부르는 효과가 나타나기도 한다. 이때 은하의 모양은 겉보기에 약간 호 형태로 나타나기 시작하며, 렌즈 때문에 상이 바나나처럼 약간 구부러져 보인다.

인종차별에 친숙해지는 것처럼 약한 중력렌즈 현상을 검출하려면 정교한 분석 기술이 필요하다. 경험이 없거나 계획 없이 초보자가 할 수 있는 일이 아니다. 해당 영역에 통계적 분석을 수행하면 중력렌즈 효과를 확인할 수 있으며, 약한 중력렌즈 현상에서 비롯된 효과를 부정한다면 물리학의 원리를 부정하는 것이나 다름없다. 경험이 없는 문외한에게는 모든 사건이 개별적으로 보이지만 전문가는 거기에서 통계적으로 반복되는 형태를 파악할 수 있다. 약한 중력렌즈 연구에서 전문가는 효과적인 분석을 수행할 수 있는 컴퓨터 알고리즘을 다룰 수 있는 사람이다. 이 알고리즘을 제대로 활용하기는 매우 어렵기 때문에 천체물리학자들은 프로그래머에게 데이터를 제공한 후 각 은하의 왜곡 여부를 확인하는 코드를 경쟁적으로 만들게 한다. 아주 어려운 작업이다. 그러나 일반상대성이론이 완전히 틀리지 않는 한(약한 중력렌즈의 경우 꽤 잘 검증된 편이다), 약한 중력렌즈 현상은 거의 확실히 일어난다.

중력렌즈 현상을 검출하기보다 인종차별을 인지하기가 쉬울 것이라고 주장하기는 쉽지만, 이를 뒷받침하는 증거가 있는지는 불분명하다. 인종차별 경험에 전문가나 다름없는 사람들도 때로는 서로 의견이 맞지 않으며, 평생 인종차별을 경험한 사람들도 자신의 경험을 상황에 맞춰 해석하는 구조적인 분석을 항상 하지는 않는다. 비유하자면 약한 중력렌즈 알고리즘을 실행하는 사람들도 사실 일반상대성이론을 제대로 이해하지 못한 상태일 수 있다. 그러나 가장 큰 문제는 경험이나 전문 지식이 없는 사람들이 진짜와 진짜가 아닌 것을 스스로 구분할 수 있다고 생각하는 것이다. 나는 평생 인종차별을 전혀 경험하지 못한 사람들이 내 인지 능력과 분석 능력에 의구심을 제기하며 내가 겪은 인종차별 일화에 격렬하게 반박하는 상황을 마주했다. 이렇게 인종차별을 인지하지 못하는 경우나 인종차별 경험이 없는 사람들이 차별을 많이 겪은 사람들의 의견에 의문을 제기하는 빈도를 보면, 전문가는 이러한 차별을 예민하게 감지할 수 있지만 비전문가는 이러한 능력이 발달하지 못했고 개발할 의지도 없었음을 확인할 수 있다. 내가 보기에 통계적 증거가 엄청나게 쏟아지고 있는데도 이러한 '마이크로어그레션'이 여전히 인종차별에 해당하지 않는다고 주장하는 것은 망상이나 다름없다.

2016년 대선 이후 사람들은 이러한 주장이 얼마나 터무니없는지 점점 명확해지기를 바라고 있다. 그러나 명백한 인종차별적 대화가 늘어나고 있으며, 나는 이 장을 쓰고 있는 동안에도 다음과 같은 장면을 목격했다. 한 백인 남성이 캐나다 원주민 출신 과학자와 외부인이 점령한 원주민의 땅에 관해 논쟁을 벌이던 중, 하와이 원주민 입장에 반대하는 발언을 인종차별적이라거나 식민주의적이라고 하는 것은 무례하다고 지적했다. 다시 말해, 식민주의에 관여할 권한을 두고 논쟁하는 데 식민주의적 발언을 하고 있다고 말하면 무례하다는 것이다. 식민주의적 발언을 하는 사람에게는 이러한 종류의 반발이 없었다. 정착형 식민주의자가 논의에서 취하는 행동들, 이들이 사용하는 언어와 대화에서 차지하는 위치는 항상 다른 모든 사람보다 우위에 있다고 여겨진다.

나는 흑인이 과학이나 과학계에서 소외되는 현상이 여기에서 비롯한 주요 문제였다고 오랫동안 생각해왔다. 그리고 지금도 중요한 문제다. 그러나 나는 다른 측면을 고려하지 않았다. 나처럼 다른 흑인들도 과학적 사고를 하고자 하는 열망에 빠져 더 많이 배우기 위해 앞에 놓인 장벽을 극복할 테지만, 거기에는 진정한 장벽이 존재한다. 사실 과학 기관과 과학 커뮤니케이션 기관의 내부자가 된 나는 보통 흑인 앞에 얼마나 큰 장벽이 놓여 있는지 외부인이 알기는 어려울 수 있겠다는 생각이 들었다. 일반 대중은 전문 용어가 가득한 개념을 이해할 수 있는 언어로 변환하도록 특별히 교육받은 과학 기자나 과학자들에게 의존한다. 이 과정은 물론 쉽지 않다. 나도 이 책을 쓰면서 그런 부분에서 정말 많은 고민을 했다. 언어를 변환하는 과정에서는 어떤 청중을 대상으로 하는지가 중요하다. 그리고 이 과정은 단순히 전문 용어를 변환하는 문제가 아니라 새로운 용어를 개발하는 문제이다. 이러한 문제가 가장 뚜렷하게 드러나는 용어가 바로 암흑물질이다.

흑인을 암흑물질에 비유한 목적이 원래 흑인이나 흑인이 기여한 바가 문화적 담론에서 지워지는 방식을 특히 강조하기 위함이었다면, 이제는 백인우월주의에서 상정한 부정적인 이미지에서 벗어나 흑인을 긍정적인 대상으로 바라본다는 의미에서 이 비유를 사용하기 시작했다. 이러한 맥락에서 암흑물질과 흑인 사이의 비유가 인기 있는 이유를 쉽게 이해할 수 있다. 자신의 비범한 면을 즐기는 흑인들은 실제로 그 비범성이 의심할 여지없이 사실이기 때문에 흑인이 특별하고 고유하다는 사고방식을 구체화하는 것처럼 보인다. 나는 "크게 소리쳐! 난 흑인이어서 자랑스러워!"라고 외치는 집단의 일원이 되어 이 악성 비인간화 현상에 오랫동안 부응해왔다.

하지만 린다 채버스Linda Chavers는 잡지 《엘르Elle》 2016년 1월호에 〈'#BlackGirlMagic(흑인 소녀의 마법)'에서 느끼는 문제의식: 흑인 소녀는 마법사가 아니다. 우리는 인간이다Here's My Problem With #BlackGirlMagic: Black Girls Aren't Magical. We're Human〉라는 제목의 글을 발표하여 경종을 울렸다. 당시 채버스의 글은 논란에 휩싸였다. 많은 흑인 여성들은 한 대 얻어맞은 듯한 기분을 느꼈다. 우리 자신의 고유한 힘을 믿는 것은 우리를 무시하고 우리의 인간성을 깎아내리는 백인우월주의에서 살아남기 위해 발동되는 심리적 기제이다. 나조차도 그 글을 보고 친구들에게 채버스의 말이 일리는 있지만 잡지에 실었어야 했는지는 잘 모르겠다고 말했다. 시간이 흘러 나는 성장했고 나 자신을 학대하던 태도에서 한발 물러나 이제는 글을 다른 관점으로 바라볼 수 있게 되었다. 채버스는 다음과 같이 언급했다. "침묵 속에서 고통받으며 비탄에 빠진 흑인 여성도 포함하는 '강인한 흑인 여성'의 전형은 우리가 모든 고통을 견뎌낼 수 있다는 발상, 즉 우리가 초인이라는 발상에서 비롯한다. 흑인 소녀의 마법이라는 표현은 똑같은 말을 다르게 표현하는 것뿐이며 우리를 억제하고 위축시킨다. 무엇보다도 우리를 해방하기보다 속박한다."

나는 흑인 여성이 끝없는 능력과 힘을 지닌 기계, 가장 끔찍하게는 최악의 인간성을 끝없이 빨아들이는 기계처럼 취급받는 상황을 참고 견딘다는 점에서 비범하다고 느끼면서도 이 사실을 그저 끔찍하게 느끼기도 한다. 이러한 상황은 백인우월주의의 가장 명백한 수혜자이자 매개자인 백인이 조장하기도 하지만 우리 흑인 여성이 자처하기도 한다. 내 지인들은 종종 상처 주는 말을 하고도 내가 전에 들었던 말이니 괜찮을 줄 알았다고 말하곤 했다. 그럴 때마다 나는 스스로 대견하다고 느끼는 동시에 감정을 느끼는 능력이 몸과 마음에서 멀어져 인간성이 부정당하는 느낌이 들었다. 하지만 그 후 몇 주간 내가 겪은 상처는 평범한 인간의 감정이었다.

흑인 여성에게는 육체적, 심리적, 사회적으로 대가를 치르더라도 무한한 능력이 있어야 한다는 압박이 존재한다. 또한 채버스는 다발성 경화증을 앓는 흑인 여성 교수로서 만성적 통증이 없는 사람들에 맞춰진 세상에서 장애가 없는 사람들과 경쟁할 수 없는 데서 따라오는 실패감에 대해서도 언급했다. 다발성 경화증은 없지만, 나도 열아홉 살 때 겪은 교통사고 때문에 수많은 문제를 겪으며 병원 신세를 졌고, 원하거나 필요한 만큼 먹지도 못했으며, 다른 학생이나 과학 종사자들과 보조를 맞추는 데도 신체적 한계가 있었다. 그러나 나는 세상에서 만성 통증을 느끼는 사람들의 경험이 무시되기 때문만이 아니라 흑인 여성으로서 무너뜨려야 할 장벽이 있었기 때문에 항상 장애를 극복해야 한다는 압박감을 느꼈다. 나는 평범하고 싶었지만 동시에 비범해야 한다고 느꼈다. 나 자신을 몰아붙이며 몸이 더 망가졌고 때로는 만성 통증이 더 심해지기도 했다. 지금까지도 나는 백인 남성과 같은 과학자가 되고 싶어 감당하기 힘든 양의 고통을 이겨내고자 하는 충동과 싸우고 있다. 성소수자이자 동료 이론물리학자인 브라이언 슈브Brian Shuve는 백인이자 비장애인인 선배들이 그런 행동을 본보기로 삼아 우리에게 권장하고 있으며, 하루에 스무 잔씩 에스프레소를 마시는 유명한 교수나 다른 사람들보다 먼저 아이디어를 떠올리기 위해 며칠씩 밤을 새우는 사람들의 이야기를 늘어놓는다고 전해주었다.

다시 말해, 나는 암흑물질도 아니고 그와 비슷한 어떤 것도 아니다. 흑인은 인간이다. 흑인도 빛나는 물질이다. 은유적으로 하는 말이 아니라 실제로 그렇다. 우리는 백인과 마찬가지로 체온 때문에 적외선을 방출한다. 빛은 우리 피부와 상호작용하여 시각으로 세상과 소통하는 모든 사람, 즉 경찰뿐만 아니라 사랑하는 사람들에게도 우리를 드러내 보인다. 흑인들은 폭력에 직면하지만 여전히 호기심이 많다. 흑인들도 과학을 운명으로 삼는다. 어떤 이들은 끊임없이 흑인의 인간성이 백인과 완전히 다르며 대개 더 열등하다고 주장하지만 이는 전혀 사실이 아니다.

나는 때때로 어쩔 수 없이 암흑물질인 척, 모든 사건이 나를 통과하는 척, 문화적 가치를 생산하는 척하는 삶을 살아야 하며, 이 가치가 세상을 바꾸고 있음에도 아무도 가치의 근원을 알아차리지 못하는 상황을 지켜보아야 한다고 느낀다. 그러나 결국 "흑인의 생명은 소중하다"라는 흑인의 구호는 우리도 백인과 똑같은 인간임을 알리는 외침이다. 예를 들어 수년 전, 내가 좋아하는 동료 백인 과학자 두 명이 암흑물질에 대해 현재까지 알려진 바를 정리하는 보고서를 작성했다. 거기에서는 '암흑 영역dark sector'이라고 불리는 중요한 개념을 다루었는데, 이 개념은 암흑물질이 단일한 이례적 현상이 아니라 보이지 않는 여러 물질 중 한 종류라는 발상에서 비롯한다. 내 동료들은 이 보고서에서 사고 실험을 하기 위해 가상의 과학자를 설정했다. 그리고 이 가상의 과학자가 암흑 영역의 물질로 만들어졌기 때문에, 당연히 "암흑 과학자"로 불러야 한다고 생각했다. 이 부분을 읽고 내 마음속에서는 경고음이 울렸다. '암흑 과학자'는 가상의 존재가 아니다. 이들은 실재한다. 아프리카인, 남아시아인, 호주 원주민, 태평양 제도 주민들은 다양한 피부색을 띠고 있으며, 일부는 피부색이 아주 검다. '암흑 과학자'는 이미 존재하며 상당수는 내 인종적·민족적 공동체에 속해 있다. 물론 저자들이 무슨 의미로

썼는지는 이해했지만, 여기에서 '암흑물질'이라는 용어 자체의 문제가 드러난다는 사실도 알 수 있었다.

이러한 우려를 저자들에게 알리자, 이들은 즉시 공감하며 논문을 빠르게 수정했다. 나는 동료들의 기분을 상하게 하려고 이러한 예시를 든 것이 아니다. 그보다 '암흑물질'과 같은 용어에 문제가 있음을 강조하고 싶었다. '암흑'이라는 단어는 사람마다 다른 의미를 지니며, 사실 물리학계와 천문학계에서조차 널리 퍼진 오해를 불러일으켰다. 심지어 암흑물질이 진짜 검은색이 아니라고 생각하는 사람은 거의 없다. 암흑물질은 눈에 보이지 않을 뿐이다. 즉 칠판이 아니라 투명한 유리 조각에 가깝다. 입자물리학 분야에서 흑인 과학자가 과연 "유색 물리학"이라는 용어를 사용했을지 의구심이 드는 것처럼, 흑인 과학자가 '암흑물질'이라는 용어를 제시했다면 이는 자신의 의지가 아니었을 것이다. 보기 드문 흑인 여성 의생명공학 교수인 리즈 웨인Liz Wayne과 아시아계 캐나다인 문해 이론가 크리스틴 "시네" 야오Christine "Xine" Yao가 공동으로 진행하는 팟캐스트 'PhDivas(피에이치디바스)'에서 나는 흑인 과학자라면 대신 어떤 용어를 사용했을지에 관한 질문을 받았다. 물리학자는 추억의 단어로 말장난하기를 좋아하기 때문에 나는 '비발광 에테르'라는 표현을 제시했다.

내가 암흑물질 비유를 꺼리는 이유 중 하나는 이 비유가 실제로 백인 과학자들에게 흑인이 애초부터 백인과 다르다는 확신을 심어준다고 생각하기 때문이다. 이 비유는 암흑물질이 무엇인지 과학적으로 알고 있지만 흑인다움이 어떻게 형성되는지, 흑인이 어떤 경험을 하는지는 전혀 모르는 과학자들에게 좋지 않은 방향으로 작용할 수 있다. 이렇게 흑인을 인간과 완전히 동떨어진 물질로 비유하면서 평범한 인간의 범주에서 벗어난 무언가로 분리하며, 흑인이 자신의 세계관에 부합하는지 의심하는 사람들, 더 심하게는 흑인이 인간 이하의 존재라고 확신하는 사람들에게 의식적으로든 무의식적으로든 흑인은 인간이 아니라는 근거를 제공한다.

이는 단순히 가설로만 존재하는 문제가 아니다. 흑인으로서 신진 과학자, 또는 학생이 되면 사람들은 당신이 부족하다고 여긴다. 단순히 당신을 지적으로 무능하다고 여긴다는 뜻이 아니다. 물론 그런 사람들이 항상 있기는 하다. 내게 메일을 보내 "과학자인 척하면서 까부는 흑인 여자애"라고 부른 남자처럼 말이다. 그러나 인종차별이 만들어낸 결핍에서 흑인을 구원해야 한다고 믿으며 노블레스 오블리주를 실천하는 사람들도 있다. 이런 사람들은 흑인의 강점이나 흑인만이 기여할 수 있는 능력을 보지 못한다. 대신 흑인의 결핍이 인종적·민족적 뿌리에서 비롯한다고 여기며, 백인다움으로 정의된 세계에서 백인에 가까워지는 방법을 가르치는 데 집중한다. 북미 샤이엔 부족 원주민이자 생물학자, 아이오와주립대학교의 STEM 분야 장학 프로그램 책임자인 내 친구 코리 웰치Corey Welch는 이를 "결핍 모형deficieny model"이라고 부른다. 이 모형에서는 은연중에 흑인이 과학적 사고를 하지 못한다거나 백인이 흑인에게 경험적 사고의 기초, 즉 감각 정보를 사용하여 세계에 대한 합리적 추론을 하는 방법을 가르쳐준다고 여긴다.

이 과정은 타자화의 또 다른 형태이다. 흑인은 빛나는 평범한 물질인 것처럼, 다른 인종과 마찬가지로 과학적 기질을 지닌 사상가이기도 하다. 이는 근본적으로 지식의 역사가 아프리카에서 "단지 노예가 되거나 원시 부락 주민이 되는 것"에 머물러 있어 흑인이 과학적 사고에 약하다고 여기는 결핍 모형과 관련한다. 여기에서 내가 따옴표로 강조한 이유는 비록 노골적으로 쓰이는 경우는 거의 없지만(전혀 없다고는 할 수 없다), 교과서에서 이러한 표현을 사용하며 서구 지식의 역사를 과학 사상의 세계사인 것처럼 가르치기 때문이다. 4장 '가장 거대한 그림을 찾아서'에서 설명했듯이, 서구 지식의 역사에서는 아프리카를 포함한 전 세계 원주민의 지식을 수집하고 유럽으로 가져가 흔히 '과학'이라고 불리는 정보로 축적했다고 입증된 광범위한 제국 탐험의 역사를 무시한다. 유럽인들은 사람을 수집하는 데, 즉 납치하는 데 탁월했던 것처럼 정보 수집에도 탁월했다. 수집과 발명이 혼합된 역사를 발명의 역사로 혼동하지 않는 것은 우리의 몫이다.

식민주의에서 우리는 제대로 주목받지 못하기 때문에 정체성이 드러나지 않는다. 각계각층의 흑인들은 노골적으로 폄하되거나 무시당하는 경험에 익숙한데, 이는 내가 암흑물질의 비유를 싫어하는 또 다른 이유이다. 이 비유는 흑인이 소외받는 경험을 바탕으로 사람들에게 암흑물질 이면에 있는 개념과 과학적 지식을 제시한다. 궁극적으로 흑인과 암흑물질을 지속적으로 비교하면, 과학적 지식에 접근하지 못하게 된 흑인들에게 과학에 대한 잘못된 인식을 심어주게 된다. 적어도 암흑물질이 흑인의 상상력을 사로잡은 강력한 방식으로 '암흑'이라는 용어도 분명히 사람들의 관심을 끌었다. 이러한 비유는 용어에 의미를 부여하기 위해 흑인의 경험에 의존하지만, 이것은 암흑물질이 과학적 개념으로서 가져야 할 의미가 아니다. 이제 암흑물질을 우리만의 것으로 만들 기회는 놓친 것 같지만, 과학이 우리의 것이기도 하다는 점을 인지해야 한다. 우리는 기술적으로 "멜라닌의 물리적 원리는 무엇인가?"와 같은 질문을 할 권리가 있으며, 답을 찾기 위해 문헌을 찾거나 연구에 깊이 파고들 수 있어야 한다.

게다가 흑인도 대중이다. 당연한 말처럼 들리지만, 나는 종종 "우리"는 흑인이 과학에 관심을 갖도록 하는 데 문제가 있다는 말을 듣는다. 흑인을 대중으로 인식하지 못하는 데는 깊은 함정이 있다. 흑인 사회는 과학 자체나 과학과 역사의 관계에 대한 양질의 정보와 교육을 받지 못하고 있다. 예를 들어 4장에서 언급했던 엘머 아이메스의 이야기는 흑인 사회에 거의 알려지지 않은 것처럼 보인다. 흑인 아이들이 아이메스의 이름과 연구를 알게 된다면 상당히 고무적일 것이다. 중요한 것은 과학에 우리 자신의 역사적 유산을 깊이 연관지으면 흑인과 관련 있으면서도 기술적으로 정확한 물리학에 대한 관점을 반영하는 더 새롭고 멋진 비유를 할 수 있다는 것이다. 나는 흑인 연구와 물리학 사이에서 방황하지 않고 둘 다 편안하게 받아들이고 싶다. 그리고 모든 흑인 물리학자들이 그랬으면 한다. 흑인 과학자들은 지금까지 그래왔듯 백인 과학자들의 대중 과학 저술에 계속 의존하기보다 흑인다움에 대한 논의에서 물리학적 비유를 사용하는 새로운 기준으로 자리매김할 수 있다. 이 새로운 비유는 그다지 계산적이지 않을 것이며, W. E. B. 드부아W. E. B. Du Bois가 흑인 과학자에게서 발견한 "이중 의식double consciousness"이 덜 필요할 것이다.

한 예로 나는 유명 과학 잡지에 내 학위 주제였던 전문 분야를 다루는 기고문을 실은 적이 있었다. 나는 '세상이 어떻게 돌아가는지 자신 있게 발언하는 백인 남성'과 사실상 같은 표현인 '권위 있는 과학적 발언'에 기대기보다 직접 글을 쓰고 발표하려고 최선을 다해 노력했다. 나는 과학자들이 다다른 지식의 경계, 바로 현재 우리가 연구하고 있는 지점에 존재하는 본질적인 불확실성을 다루고자 했다. 그리고 이 내용을 로스앤젤레스 동부에서 자란 흑인 소녀가 말하는 것처럼 쓰고 싶었다. 나는 편집자에게서 논조가 적절하지 않으니 전부 다시 작성해달라는 답장을 받았다. 글의 질이 나쁘다는 뜻이 아니라 논조가 '적합하다'고 생각하지 않는다는 것이었다. 즉 과학에 대해, 특히 내 말투로 솔직하게 전달하는 방식은 용납되지 않는 대중 소통 방식이었다.

하지만 대체 어떤 대중을 말하는 것일까? 현실적으로 보면, 과학에 관한 글이 흑인을 대상으로 쓰인 적은 거의 없었다. 이러한 글이 흑인을 대상으로 한다면 그 주제는 우리의 신체나 행성에서 벗어나 우주를 다루는 물리학이 아니라 생명과학인 경우가 많다. 과학에 관심이 있는 독자를 대상으로 하는 간행물을 살펴보면 보통 흑인이 아닌 백인이 소유하고 운영하고 있으며, 거기에 흑인 작가나 흑인을 주요 대상으로 삼는 글은 거의 없다.

우리는 더 나은 대우를 받을 자격이 있다. 그러나 그러려면 우리가 사는 세상이 어떻게 구성되어 있는지 그 본질을 알아야 한다. 우리를 방해하는 힘인 인종차별주의는 인간 역학의 약한 중력렌즈 현상과 같다. 한 은하나 그 이웃 은하의 관점에서 볼 때, 당신이 그 은하가 아니라면 렌즈 효과가 있는지 알 수 없기 때문에 그 은하의 형태를 그대로 받아들이겠지만, 그 은하는 진실을 알고 있다. 만약 당신이 렌즈 효과를 보지 못하고 있다면 관점을 조정해야 할 수도 있다. 당신의 관점에 맞게 은하가 자신의 크기를 바꿀 필요는 없을 것이다. 아무도 과학에서 끊임없이 나타나는 상관관계를 보면서 "저건 우연일 뿐이야!"라고 말하지 않는다. 하지만 과학자들은 인종차별과 관련되어 과학에서 끊임없이 보이는 상관관계를 인정하지 않는 경우가 많다. 과학자들은 무엇이든 통계적으로 분석하면 서로를 신뢰하지만, 이상하게도 흑인이 광범위한 동료 검증 연구를 근거로 인종차별의 패턴을 제시하면 받아들이지 못한다. 동시에 흑인 사회에 속한 사람들조차 종종 자신의 존재에 충격을 받는다. 이렇게 흑인 과학자들은 무시당하는 느낌을 받으며, 심지어 자신이 '보이지 않는' 존재인 것 같다고 표현하기도 한다. 중요한 것은 우리가 아프로퓨처리즘 속 가상의 존재가 아니라 현실 속 존재라는 사실이다. 물론 나는 우리가 둘 다이길 바란다.

7장

누가 진짜 과학자인가

물리학계에서 흑인은 늘 자신이 학계에 속하는지, 그렇다면 그 위치는 어디인지와 같은 어려운 질문에 직면한다. 나는 학부 과정을 거의 마칠 때에야 비로소 물리학 박사학위를 지닌 흑인 여성을 만날 수 있었다. 그리고 내가 대학원을 다니던 중 이 여성, 나디아 메이슨Nadya Mason이 일리노이대학교 어배너섐페인 캠퍼스의 교수가 되기 전까지는 역할 모델로 삼고 싶었던 주요 연구 기관에 근무하는 어떤 흑인 여성 물리학 교수도 만나지 못했다. 물론 물리학자만 역할 모델을 찾는 데 어려움을 겪는 것은 아니다. 앨리스 워커Alice Walker는 〈당신 자신의 생명을 구원하는 것Saving the Life That is Your Own〉이라는 에세이에서 다음과 같이 자신이 조사한 바를 기술했다. "나는 명망 높은 흑인 대학과 백인 대학에서 보낸 4년 동안 흑인 여성 작가에 관해 단 한마디도 들어본 적이 없었다는 사실을 깨닫고, 처음으로 흑인 여성 작가가 존재했는지 간단히 확인해보았다. 그리고 나자 내가 스스로 선택한 직업에 대해 확신이 생겨 마음을 놓을 수 있었다."

워커는 흑인 여성을 찾아냈고, 그 사실에서 위안을 받았다. 나는 입자물리학 분야에서 박사학위를 받은 첫 흑인 여성이자 물리학에서는 두 번째로 박사학위를 받은(1973년) 흑인 여성인 MIT 박사 셜리 앤 잭슨Shirley Ann Jackson과 잠시 대화할 기회가 있었다. 하지만 당시 잭슨은 이미 물리학 연구를 활발히 하지 않은 지 수십 년이 지났고, 잭슨이 교수와 상임 연구자로서 경력을 쌓은 분야는 응집물질 분야였다. 이는 나디아가 연구했던 분야로, 과학적으로나 문화적으로나 입자물리학과는 아주 다르다. 2011년에 내가 박사학위를 받기 1년 전, 관측우주론 학자 마르셀 소아레스산토스Marcelle Soares-Santos는 브라질뿐만 아니라 내가 찾은 바로는 지구에서 처음으로 우주론 분야에서 박사학위를 취득한 흑인 여성이 되었다. 나는 입자물리학 이론을 연구하는 흑인 여성 교수를 만나본 적이 없었다. 내가 처음이었기 때문이다. 나는 첫 번째 교수였을 뿐만 아니라 첫 번째 이론우주론 박사이기도 했다. 우리는 희귀하고 소중하며, 이전에 흑인 여성 과학자가 가본 적이 없는 곳에 있기 때문에 우리 자신의 소속감을 만들어야 한다는 부담을 지고 있다.

내 전공 분야에 속한 누구든 나와 같은 (또는 나와는 다른) 흑인 여성이 마음 편히 살아가고 숨 쉴 수 있는 소속감에 관한 질문에 관심을 갖게 되면, 보통 교실에서 벌어지는 성차별이나 실험실에서 벌어지는 성희롱, 여성과 남성의 지능에 본질적으로 차이가 있다고 믿는 사람들을 언급한다. 비록 젠더 이분법이 과학적이라는 생각에 반대하는 많은 이유를 뒤에서 다루겠지만, 이러한 논의에서 우리는 대개 '남성'과 '여성'으로 나누는 필수적인 분류법을 받아들인다. 여기에서 피부색차별은 거의 등장하지 않는다. 그러나 과학자가 된다는 것이 무슨 의미인지, 어떤 사회 구조가 '과학자'와 '비과학자'의 정의를 결정하는지와 같은 더 심오한 질문은 너무 자주 무시된다.

먼저 나는 이공계 교수지만 내가 천체물리학자인지 아닌지는 잘 모르겠다. 분명 나는 이론물리학자이고 천문학 학위도 2개나 있으며, 내가 하는 연구는 대부분 천문 관측에 의존한다. 이런 걱정이 이상해 보일 수도 있지만, 천체물리학자와 이론물리학자가 서로 배타적인 양 내가 둘 중 어느 쪽이냐는 질문을 종종 받는다. 나는 미국에 근거지를 둔 물리학자와 천문학자를 각각 대표하는 전문 기관인 미국물리학회와 미국천문학회의 회원이다. 이런 질문은 일반 대중뿐만 아니라 가족에게조차 계속해서 혼란의 원인이 되고 있다. 사실 이 질문에 대한 답은 생각만큼 간단하지 않고, 시간을 거슬러 올라갈수록 더 복잡해진다.

'astronomy(천문학)'이라는 단어는 그리스어 ἀστρονομία(아스트로노미아astronomia)에서 유래되었다. 이는 수 세기 전 사람들을 '천문학자'로 분류해도 무방할 정도로 상당히 오래된 단어이다. 그에 비해 'physicist(물리학자)'는 더 근래에 등장한 단어이다. 이 단어는 윌리엄 휴얼William Whewell이 1836년 영어로 처음 만들었다. 이전에 독일에는 이와 비슷한 사상가 집단을 지칭하는 'physiker'라는 단어가 있었지만, 나는 19세기 말에서 20세기 초까지 물리학이 일련의 목표와 담론을 완전히 공유하는 국제적인 학문으로 엄밀하게 정립되지 않았다고 생각하는 편이다. 여기에서 자신을 역사광이라고 생각하는 사람들조차 답을 내리기 곤란한 질문이 제기된다. 단어가 만들어지기 전에 살았던 사람들을 그 단어로 규정해도 되는가? 아이작 뉴턴은 물리학자인가? 1700년대 중반 만들어진 독일어 'physiker'를 물리학자의 출발점으로 잡아도, 이 단어가 등장한 시기는 이미 뉴턴이 사망하고 30년이 지난 뒤였다.

유럽 지식인들이 세계를 바라보는 방식을 바꾼 뉴턴의 연구 때문에 아마 이러한 어휘에는 변화가 필요했을 것이다. 학문 분야의 경계는 사회적으로 정해지며, 시대적 상황과 당대에 살고 있는 사람들에 따라 결정된다. 하느님(G-d[1])이 산에서 모세에게 학문 분야의 목록과 분류 결과가 적힌 서판과 같은 것을 건네주는 역사적 순간은 없었다. 뉴턴을 현재 물리학자로 분류하는 데도 사회적인 이유가 있다. 지금 뉴턴이 살아 있다면 사람들이 물리학자로 분류할 것이라고 믿기 때문에 내린 선택이다. 그러나 뉴턴 자신이 자연철학자라는 이름보다 물리학자라는 이름을 더 선호할지는 절대 알 수 없을 것이다. 공교롭게도 완전히 이단이기도 했던 신실한 종교인이었던 뉴턴은 휴얼이 '물리학자'라는 말을 세상에 소개했을 즈음 느슨해지는 것처럼 보였던 신학

1 유대인으로서 나는 토라Torah(구약성서의 첫 다섯 편으로 모세오경이라고도 한다—옮긴이)나 기도문을 언급할 때 전체 철자를 적지 않는다.

과 과학적 사고의 분리를 인정하지 않았을 수 있다. 우리는 일상에서 뉴턴에게 물리학자라는 수식어를 붙이는 데 아주 익숙하지만, 앞뒤를 살폈을 때 뉴턴이 살아 있는 동안 존재하지 않았던 역할을 했다고 말하는 것은 부적절할 수 있다.

하지만 유럽의 천문학자들에게는 이렇게 복잡한 문제가 있을 수 없다. '천문학자'라는 단어는 유럽이라는 개념보다 오래되었다. 누군가 천문학적인 연구를 했다면 그 사람은 사실상 천문학자가 아니겠는가? 나는 항상 이렇게 생각해왔고, 박사학위 준비를 마치고 어린 시절을 보냈던 워싱턴 D. C.의 스미스소니언 국립항공우주박물관Smithsonian National Air and Space Museum을 방문한 후 불과 몇 달이 지났을 때까지만 해도 모두가 이에 동의한다고 생각했다. 때는 2010년 10월이었고 학위 논문 발표를 끝내자마자 나는 그 지역으로 이사했다. 만성 질환으로 계획보다 한 해 늦은 이듬해 봄까지 박사학위가 공식적으로 수여되지는 않았지만, 나는 메릴랜드주 그린벨트에 있는 고더드 우주비행센터의 관측우주론 연구실에서 경쟁이 치열했던 NASA의 박사후과정 연구 프로그램을 시작했다. 내 캐나다인 남자 친구는 이사를 도우려고 온타리오주에서 나와 함께 차를 몰고 내려왔으며, 이전에는 D. C. 지역에 가본 적이 없었다. 반면에 나는 아버지와 새어머니가 그 도시 바로 외곽에 살았기 때문에 어린 시절 그곳에서 여러 차례 여름을 보냈다. 국립항공우주박물관은 당시 내가 가장 좋아한 곳이었고, 남자 친구에게 내 어린 시절의 중요했던 추억을 보여줄 수 있다는 생각에 기뻤다.

우리는 박물관에 도착하고 망원경의 역사에 관한 전시가 있다는 사실을 알게 되었다. 나는 이론가이지만 이 소식에 굉장히 들떴다. 어쨌든 나도 찬드라엑스선관측선Chandra X-ray Observatory 개발에 한몫한 하버드-스미스소니언 천체물리센터 출신이기 때문이었다. 학부 연구 수업에서 나는 천체물리학 연구를 수행했으며 2개의 과제를 진행했다. 그중 한 과제에서는 조디 포스터Jodie Foster가 전파천문학자로 출연한 영화 〈콘택트Contact〉로 유명해진 뉴멕시코 전파망원경 접시 배열인 장기선간섭계Very Large Array로 관측을 수행해야 했다. 내 박사학위 과정 연구는 관측천문학과 거리가 있었지만, 박사후연구원 과정에서는 적극적으로 관측천문학과 가까운 주제를 선택했다. 실제로 내 NASA 박사후연구원 지원서에는 차세대 우주 망원경으로 우주 가속 문제를 해결할 약한 중력렌즈 관측을 할 수 있도록 대비하는 연구에 관한 제안서가 포함되어 있었다. 비록 11개월 후 MIT의 권위 있는 박사후연구원 과정에 들어가면서 NASA를 떠났지만 고더드에서 익힌 지식은 큰 도움이 되었으며, 나는 이후 제안된 우주 망원경 과제들에 적극적으로 참여하게 되었다.

이러한 경력에서 볼 수 있듯이, 데이터 분석보다 종일 펜과 종이로 하는 계산을 좋아하는 사람들과는 다르게 나는 망원경을 전혀 싫어하지 않는다. 사실 나는 망원경 전시가 있다는 사실에 꽤 들떴고, 스미스소니언 박물관 직원과 전시에 관해 어떤 논쟁도 할 생각이 없었다. 한 가지 더 덧붙이자면, 나는 수백 년 전 세상을 떠난 백인 여성의 정의를 위해 특별히 변론할 생각도 없었다. 보통 이들은 내 민족을 노예로 삼은 식민주의의 수혜자였기 때문이다. 하지만 나는 2010년 스미스소니언 박물관에서 열린 망원경 관련 대규모 전시에서 캐럴라인 허셜Caroline Herschel이 독립적인 천문학자가 아니라 그저 오빠 윌리엄 허셜William Herschel의 조수로만 적혀 있는 것을 보고 화가 났다. 당시 나는 사실 캐럴라인 허셜이 영국왕립학회에 처음으로 입회한 두 명의 여성 중 한 명으로서 장벽을 허무는 존재였다는 사실을 알지 못했다. 하지만 그 사실은 중요하지 않았다. 내게는 구조적 성차별, 즉 가부장적인 헛소리를 감지하는 일종의 레이더가 있는데, 의심스러운 눈초리로 이 전시를 보는 동안 속에서 격렬하게 경고음이 울렸다.

내가 어떻게 캐럴라인 허셜을 접했는지는 기억나지 않지만, 처음 들었던 시기는 대학을 졸업한 후였다. 위키피디아에서 봤던 것은 아니라고 생각하지만, 사실 그랬을 수도 있다. 아니면 2009년 허셜우주망원경이 발사되던 때에 들었을 수도 있다. 나는 사람들에게 이 망원경의 이름이 윌리엄 허셜의 이름만 따온 것이 아니라 '윌리엄, 캐럴라인' 허셜우주망원경Caroline and William Herschel Space Observatory이라는 사실을 알려준 기억이 선명하다. 이 사실은 그다지 논쟁의 여지가 없다. 윌리엄이 둘 중에 더 유명하기는 하지만 여동생 캐럴라인은 분명 윌리엄과 함께 교육받았고, 윌리엄이 세상을 떠나자 남은 연구를 완성하는 역할을 맡았다. 물론 윌리엄이 시작한 연구였지만, 캐럴라인도 공동 연구를 시작하면서 자신만의 발견도 했다고 볼 수 있다.

캐럴라인은 나를 여성으로 보지 않았겠지만, 나는 천문학에서 중요한 역사적 인물에 해당하는 여성을 찾을 수 있어서 아주 기뻤다.

전시장에 갔던 즈음, 나는 후원을 받아 미국천문학회 정회원이 되었고, 그 과정에서 여성지위위원회 위원이 되었다. 위원회의 소식지에는 여러 사람이 회원들에게 흥미로울 것 같다고 생각하여 보내준 링크들을 의견과 함께 모아 놓았다. 그래서 나도 내 충격과 우려를 담은 기고문을 보냈다. "천문학자 남매인 캐럴라인 허셜과 윌리엄 허셜을 설명하는 구역에 들어섰을 때, 이 두 사람의 이름이 '완벽한 천문학자 윌리엄 허셜과 그의 핵심 조수Essential Assistant 캐럴라인 허셜'이라는 제목으로 붙어 있는 것을 보고 얼마나 경악했을지 상상이 가시나요? 캐럴라인을 설명하는 문단은 '독립적으로 훌륭한 천문학자였던'이라고 시작합니다. 그 말대로 캐럴라인이 천문학자라면 왜 제목에는 오빠인 윌리엄과 동등하게 적히지 못한 걸까요?"

이 글의 여파는 예상치 못한 곳으로 흘러갔다. 《스미스소니언 매거진Smithsonian Magazine》의 한 편집자는 내 글을 보고, 인용을 위해 내게 연락하거나 해당 문제를 함께 논의하지도 않고 공개적으로 답변해버렸다. 잡지에서 운영하는 블로그의 한 항목에서 그 편집자는 캐럴라인 허셜을 독립적인 천문학자보다는 조수로 설명하는 것이 의심할 여지없이 정확하다고 지적했다. 적어도 작은 글씨로는 캐럴라인에 관한 많은 설명이 적혀 있었는데도 상관하지 않았다. 설상가상으로 출간물에는 내가 'NASA 박사후연구원 찬다 프레스코드와인스타인 박사'가 아니라 '현지local 박사후연구원 찬다 프레스코드와인스타인'이라고 언급되어 있었다.[2] 내가 박사학위를 공식적으로 받기 전이었지만, 이들은 이 사실은 몰랐어도 내가 들어가게 될 경쟁률 높은 박사후연구원 과정에 대해서는 분명 알고 있었다. 직책이 항상 중요하다고 생각하지는 않지만, 내 전문 지식을 인정하지 않거나 심지어 내 직장을 명확히 알리지 않는 행태는 맥락상 허셜이 분류된 방식을 지적하는 내 지위를 깎아내리려는 시도처럼 느껴졌다. 이 사건에 이어 항공우주박물관의 수석 큐레이터 데이비드 데보킨David DeVorkin은 다음과 같이 박물관의 입장을 정당화하는 이메일을 보냈다. "역사는 맥락을 따릅니다. 캐롤라인에게 직접 자신을 설명해보라고 했다면, 당시 성별 관계나 오빠와의 관계를 개인적으로 고려했을 때 당연히 '핵심 조수'라고 대답했을 것입니다."

나는 정신이 아득해졌다. 국립항공우주박물관을 집처럼 여기며 어린 시절의 반을 보냈지만, 끔찍하게도 전문가가 되어 돌아오니 다른 여성도 전문가로 인정하려는 바람은 기관 직원들에게 비난만 받았다. 내가 불평등하다고 본 문제를 옹호하기 위해 한 여성 작가가 격렬하게 반응한 사실에 나는 훨씬 더 실망했다. 나는 캐럴라인 허셜을 잘못 설명한 부분이 그저 실수라고 생각했지, 큐레이터가 열성적으로 변호해야 한다고 여기며 의견을 제

2 온라인 출간물에서는 거의 10년이 지난 최근에서야 정정되었다.

시할 내 권리까지 흐리게 할 문제라고는 생각하지 않았다. 여성 천문학 종사자들은 스미스소니언 블로그에 보조 역할을 해야 어린 천문학자들이 독립적인 천문학자로 성장할 수 있다는 댓글을 달았다. 나는 지금까지도 이 댓글을 읽으면 짜증이 난다. 캐럴라인이 자신을 보조라고 지칭했을 수도 있겠지만, 우리는 반드시 어린 소녀들과 여성들에게 캐럴라인이 가부장제 때문에 다른 말을 떠올리기 어려웠을 수도 있다는 사실을 알려주어야 한다. 그렇지만 역사 속에서는 과거를 돌아볼 때 캐럴라인에게 그 꼬리표를 벗어날 기회를 주지 않는다. 그에 반해 아이작 뉴턴이 세상을 떠나고 109년이 지나서야 '물리학자'라는 단어가 등장했음에도 우리는 뉴턴을 역사상 가장 위대한 물리학자라고 부른다.

게다가 캐럴라인 허셜은 놀라운 일을 해냈다. 캐럴라인은 메리 서머빌Mary Somerville과 공동으로 영국 왕립천문학회의 명예회원으로 지명된 최초의 여성이었다. 또한 학회에서 최고 영예인 금메달을 받은 최초의 여성이기도 했다. 이후 캐럴라인 허셜은 아일랜드왕립학회의 명예회원이 되었고, 프로이센 왕이 수여하는 과학 분야 금메달을 받았다. 이 수상 내역을 나열하면서 어떤 발견도 언급하지 않았지만, 어떤 의미에서는 그럴 필요가 없다. 과학계에서 이렇게 많은 영예를 누린 여성은 캐럴라인의 생애(1750~1848)에서 전례가 없었다. 캐럴라인이 진정한 과학자가 아니며 이러한 상을 받은 적이 없다고 믿는다면 협회에서 단순히 조수에게 영예를 주었다고 믿는 것이나 마찬가지다. 이는 2021년에도 여전히 터무니없는 주장이다. 옛말에도 있듯이 우리는 절반의 인정을 받기 위해 두 배 열심히 일하기 때문이다. 1828년 캐럴라인이 첫 금메달을 받았을 때 남성들은 꿈에도 생각하지 못했을 것이다. 수천 년 동안 여성은 남성을 보조했지만, 전통적으로 남성만 차지했던 지위를 부여받기는커녕 실제로 언급할 가치조차 없는 것으로 여겨졌다.

《스미스소니언 매거진》과 언쟁을 벌인 지 10년이 지났지만, 나는 거의 200년 전에 세상을 떠난 여성에게 200년 전에 주어진 상을 입증해야 한다는 강박을 느낀다. 기록으로 남기자면, 허셜은 혜성을 발견했다. 캐럴라인이 혼자 해낸 일이었다! 때는 1788년이었다. 이 발견 이후로 몇 명의 남성도 이 혜성을 관측했기 때문에 허셜이 하늘에서 움직이는 물체를 상상하며 히스테리를 부린 여성이 아니라는 사실은 분명했다. 그 혜성은 주기가 155년이기 때문에 1939년 이후로 다시 보이지 않았다. 2092년에 다시 돌아오면 나는 사라지고 없을 것이다.

혜성을 발견하기 수년 전, 허셜은 당시 존재하던 성운 목록에 없는 성운을 처음으로 관측했다. 이제 우리는 이 천체가 우리은하에 가장 가까운 커다란 동반 은하인 안드로메다은하에 중력적으로 묶여 있는 작은 은하라는 사실을 알고 있다. 허셜의 발견으로 알려진 은하 NGC 205는 엄밀히 말하면 왜소타원은하이다. 우리은하나 안드로메다은하와는 달리 이 은하는 나선은하가 아니며 타원형으로 생겼다. 왜소은하, 특히 왜소타원은하는 우주에서 가장 먼저 형성된 거대 구조일 가능성이 있기 때문에 현대 천문학에서 아주 중요한 대상으로 여겨진다. 제임스웹우주망원경(JWST)으로 널리 알려진 NASA의 차세대 우주 망원경은 이 천체들이 얼마나 많이 있는지에 대해 중요하고 새로운 통찰을 제공할 것이다. NGC 205를 발견하면서 허셜은 21세기 우주론의 중요한 구성 요소를 보여주었다.

이 정도면 허셜을 명백하게 천문학자라고 부를 수 있을까? 당연히 그래야 한다. 내가 아는 천문학자 중에 하늘에 있는 대상을 최초로 관찰한 경험이 있는 학자는 거의 없다. 널리 알려진 16세기의 천문학자 티코 브라헤Tycho Brahe도 자신이 목록에 새롭게 추가한 천체 때문이 아니라 관측의 정확성으로 유명하다. 천문학계에서 브라헤의 역사적 정체성이나 위치는 절대 의심할 여지가 없다. (이 책을 작업하면서 알게 된 티코 브라헤의 여동생 소피 브라헤Sophie Brahe도 캐럴라인 허셜처럼 과소평가된 천문학자였다.) 그러나 허셜의 평가에 관한 논쟁은 18세기와 19세기에 허셜의 사회적 위치를 이해하는 방식과 떨어질 수 없으며, 시스젠더cisgender(생물학적 성과 성 정체성이 일치하는 사람—옮긴이) 남성이 아닌 여성과 다른 사람들이 지적 능력을 지닌 사람으로 인정받기 위해 현재 직면한 과제와도 분리할 수 없다.

앞서 언급했던 "절반의 인정을 받으려면 실력이 두 배는 좋아야 한다"는 말은 내가 생각하기에 미국의 거의 모든 흑인이 자라면서 들은 조언이다. 이 말 때문에 아마 허셜의 기록에 관한 잘못된 설명이 유난히 내 눈에 들어왔을 것이다. 나는 평생 이 말을 들으며 그 의미를 증명해왔다. 허셜이 현대에 어떤 대우를 받고 있는지를 지켜보면서, 이는 갓 박사학위를 받아 정식으로 인정받게 된 성인 과학자인 내가 앞으로 어떤 대우를 받을지에 대한 예고처럼 느껴졌다. 그리고 이런 생각도 들었다. "세상을 떠난 백인도 제대로 인정받지 못하는데 하물며 살아 있는 흑인 여성은 어떨까?"

물론 인정의 문제는 과학에만 국한된 것이 아니라 과학이 펼쳐지는 사회의 고질적인 문제이다. 과학적 맥락만 고려하여 내가 가장 우려하는 문제를 해결할 수 있다고 생각하기가 갈수록 어려워지고 있다. 나는 물리학을 종일 생각할 수 있다는 것이 놀라운 특권이라는 사실과 학계가 여전히 문제를 인식하는 사람들의 목숨을 앗아가는 자본주의의 악몽 같은 곳이라는 사실 사이의 간극에서 씨름하고 있다. 피하려고 아무리 애를 써도 가는 곳마다 자본주의는 우리를 따라온다. 이는 허셜의 이야기와 관련이 없어 보일지도 모르지만, 내가 그렇게 격하게 반응했던 이유와 깊이 얽혀 있다.

흑인 여성주의 이론가 이매니 페리Imani Perry가 자신의 강렬한 과거와 가부장제에 관한 분석을 담은 책《문제적 사건: 젠더와 해방Vexy Thing: On Gender and Liberation》에서 주장했듯이, 서구 사상에서 흑인, 특히 흑인 여성은 백인(남성)과 동등한 능력을 지닌 사상가는커녕 완전한 인간으로도 인정받은 적이 없다. 우리의 인간성은 항상 부분적으로 인정받았고, 법적 논쟁의 대상으로 정립되었으며 노동 자체와 노동에 따르는 보상의 측면에서 완전히 무시되었다. 생물학적 개념이자 사회적 개념인 인종이 자본주의와 함께 발달한 것은 우연이 아니다. 인종은 사실 남아프리카공화국의 아파르트헤이트apartheid 반대 운동가들이 "인종자본주의"라고 지칭하던 사상을 정당화하는 근거였다. 세드릭 로빈슨Cedric Robinson이 《흑인 마르크스주의: 흑인 급진주의 전통의 형성Black Marxism: The Making of the Black Radical Tradition》에서 주장한 바에 따르면, 인간이 날 때부터 인종으로 구분된다는 사상인 인종차별주의는 사실 유럽 봉건제도의 기초였으며 자본주의는 단지 인종차별주의의 다른 형태일 뿐이다. 역사학자 에드 뱁티스트Ed Baptist는 《잊혀진 절반The Half Has Never Been Told》에서 이러한 주장을 기반으로 하여 자본주의와 인종자본주의는 같다고 지적했다. 아프리카 출신 노예와 그 후손에게서 착취한 노동을 자본주의의 핵심 조직 원리이자 구성 요소로 받아들이지 않으면 자본주의를 이해할 수 없다. 자본주의에서 흑인은 절대 인간이 아니다. 내 선조들은 에너지원이었다. 물리학적 관점에서 흑인은 영구 기관과 같았다. 상품을 생산하는 대단히 값싼 에너지원이었으며, 강간에서 살인에 이르기까지 백인의 가장 기본적이면서도 폭력적인 환상이라 할 수 있는 신체적 욕구를 충족시켜 주었다.

나는 성인이 되고 한참 지나서야 노예의 심리사회적 경험을 최소한이나마 이해하려고 노력했다. 노예제도가 무엇인지 비교적 잘 교육받았음에도, 노예가 된다는 것이 무엇인지 생각하고 나서야 얼마나 끔찍하고 고통스러웠을지 짐작할 수 있었다. 사람들이 얼마나 심각한 공포와 신체적 고통에 시달렸을지도 가늠해 보았다. 어렸을 때 나는 《뿌리Roots》를 읽으며 알렉스 헤일리

Alex Haley의 선조들이 겪었을 고통을 상상했고, 내 선조들도 분명 이와 비슷한 일을 겪었으리라고 추측했다. 또한 프레더릭 더글러스Frederick Douglass와 소저너 트루스Sojourner Truth의 자서전을 읽으며 탈출에 관한 이야기를 상상해보았다. 나는 1년 넘게 용돈을 모아 친구들 사이에서 처음으로 '미국 소녀 애디' 인형(이 책을 쓰는 지금도 나와 함께 있다)을 가질 수 있었다. 이 인형은 어머니와 함께 노예 신분에서 탈출하여 처음으로 자유를 누리며 제대로 된 어린 시절을 경험하는 소녀로 그려졌다.

내 관점을 바꾸어놓은 것은 바로 텔레비전 드라마 〈언더그라운드Underground〉였다. 이 드라마의 방영이 중단될 위기에 처했을 때 나는 친구들에게 보라고 권하면서 자유를 위해 마음을 굳게 먹은 노예들이 나오는 강도 범죄 드라마라고 소개했다. 〈언더그라운드〉는 노예를 사상가이자 책략가, 설계자, 몽상가로 묘사하여 흑인 역사를 바라보는 내 관점을 완전히 바꿔 놓았다. 한 장면에서 어떤 인물이 다리를 건설하는 임무를 맡았다. 나는 그제야 그가 글을 읽지 못하는 공학자라는 사실을 깨달았다. 이때부터 나는 대규모 농장이나 노예제 사회를 단순한 숙련 노동자뿐만 아니라 고급 기술을 갖춘 노동자가 일하는 장소로 받아들였다. 농장은 우연히 노예가 된 농업 전문가, 공학자, 조산사, 요리사, 성 노동자들과 같은 세계적인 수준의 전문가들이 만들어낸 곳이었다.

이러한 이해는 내가 '흑인'과 '과학자'라는 두 정체성을 어떻게 아우를지 다시 생각하는 데 중요한 역할을 했다. 어린 시절,

오랫동안 나는 흑인 과학자가 미래에나 있을 수 있는 존재라고 들었다. 나는 중학생 시절 벤저민 배네커Benjamin Banneker가 천체 관측으로 계획을 도운 도시인 워싱턴 D. C.에 방문했을 때까지 배네커를 알지 못했다. 하버드대학교 지원서에는 내가 천체물리학에서 학위를 취득한 최초의 미국 흑인 여성 중 한 명이라는 사실을 명시적으로 적었던 기억이 있다. 사실 미국국립과학재단 통계에 따르면 2003년 미국에서 이 분야의 학사학위를 받은 사람은 내가 유일했다. 당시에는 이 사실을 몰랐지만 그 수가 별로 없다고는 알고 있었다. 나는 백인이 쓴 역사나 백인이 인정하는 기관에서 수여한 학위처럼 공식적으로 인정받는 경로로 과학적 사고방식을 배웠다. 유럽 너머의 과학적 세계와 유럽 정착민이 살고 있는 식민지를 깊이 이해하면서, 나는 이러한 관점이 타당하지 않다는 생각을 하기 시작했다. 나는 전문화된 제도권 밖에서 과학을 생각하면서 아프리카 대륙이나 아시아, 태평양 제도에 있는 사람들과 아메리카 원주민에 초점을 맞추게 되었다. 〈언더그라운드〉를 보고 나는 대서양 연안의 흑인이 납치된 아프리카 토착민으로서 이 전반적인 상황에 어떻게 들어맞는지 새로운 시각에 따라 더 완전하고 종합적으로 이해하게 되었다. 나는 평생 나와 같은 뿌리에서 나온 과학자가 없다고 생각했지만, 실제로는 전혀 모르고 있던 것뿐이라는 사실을 깨달았다.

이런 생각을 하던 즈음에 〈히든 피겨스Hidden Figures〉라는 영화가 개봉되었다. 이 영화는 내가 니셸 게이너Nichelle Gainer의 '빈티지 블랙 글래머Vintage Black Glamour' 텀블러에 올라 온

NASA에서 수학자이자 우주과학자로 근무한 흑인 여성 수학자 멜바 로이Melba Roy를 다룬 게시물 덕분에 몇 년 전에 알게 된 이야기를 그리고 있다. 로이는 NASA가 완전히 정체를 숨긴 흑인 여성 중 한 명이었다. 이 숨겨진 인물의 손녀이자 매캘러스터 대학교의 교수로서 이야기를 밝혀낸 연구팀의 일원이었던 내 친구 듀체스 해리스Duchess Harris는 할머니가 받은 편지를 보여주기 전까지 NASA에서도 처음에는 여성이 존재했다는 사실을 믿지 않았다고 내게 말해주었다. 이 편지는 1960년대 중반에 쓰인 것으로, NASA 공식 용지에 20년 근속을 사례하는 내용이 적혀 있어 할머니가 1940년대에 근무를 시작했다는 사실을 암시했다. 나는 니셸과 함께 그 텀블러 게시물에 관해 대화하면서, 내가 천문학과 학생으로서 로이를 한 번도 들어본 적이 없다는 사실에 얼마나 충격을 받았는지 이야기했던 기억이 있다. 나중에 거기에 로이와 같은 여성이 또 있었다는 사실을 알고 훨씬 더 놀랐다.

여기에서 한 가지 질문이 제기된다. 우리에게 또 다른 숨겨진 역사가 있을까? 내 친구 라키샤 시몬스LaKisha Simmons는 자신의 책《크레센트시티의 소녀들: 분리된 뉴올리언스에 사는 젊은 흑인 여성의 삶Crescent City Girls: The Lives of Young Black Women in Segregated New Orleans》의 서문에서 흑인 소녀들의 삶이 흔히 기록할 만한 가치가 없다고 여겨지기 때문에 이 주제를 다루기가 어려웠다고 언급했다. 이 글을 읽는 역사가들은 당연한 말이라고 생각할 테지만, 나는 물리학자로서 전문 교육을 받았기 때문에 흑인 역사 연구가 왜 그렇게 어려운지 알기까지 오랜 시간이 걸렸다. 흑인을 납치하고 노예로 삼은 인종차별주의자들은 이름, 나이, 지정된 성별, 특정한 상업적 가치가 있는 특수 기술과 같이 자본으로서의 가치와 관련된 흑인의 정보만 기록에 남겼다. 즉 아메리카 대륙의 흑인 역사는 숨겨진 인물인 흑인 여성으로 가득 차 있다. 흑인 여성은 '반흑인 정서'와 '가부장제'라는 이중 구속에 시달렸기 때문에 벤저민 배네커에게는 동시대의 흑인 여성이 없었다. 그러나 해리엇 터브먼Harriet Tubman이 자유를 향해 탈출할 때 북극성을 이용했다는 사실처럼, 천문학 지식을 사용했던 흑인 여성이 존재했다고 믿을 만한 근거는 많이 있다. 그러나 더 근본적으로는 내가 하늘의 운행 원리를 궁금해했다면, 다른 누군가도 그 호기심을 완전히 충족하거나 경험할 수 있는 상황이 아닐지라도 분명 같은 질문을 했을 것이다.

우리는 과학에 상당한 공헌을 한 흑인 노예 남성의 이야기들을 알고 있다. 하버드대학교 매더하우스 졸업생으로서 나는 특히 1706년 코튼 매더Cotton Mather의 신도들이 목회자를 섬기기 위해 샀던 노예 오네시무스Onesimus에 관한 사례가 기억에 남는다. 잔인한 인종차별주의자였던 매더는 오네시무스를 신뢰하지 않았지만, 오네시무스가 천연두 예방법을 설명하자 그에게 지적 능력이 있다는 사실을 마지못해 받아들였다. 다시 말해, 오네시무스는 매더와 뉴잉글랜드 사회에 예방 접종을 소개했다. 이 책을 쓰면서 나는 왜 매더하우스가 사람들의 목숨을 구한 과학자이자 노예제 생존자의 이름이 아니라 노예 소유주인 인크리즈 매더(코튼 매더의 아버지)의 이름을 계속 사용하고 있는지 의문이 든다. 오네시무스하우스라는 명칭에 더 깊은 울림이 있다. 나는 하버드대학교 동창회에 발길을 끊었지만 이 명칭을 바꾸기 위해 다시 돌아갈 것이다.

캐럴라인 허셜은 코튼 매더가 세상을 떠난 지 수십 년 후에 태어났으며, 우리는 허셜이 어떤 맥락에서 자신의 삶을 주도할 수 있었는지 이해할 필요가 있다. 허셜의 아버지는 지금은 독일, 당시에는 신성로마제국에 해당하는 곳에서 군악대 연주자로 일하며 생계를 유지했다. 캐럴라인은 독학으로 노래를 연습했고 오빠 윌리엄은 오르간을 연주했다. 허셜의 가족은 영국으로 이주했고, 윌리엄은 음악가에서 지적인 자연철학자로 거듭나기 위해 노력했다. 내가 이 사실을 언급하는 이유는 이들이 자본주의에 앞선 봉건제도의 수혜자이기도 했지만 아메리카 대륙에서 발생한 식민주의와 노예제의 혜택을 누렸던 커져가는 영국 중산층의 일원이기도 했기 때문이다. 누가 알겠는가? 캐럴라인과 윌리엄은 바베이도스의 내 선조들이 수확한 사탕수수로 만든 설탕을 먹었을 수도 있다. 분명 윌리엄이 음악가로서 받은 수입은 어느 정도 상류 지주 계층에게서 나왔겠지만 봉건제도와 노예제도에 얽혀 있었을 가능성이 있다.

중요한 것은 캐럴라인 허셜이 천문학자로서 지니는 지위를 부정하던 바로 그 세력이 유럽 소작농에게서 자원과 노동력을 착취하고 아메리카 대륙 원주민이 고향에서 쫓겨나는 상황을 정당화하면서 내 선조들을 노예로 삼았다는 점이다. 캐럴라인의 발자취를 따르는 여성들은 이 두 사건을 연결짓지 않도록 사회적으로 교육받지만, 허셜과 동시대의 잘 알려진 여성 작가 제인 오스틴Jane Austin은 소설 《맨스필드 파크Mansfield Park》에서 이러한 관계를 분명히 보여주려 했다. 내가 오스틴의 가장 길고 어려운 소설을 이렇게 해석하면 보통 사람들은 놀라워한다. 아마 독자 대부분이 1772년 영국 대법원에서 벌어진 '서머싯 대 스튜어트' 사건에 익숙하지 않기 때문일 것이다. 이 재판에서 대법원장 맨스필드 경은 영국 관습법에 노예제가 존재하지 않기 때문에 잉글랜드와 웨일스로 끌려온 노예를 억류할 수 없다고 판결했다. 오늘날 《맨스필드 파크》는 오스틴이 태어나기 불과 3년 전에 일어난 이 유명한 재판을 명시적으로 언급한 소설로 해석할 수 있다. 내가 보기에 이 소설은 카리브해 서인도제도에 있는 대규모 농장을 소유하여 재정적 지위를 유지하려는 상류 지주 계층의 시도를 자세히 다루고 있다. 오스틴은 가난한 사촌 패니를 소설의 주인공으로 내세워 가난한 백인 여성의 경험을 노예 상태와 병치한다. 그러나 이 백인 여성은 상류 사회에 있으며, 소설 속 모든 등장인물, 심지어 가난한 사람들마저도 그들의 삶을 영위하기 위해 부리는 더 끔찍한 노예 상태와는 거리가 멀다.

《맨스필드 파크》를 읽고, 나는 캐럴라인 허셜의 사회적 위치에 동정심을 느끼면서도 무작정 영웅으로 평가하지 않도록 주의하게 되었다. 허셜이 과소평가되었다는 사실은 알고 있지만, 그래도 허셜은 백인 여성으로서 백인이 특별하다고 여겨지던 시대에 살았다. 지금도 우리는 그런 시대에 살고 있으며, 10년 전 스미스소니언 사람들과 함께 일하던 시절을 돌아보면 과학계에서 백인 여성과 함께 연대를 이루던 내 방식이 얼마나 많이 바뀌었는지 새삼 놀라게 된다. 나는 캐럴라인 허셜의 업적을 보호하려고 노력하고 있지만, 허셜이 나를 인간으로 여겼을 가능성은 낮다는 사실을 점점 깨닫고 있다. 나는 한때 백인 여성을 여성 동료나 성소수자 동료로 우리와 동일시하려고 애썼지만, 천문학과 물리학 분야에서 백인 여성이 하는 인종차별을 반복적으로 겪으면서 마음을 바꿨다.

전형적인 예로 2015년 마우나케아의 30미터망원경Thirty Meter Telescope에 관한 논의가 절정에 달했던 시기를 들 수 있다. 당시 하와이 원주민 수호자들은 역사적으로 지금까지도 신성하다고 여겨지는 땅에 열네 번째로 지어질 거대 망원경의 건설을 반대하고 있었다. 내가 기억하기로 백인 여성의 의견과 나를 포함한 다른 사람들의 의견에는 극명한 차이가 있었다. 나는 유색 인종 여성, 특히 원주민 여성이 30미터망원경 건설에 사회적·과학적 선good이 내재한다고 생각하는 천문학계의 정통적 입장에 의문을 제기하는 모습을 계속 지켜보았다. 또한 그 여성들은 하와이 원주민들이 강력하게 반대하는 것이 분명한 상황에서 30미터망원경 건설에 어떤 의미가 있는지 물었다. 우리는 억압받는 동료 민족들과 연대하겠다는 우리의 가치관을 배신한다는 두려움에 사로잡혔다. 백인 여성들도 이러한 두려움을 느끼는 것처럼 보였지만, 문화적 가치를 배신한다는 두려움보다 천문학계를 배신한다는 두려움이 더 컸다. 왜일까? 백인 여성이 편하게 받아들이는 문화적 가치는 천문학계에서 중요하게 여기는 가치와 같기 때문이다. 내가 기억하는 한 가지 분명한 예를 들자면, 소외당하고 있는 사회적 약자를 위한 프로그램에 참석한 한 백인 여성은 하와이 원주민 수호자들이 자신에게 무엇이 이득인지 몰라서 그러는 것일 뿐이라고 발언했다. 내가 이 발언이 인종차별적이라고 지적한 이후로 5년 동안 그 백인 여성은 나에게 한마디도 말을 걸지 않았다.

여기서 요점은 천문학계의 백인 여성이 악마라는 것이 아니다. 백인 여성이 가부장제의 희생자이기 때문에 백인우월주의의 가해자가 아니라고 생각하게 된다는 것이고, 이는 과학계에 종사하는 유색인들에게 시사하는 바가 있다. 2015년 마우나케아를 둘러싼 논쟁에서 나를 보호하고 지지해주었던 원주민 수호자 지인들 외에 나를 가장 열성적으로 지지해준 사람들 중에는 백인 여성도 있었다. 예를 들어, 천문학자이자 망원경 제작자인 백인 유대인 활동가 세라 터틀Sarah Tuttle과 맺은 깊은 우정과 정치적 협력은 당시에 시작되었다. 우리의 관계가 이렇게 발전한 이유 중 하나는 어려운 논쟁이 있을 때 세라가 나 혼자 처리하도록 내버려두지 않고 몇 번이고 내 편에 서서 함께해주었기 때문이다. 나는 어떤 이유로 우리가 우정을 유지할 수 없게 되더라도 존엄성을 가지고 서로의 생존권을 계속 변호해줄 것으로 믿는다. 이런 맥락에서 내가 캐럴라인 허셜을 변호하는 이유는 불가피한 연대의 관점에서 이해할 수 있다. 허셜은 나를 변호하지 않았겠지만, 나는 역사 속에서 허셜이 천문학자로서의 지위를 공고히 해야 한다고 생각한다. 역사에서 허셜의 역할이 사라진다면 우리 모두에게 위협이 될 것이며, 우리는 여기에 반드시 맞서야 한다.

Phase 3 ~~~~~~~~~~~~~~~ **세 번째 상**

물리학에 감춰진 진짜 세계

먼저 우주가 있고, 우주를 수학적으로
이해하려는 과정이 있다.
이 과정은 물리학이며,
물리학은 인간적인 과정이다.
물리학은 우주가 아니다.
오히려 우주의 내부를 들여다보려는
매우 인간적인 시도이다.

8장

과학계에서 생존하기

나는 인종차별에 분노로 대응한다. 인생의 대부분을 분노하며 살았고, 분노의 감정을 무시하기도 키우기도 해봤으며 내 미래를 망치기 전에 활용하는 법을 배워보기도 했다. 한때는 그 무게가 두려워 침묵을 지켰다. 분노에서 느끼는 두려움은 나에게 아무것도 가르쳐주지 않았다. 당신도 분노에 두려움을 느낀다면 아무것도 배울 수 없을 것이다.

– 오드리 로드Audre Lorde, 〈분노 활용법: 인종차별주의에 대응하는 여성The Uses of Anger: Women Responding to Racism〉

나는 한때 아주 구체적인 지식의 나무를 꿈꾸는 흑인 아이였다. 입자물리학은 내 꿈이었다. 열 살이 되고 반년이 흘렀을 때 나는 에롤 모리스Errol Morris의 다큐멘터리 〈시간의 간략한 역사A Brief History of Time〉 덕분에 사랑에 빠졌다. 나는 다큐멘터리가 노인들이나 보는 지루한 장르라고 생각해서 보러 가고 싶지 않았었다. 그러나 엄마는 로스앤젤레스 동부에서 서부로 우리를 데리고 가 랠리 극장에서 영화를 보여주었다. 그 영화는 일생의 대부분을 휠체어에서 보내며 거의 움직이지 못하는 손가락으로 컴퓨터를 제어하며 말을 하던 한 남자의 이야기였다. 이 남자는 스티븐 호킹으로 영국 케임브리지대학교 교수였으며, 수학을 활용하여 우주가 움직이는 원리를 이해했다. 이 영화에서는 스티븐 호킹을 아인슈타인의 역할을 하는 계승자로 소개했으며, 나는 아인슈타인이 실제로 무슨 연구를 했는지 거의 알지 못했지만 세상을 보는 방식을 바꾼 저명한 과학자라는 사실은 알 수 있었다. 호킹은 궁극적으로 블랙홀을 양자역학적 대상으로 이해하는 데 가장 큰 공헌을 했고, 영화에서는 블랙홀의 중심에서 무슨 일이 벌어지는지에 대한 질문에 이른다. 아인슈타인은 이 문제를 해결하지 못했고, 호킹은 답을 찾는 임무를 맡고 있었다.

나는 생각했다. '잠깐, 아인슈타인이 막힌 문제를 풀면 돈을 벌 수 있다고?' 이때가 나에게는 깨달음의 순간이었다. 나 역시 블랙홀의 중심에서 무슨 일이 벌어지는지 알고 싶었고, 이 문제를 해결하려고 노력하는 일을 직업으로 삼을 수도 있었다. 극장을 떠나면서 나는 엄마에게 호킹의 책을 한 권 사달라고 졸랐다. 내가 과학 선택 과목에 보인 흥미와 내가 배운 모든 종류의 수학 계산 방법을 알고 싶어 하는 성향 때문에 엄마는 특별히 나에게 다큐멘터리를 보여주었지만, 책은 사주지 않았다. 읽기에 너무 어려울 것이라는 이유였다. 엄마의 오빠인 피터 삼촌은 엄마의 말을 무시하고 내 열한 번째 생일에 그 책을 선물해주었다. 그 책은 다 읽는 데 몇 년이 걸렸지만, 지금까지 받은 선물 중 가장 기억에 남고 의미 있는 선물 중 하나로 남아 있다.

몇 년이 지나 로스앤젤레스 서부에 있는 고등학교에 들어가 왕복 세 시간 동안 학교 버스로 통학하던 시절 1장 '쿼크를 사랑한 소녀'에서 묘사한 것처럼 나는 스티븐 호킹의《시간의 역사》에서 읽은 입자 이야기로 사람들을 즐겁게 해주곤 했다. 나는 쿼크를 알지도 못하면서 쿼크가 무엇인지 설명했다. 경입자의 종류도 잘 모르지만 설명해주었다. 나는 미래에 하버드에서 교육받은 입자물리학자이자 우주론 학자가 될 생각에 매우 들떴다. 이 모든 계획은 내가 열한 살 때 호킹에게 이메일을 보내 이론물리학자가 되는 방법을 물었을 때 답장을 보내준 케임브리지대학교 호킹 교수의 대학원생 덕분에 세울 수 있었다. 메일에는 이렇게 쓰여 있었다. 일류 대학에 입학하여 학부 학위를 받을 것, 최고의 박사 과정에 들어갈 것, 그 후 교수가 될 것. 그러면 호킹처럼 될 수 있다고 했다. 나는 물리학 분야에서 미국 내 최고의 학교가 어디인지 찾아보았고 하버드대학교나 캘리포니아공과대학에서 학부를 거쳐야 한다는 결론을 내렸다. 1999년 4월, 나는 열두 군데 대학에 합격했지만 그중 학비를 감당할 수 있는 학교는 셋뿐이었고 그중에는 하버드대학교와 캘리포니아공과대학이 있었다. 나는 도시에 있고 집에서 멀다는 이유로 하버드대학교를 선택했다. 게다가 하버드-스미스소니언 천체물리센터는 수백 명 천체물리학자들의 고향이나 다름없었고, 붐비는 하버드 야드Harvard Yard에서 조금 떨어진 케임브리지의 매력적인 구역에 있다는 사실도 한몫했다.

나는 열일곱 살이 되고 몇 주 만에 로스앤젤레스 동부를 떠났다. 나 같은 아이는 자유롭게 떠날 수 있었기 때문이다. 나는 시험 성적도 좋고, 학교 생활도 즐기는 열성적인 학생이었으며, 운도 좋았기 때문에 피부색차별이 주요했던 식민지 사회 구조에서 대량 투옥의 그물에 걸리지 않은 아이였다. 대학으로 떠날 때 나는 물리학과 천문학, 가끔은 간단히 물리천문학이라고 부르는 학문을 공부하는 학생으로서 마주하게 될 시험대를 어느 정도 예상했다. 여성에게 상황이 불리하다는 사실도 알고 있었다. 고향에서 종종 멕시코계 미국인으로 오해받았던 밝은 피부의 흑인 여성으로서 과학계에 종사하는 여성의 대부분을 차지하는 백인 여성과 달라 보이기 때문에 내가 눈에 띌 수 있다고 예상했다. 그러나 나는 20세기 말 다문화 시대로 접어들면서 세상이 꾸준히 좋아지고 있으며 실제로 장벽이 스스로 자신을 무너뜨리도록 '간청'하고 있다고 생각했다.

나는 다른 세계에서 왔다는 이유로 내가 눈에 띌 수 있다는 사실을 알지 못했다. 내가 살던 세계는 메트로13Metro 13과 블러즈Bloods, 크립스Crips와 같은 갱 집단의 멕시코계 미국인들, 두꺼운 갈색으로 뚜렷하게 입술 윤곽을 그린 흑인 소녀들의 세상이었고, 기차 선로와 매연을 내뿜는 공장 옆의 밝은색 집들이 즐비한 길을 지나가는 차에서 영어 음반을 내기 전의 샤키라Shakira(콜롬비아 출신 가수—옮긴이) 노래가 큰 소리로 울려퍼지며, 광고판에서는 몇 년간 영어 단어를 찾아볼 수 없는 곳이었다. 또한 로스앤젤레스 동부를 떠난 이후로 인생의 절반이 지났지만 스스로 그곳 출신이라고 생각한다는 이유로 내가 지금까지도 계속 학계에서 눈에 띌 것이라고는 생각하지 못했다. 나는 내가 겪을 외로움과 스페인어를 잊으면서 겪을 슬픔을 알지 못했다. 학계에서 높은 위치로 올라갈수록 스페인어는 내가 자란 로스앤젤레스 동부 인근인 엘세레노, 링컨하이츠, 이글락에 사는 사람들이 최저 임금을 받고 일하는 4성급, 5성급 호텔에 방문할 때만 사용하게 되었다.

하버드에서 나는 전문가처럼 보이려면 제이크루J. Crew 옷을 입어야 한다고 들었지만, 내가 그 옷을 사려면 몇 년이 걸렸을 것이다. 하버드를 졸업하고서는 흑인의 개성이 아니라 교수채용위원회에 흑인 여성으로서 정치적 입장을 의식적으로 보여주기 위해 커다란 링 귀고리를 착용하게 되었다. 또한 학계가 오리온 성운에서 물이 레이저laser의 전파 형태인 메이저maser를 자연스럽게 만들어낸다는 것처럼 흥미로운 사실을 배우는 장소인 동시에 때로는 심리전을 통해 지배계급이 형성되는 장소라는 사실도 알게 되었다.

나와 함께 대학을 다녔던 사람들은 이제 로스앤젤레스 동부가 멋지게 변하고 있다고 말했고, 《로스앤젤레스 타임스Los Angeles Times》는 내가 대학 시절 '우범지역'이라고 들었던 지역이 부동산 가치로 유명하다고 보도했다. 로스앤젤레스 동부는 내가 하버드에 들어간 열여섯 살 때만 해도 절대 멋진 곳이 아니었다. 고등학교 시절, 같은 반에 백인 남학생 두 명이 있었는데 그중 한 명은 부정행위로 반에서 상위권에 오르더니 나를 앞혀 놓고 내가 어느 대학을 가든 상관없이 자신들이 나보다 좋은 대학을 가게 될 것이라고 떠들었다. 내가 무엇을 하든 내 능력이 자신들의 능력에 절대 미치지 못할 것이라고 말하던 사람은 이 남학생들이 처음이었을 뿐 마지막은 아니었다. 나는 고등학교 학급에서 사회·경제적으로 최하위 사분위에 속해 있었을 것이고, 그렇기 때문에 과학자가 되겠다는 내 꿈은 환상 속의 복수이자 승리를 나타냈다. 나는 이 도시 출신 여성으로서 하버드에 들어가 입자물리학의 마법을 자유자재로 다루는 영웅이 되어 고향에 돌아오고 싶었다.

꿈은 미뤄졌다. 2019년 1월, 내가 이론우주론에서든 입자물리학에서든 역사상 처음으로 교수직을 맡은 최초의 흑인 여성이 되었을 때, 지리적으로나 문화적으로나 내가 꿈꾸던 성대한 귀환에서 이보다 더 멀어질 수는 없었다. 물리학 박사학위를 받은 사람들은 거의 모두 결국 학계를 떠나 직장을 찾는다. 모두를 수용할 만한 자리가 없기 때문이다. 교수직은 백인 남성에게도 힘든 일이다. 물론 흑인 여성이나 흑인 남성은 인구수에 비례해서 교수직에 고용되지 않기 때문에, 나 같은 사람이 이러한 역할을 맡는 것은 굉장한 도전이었다. 알려진 바로는 다양한 이유로 나 같은 사람이 로스앤젤레스에서 물리학 박사학위를 수여하는 대학이나 미국의 상위권 대학에 취직하기는 어려웠다.

내가 말하는 '나 같은 사람'은 특히 로스앤젤레스 동부 출신 노동계급 흑인 성소수자 여성으로, 그 뿌리에서 비롯한 정치적 견해를 간직한 사람들을 의미한다. 이는 내가 말이 많다는 사실을 다르게 표현한 것뿐이며, 나는 백인우월주의나 이성애·시스젠더 중심주의, 장애인 차별주의, 가부장제를 비판하는 데 목소리를 내는 것을 두려워하지 않는다. 또한 대학의 과학 프로그램, 박사학위 과정, 박사후연구원 채용위원회, 교수 채용위원회에서는 백인 남성이라는 특정 형태의 후보자를 찾고 있지만, '나 같은 사람'은 이와 전혀 다르다는 사실을 알게 되었다. 물리학계에서 순응하며 버티는 흑인 동료들도 있지만, 흑인 여성은 극소수이기 때문에 순응하는 것만으로는 학계에서 살아남거나 성공하기가 힘들다. 목소리를 내야 물리학계에서 내 삶의 질을 높일 수 있다.

내가 앞으로 나아갈 수 있는 이유는 과학을 사랑하고 과학을 배우는 과정을 사랑하기 때문이다. 나는 우주론을 비합리적일 만큼 원초적으로 사랑하지만, 물리/천문학 사회는 내가 과학을 즐기도록 내버려두지 않았다. 시작은 나보다 많은 지원을 받은 고등학교 졸업생들을 위해 설계된 학부 교육과정이었다. 지도교수는 내 앞에서 4년 내내 이론물리학자가 되기에 내가 똑똑하지 않다며 걱정했고, 학교 사람들은 죄다 내게 물리학 전공자처럼 보이지 않는다는 사실을 알려주느라 여념이 없었다(수많은 똑똑한 아이들이 이 정보 하나에 얼마나 창의력 없게 반응하던지!).

대학 첫 학기를 보내면서 나는 마치 물에 빠진 듯 허우적댔다. 성적이 너무 좋지 않아 엄마에게 전화해서 인류학으로 진로를 바꾸겠다고 할 정도였다. 어머니는 이런 방면에서 유명한 흑인 서인도계 미국 어머니처럼 이렇게 말했다. "난 사람들에게 네가 꿈을 그만둔다는 얘기를 하려고 네가 좋은 고등학교에 다니도록 부업을 한 게 아니란다." 어머니는 내가 당신과 많이 닮았다고 생각한다. 그래서 내가 어머니의 말을 비롯해 남의 말을 잘 안 듣기는 하지만, 이 말만은 아주 크고 뚜렷하게 들렸다. 바로 내 도전이 선조들의 빚을 지고 있다는 것이다. 그리고 나는 어머니와 굉장히 닮아서 내게 안 된다고 하는 사람들 말은 잘 듣지 않는다. 4년 동안 나는 더 나아질 수 있다고 스스로 다독였다. 그 와중에 내 학부 지도교수는 이렇게 학점이 낮으면 절대 이론물리학자가 될 수 없으니 진로를 바꾸라고 권유했다. 내가 들었던 말들을 반박해주는 사람이 없었기 때문에 나는 내가 그리 똑똑하지 않다는 말을 어느 정도 믿게 되었다.

이 모든 과정을 겪으면서도 나는 물리학의 경이로움을 즐겨야 했다! 함께 공부하는 학생들은 나를 멍청한 사회 복지 대상자처럼 여기다가도, 도서관에서 여유롭게 공부하는 동안은 내가 근로학생이라는 사실을 애써 기억하려 하지 않았기 때문에 물리학은 너무나 재미있었다. 세계에서 가장 부유한 대학이라면 내가 굳이 재정적인 이유로 이 일을 할 필요가 없게 해줄 수도 있었지만, 근로학생으로 일을 해야 내가 받는 교육에 대한 내 투자를 증명한다고 여기는 듯했다. 250만 달러를 기부하여 진학하는 특권 없이(미국의 사업가 재러드 쿠슈너Jared Kushner는 아버지가 250만 달러를 기부하는 조건으로 하버드에 입학했다—옮긴이) 죽을힘을 다해 고생하여 입학한 것만으로는 충분한 증거가 되지 못하는 듯했다.

남들이 당신에 대해 하는 이야기를 조금이라도 믿기 시작하면 물리학은 실제로 그다지 재미가 없어지며, 사람들이 계속 말하는 그런 존재가 되어버린 자신을 혐오하게 된다. 노동계급 배경의 흑인 성소수자인 당신에게 친구이자 미래의 동료가 인종적으로 둔감하거나 노골적으로 인종차별, 동성애 혐오, 계급차별 발언에 때로는 추가적으로 성차별과 여성혐오까지 적절히 섞은 발언을 일삼는다면 더욱 그렇다. 일터에 나가거나 학과에 방문하여 당신의 인종, 민족, 유대 혈통에 관한 주기적인 질문 세례에 대비하는 것은 피곤한 일이다. 명백하게 당신의 피부색은 당신의 경력을 좌지우지할 힘을 지닌 여러 백인 교수에게 "다르기는 하지만 모호하니 공격적인 질문이나 하고 분류하기나 하는 과학적 토론을 그만하라"고 외치는 것처럼 보이기 때문이다. 그리고 물론 이 모든 과정을 통과하고 학자로 성공하더라도 거주지를 선택할 수 없기도 하며, 흑인(카리브계 미국인) 유대인 성소수자 여성이라면 대부분의 작은 대학 도시에서 비슷한 사람들의 모임을 찾기가 상당히 어려울 것이다. 학교 캠퍼스뿐만 아니라 지역에서 유일한 사람이 되는 것에 둔감해질 필요가 있다. 나는 대학원에 진학하고 백인 남성 박사후연구원이 보통 인종차별주의자라는 사실과 함께 영향력이나 권력을 가진 사람 가운데 이러한 사람들이 나 같은 학생의 삶을 어떻게 형성하는지에 대해 알고 싶어 하는 사람은 거의 없다는 사실을 깨달았다.

여기에서 최악의 경험을 언급하지는 않았지만, 내가 학생이나 박사후연구원으로서 겪은 끔찍한 일들을 모두 나열하지는 않으려 한다. 하지만 요점은 내가 물리/천문학 분야에 짙게 깔린 문화에 과거부터 지금까지 적응하지 못했다는 것이고, 이런 이유로 나는 물리학에 흥미를 많이 잃어버렸다. 특히 물리/천문학계에 종사하는 백인들은 근본적인 문화적·구조적 문제를 해결하지 못하는 입학 정책이나 다양성 계획으로는 마술처럼 사라지기 힘든 문제가 실제로 존재한다는 사실을 이해하고 마음에 새겨야 한다. 나는 지도교수가 내게 조언을 해주면서 미안해했으며, 나는 아직 숭배하지만 너무 인종차별적이고 성차별적이라고 느끼는 잔인한 입자물리학 사회에서 나를 자신의 방식으로 보호하려 했다고 진심으로 믿는다. 그리고 그의 생각은 옳았다. 나 같은 사람들은 입자물리학에서 특별히 환영받지 못했다. 이론입자물리학이나 이론우주론 연구자들은 다른 물리학 연구자보다 평균 학점이나 고급 수업 수강 여부, 대학원 SAT에 해당하는 GRE 점수를 더 중요시하는 경향이 있다. 나 같은 사람, 즉 사회적으로 불리한 환경에서 자란 사람, 하버드 입학으로 자신이 '선택받은 사람'이 되었다고 믿을 정도로 뻔뻔하지는 않은 사람, 지배계급을 적극적으로 비판하며 시간을 들여 지배계급에 맞서야 한다고 생각하는 사람은 이론입자물리학자와 어울리지 않았다.

이쯤 되면 내가 왜 아직 이 분야에 종사하는지 물을 수도 있다. 나이가 들면서 이 질문에 대답하기가 더욱 어려워졌다. 한때는 물리천문학 사회에 과학을 하는 비인간적인 방식에서 벗어나려는 의지가 없었기 때문에 학계가 내 우상을 완전히 망가뜨리고 있다고 생각했다. 나는 스스로 연구를 즐기면서 외부의 소음을 차단하고 이 소리를 들은 사람들을 가끔 필사적으로 붙잡을 수도 있지만, 궁극적으로는 전체 사회가 나와 함께, 나 같은 사람들을 위해 빠른 조치를 해야 한다. 그러나 높이 평가받는 극소수를 제외하고는 그렇지 않다. 나를 붙잡아준 중요한 연합에는 흑인 과학자 공동체 관계로 만들어진 '나티 크루Nati Crew'가 있고, 가장 중요하게는 생물화학자이자 생물물리학자인 스테파니 페이지Stephani Page 박사가 만든 #BlackandSTEM(흑인과 STEM) 트위터 공동체가 있다. 또한 운 좋게도 나에게는 의심과 공포에 빠질 때 필요한 조언자 역할을 자처한 배우자가 있다. 교수직을 맡은 지금도 내게는 여전히 의심과 공포가 찾아온다. 빈도는 이전과 비슷하지만, 내가 한낱 박사후연구원이었을 때와는 달리 내게 의존하는 학생들이 있기 때문에 이 의심과 공포는 다른 경로로 찾아온다.

수년 동안 나는 정년이 보장되는 교수직을 얻을 수 있을지 알지 못했고, 적지 않은 선배들이 내가 절대 해내지 못할 것이라고 말했다. 사실 끝까지 내가 과학자로 성공하지 못할 것이라고 굳이 애써 말해주던 사람은 내 가장 중요한 멘토이자 학계 추천인이었고, 슬프게도 소수 집단에 속한 사람이었다. 이런 말을 백인 남성이 많이 들을 것 같지는 않지만, 이 주제로 대화를 나눠본 모든 흑인 여성 물리학 박사는 권위와 영향력이 있는 사람에게서 자신이 물리학 박사가 될 자격이 없다고 들은 경험이 있었다. 그런 사람들은 이렇게 말하기도 했다. "네가 성공하면 시스템이 조작되지 않았다는 증거가 될 거야." 당연히 한 명 또는 몇 명이라도 이 문을 통과한다고 해서 경기장이 기울어지지 않았다는 의미는 아니다. 게다가 나는 아직 정년이 보장되지 않았다. 내가 일궈낸 경력과 업적은 그때까지 지속되지 못할 것이다. 그리고 현재 고등 교육에서 돌아가는 상황에 따르면, 정년조차도 예전만큼 안정적이지 않을 수 있다.

내가 오래 머무를 수 있을까? 잘 모르겠다. 정년 교수가 되면 알게 될 것이다. 나는 일을 즐기는 데 어려움을 겪었고 실제로 차별을 경험했으며 누구에게나 무작위로 찾아오는 불운도 겪었기 때문에, 초기에 동료들만큼 실적을 쌓고 이 분야에서 성공하려면 어떤 생산적 습관이 필요한지 배우느라 고군분투했다. 이는 내가 이 분야에 중요한 공헌을 할 능력이 없다는 의미일까? 학술 논문에서 신중하게 발언하지 않고 사람이나 암흑물질을 소리 높여 옹호하는 데서 이미 그런 조짐이 보였을까? 특별히 그렇지는 않을 것이다. 그렇게 읽힐 가능성은? 종종 있었다.

어쨌든 나는 이 분야에 기술적으로 기여할 수 있었다. 실제로 나는 이 연구로 최근에 미국물리학회에서 2021년 에드워드 A. 보쳇 상을 받았고, 표창장에는 다음과 같이 적혀 있었다. "액시온 물리학에서 인플레이션 모형, 암흑에너지의 대안 모형에 이르기까지 이론우주론과 입자물리학에 대한 기여, 물리학계의 포용성을 넓히기 위한 지칠 줄 모르는 노력, '정의를 위한 입자 Particles for Justice' 운동을 공동으로 주창한 공로로 이 상을 수여함." 나는 내게 더 공정한 기회가 주어졌다면 훨씬 더 많이 기여할 수 있었을 것이라고 생각한다. 내 흑인, 원주민, 라틴계 동료들과 학생들, 내가 만났던 미래의 천체물리학자들, 또는 아직 태어나지 않은 아이들까지 모두 더 공정한 기회만 주어진다면 정말 멋진 일을 할 수 있다.

내가 물리학계에서 이루어지는 공정성에 대한 대화를 바꾸는 데 중추적인 역할을 했다는 사실을 나는 알고 있지만, 이러한 작업은 우리 사회에서 심각하게 평가 절하되고 있으며 보통 개인의 희생을 요구한다. 과학자들은 자신이 틀렸다는 말을 듣기 싫어하고 백인은 자신이 인종차별주의자라는 말을 듣기 싫어하기 때문에, 백인 과학자가 자신이 위험한 사회 구조에 기여하고 있다는 사실을 어떻게 받아들일지 상상할 수 있을 것이다. 부서에서 공동체 구성원 중 내 실적과 평판을 논의하는 기밀문서를 주고받으며 내가 어떤 사람인지 함께 이야기할 사람을 고를 때, 이 모든 것은 내 정년을 결정할 요인이 될 것이다.

또한 우리는 이론물리학에서 높이 평가받는 생산성의 유형에 경각심을 가져야 한다. 이론물리학에서는 과학자들이 깊이 생각하여 진정으로 의미 있는 연구만 발표하기보다 피상적으로 생각하고 사소한 아이디어를 모두 발표하도록 부추긴다. 양자중력 이론가인 리 스몰린은 실제로《물리학의 문제들: 끈이론의 대두와 과학의 몰락, 다가올 미래The Trouble With Physics: The Rise of String Theory, The Fall of a Science, and What Comes Next》[1]라는 책을 집필하여 물리학계의 보상 체계에 문제가 많다고 지적했다. 2013년 영국《가디언Guardian》과의 인터뷰에서 노벨상 수상자인 피터 힉스는 상황이 흘러가는 방향을 지적한 스몰린의 우려에 공감하며 다음과 같이 말했다. "1964년 내가 했던 일을 지금과 같은 분위기에서 조용하고 평화롭게 할 수 있을지 상상하기 어렵다." 물리학자들은 2012년 대형강입자충돌기가 입자를 검출했을 때 힉스의 입자 이론이 아주 성공적으로 검증됐다는 사실을 기념했지만, 전체 물리학계에서는 애초에 이 이론이 만들어지는 데 필요한 환경을 지적했던 힉스의 경고는 무시했다.

물리학자들은 물리학이 갖춰야 할 환경을 지적한 힉스의 의견이 아니라 힉스의 물리학을 좇는다. 그리고 백인 남성 노벨상 수상자의 의견도 이렇게 취급받는다면, 과학에 대한 애정을 담은 내 의견은 더 관심 밖일 것이다. 연구를 성급하게 발표하거나 갑자기 그만두는 문화가 과학에 해가 된다는 의견에 어떤 사람들은 조용히 동의할 수도 있지만, 권위가 있는 사람들이 실제로 여기에 어떤 대응을 하는 것은 본 적이 없다. 우리의 학문적·경제적 구조는 자본주의적 보상을 따르며 무언가 잘못되었음을 알아차려도 이를 숨기고, 천천히 깊게 생각해야 하는 연구보다는 빠르고 피상적인 연구를 선호한다. 이러한 구조에서 약간의 권력을 얻은 사람들은 방관한 대가로 보상을 받는다.

나는 물리학계에서 경력을 쌓으려고 애쓰는 동시에 자주 발생하는 실존적 문제를 해결하려고 노력한다. 과거부터 현재까

1 이 책은 물리학계의 다양성과 포용성을 다룬 내 첫 대중 글쓰기 작업에 영향을 주었다. 이 글은 2006년 동료 이론물리학자이자 과학 커뮤니케이터 션 캐럴Sean Carroll의 블로그에 게시되었다. 이 글에서 나는 물리학에서 다양한 아이디어를 억압한다는 논의는 아주 많지만 소외된 사람들을 억압한다는 논의는 많이 이루어지지 않고 있다고 지적했다

지 지속되었고, 사실상 미래에도 이어질(아니, 더 심해질) 식민주의와 백인우월주의를 인정하지 않는 사회를 어떻게 바꿀 수 있을지 잘 모르겠다. 아메리카 원주민인 라코타족 여성과 흑인 여성에게서 30미터망원경과 같은 실험에 관한 학계의 담론이 원주민에게 상처를 주고 있다는 말을 들어도 "잠깐만요. 지금 하는 일을 다시 한번 생각해봅시다. 적어도 지금 우리가 말하는 방식이 어떤지, 우리가 사용하고 있는 단어가 다른 구성원에게 어떻게 들릴지 고민해봅시다"라고 말하는 사람이 별로 없는 사회도 마찬가지다. 또한 원주민 학생이 인종차별적 이메일에 용감하게 맞서도 동급생에게서 인종차별 반대 입장이 당혹스럽다는 말만 듣게 되는 사회 역시 어떻게 바꾸어야 할지 알 수가 없다.

현대 사회에서는 항상 "반흑인 정서 타파"라는 명확한 언어를 사용하기보다 "다양성diversity"이나 "포용성inclusion"이라는 단어를 사용하기를 좋아한다. 법학자 조너선 칸Jonathan Kahn은 자신의 저서 《머릿속의 인종: 암묵적 편견에서 비롯한 인종 평등 투쟁에 대한 오해Race on the Brain: What Implicit Bias Gets Wrong About the Struggle for Racial Justice》에서 사회적 약자 우대 정책, 인종차별주의, 다양성, 암묵적 편견을 다룬 40년간의 문헌에 대해 유용한 골자를 추려냈다. 칸은 암묵적 편견이 인지심리학계와 법조계의 과학 만능주의에 힘입어 미국 백인우월주의의 고유한 역사보다 '다양성'이라는 가치에 초점을 맞추는 미국 인종 관계의 핵심 서사가 되었다는 설득력 있는 주장을 했다.

내가 칸의 책을 읽으면서 깨달은 바는 인종에 대한 법적·사회적 판단과 수많은 사람을 노예로 삼고 살해해왔던 미국의 역사를 분리하면, 마치 이전에 발생한 모든 사건은 관련 없다는 듯이 현재 일어나는 인종 문제만 이야기할 수 있다는 것이다. 어떤 사람들은 구조적 인종차별의 역사가 흑인 아이의 인생 궤도에 얼마나 큰 영향을 미치는지 살펴보기보다 특정한 '마이크로어그레션'이 진짜 인종차별주의의 사례인지 아닌지 판단하는 데만 관심이 있다. 이런 맥락에서 편견이 실제로 존재했는지 알아볼 때 편견을 가진 사람의 의도만 고려하게 된다. 그러나 강제 노역과 대량 학살의 역사가 중요하다면 이러한 역사적 현상의 시작부터 현재까지의 모든 기간이 중요하며, 편견이 실제로 존재했는지 살펴볼 때 역사 속 편견의 피해자들이 받은 영향이 가장 중요해진다.

대신 과학에서는 역사적 맥락이나 영향보다 의도가 더 중요하다는 견해를 전적으로 수용했다. 이러한 견해에서는 피해자의 감정이 항상 2순위로 밀려나기 때문에 완전히 비인간적이다. 나는 구성원의 인간성을 조금도 고려하지 않는 사회를 받아들이기가 힘들다. 자신들이 생각하는 '공정성'에 우리를 맞추도록 요구하고 있다는 사실을 모르고 있는 사람들로 가득한 사회에서 내가 살아남을 수 있을지도 잘 모르겠다. 아마 더 심각한 문제는 이 사람들이 의식적으로 우리에게 동화하라고 요구하면서 이를 윤리적이라고 생각한다는 사실일 것이다. '과학을 위해' 다양성을 중시하지만 타인의 기본적인 인간성을 존중하기 위한 동등한 기회는 고려하지 않는 사회에서 일한다면 부정적이고 비인간적인 경험을 하게 될 것이다. 즉 나 같은 사람들이 가치 있는 지적 자본을 제공하지 못하면 사회에서 우리를 부당하게 대우해도 괜찮다고 생각한다는 뜻이다.

이런 맥락에서 많은 사람이 물리학계를 공감이 결핍된 사회적 환경, 즉 놀랍게도 내가 일할 때만이 아니라 온종일 내가 대면하고 영향을 받는 인종차별, 성차별, 동성애 혐오, 계급차별에 보통 무관심한 사람들이 가득한 환경으로 여기는 것은 그리 놀랍지 않다. 우리가 받은 교육에서는 아무도 다른 사고방식이나 다른 존재 양식을 가르쳐주지 않았다. 게다가 모든 일은 내 신체가 이상적인 기계처럼 작동할 것이라는 가정 아래 이루어진다. 이 직종에서 내 만성 통증과 씨름하는 일은 시스템의 탄력성을 요구하는 신체적·정신적 다양성 스펙트럼의 한 종류가 아니라 애로 사항으로 취급된다. 우리는 배타적이고 때로는 물리적으로 폭력적인 현상을 유지하려고 상당히 노력하는 환경에서 살아가며 일한다. 세계에서 가장 유명한 학과에 세 명의 성희롱 가해자가 있기도 하고, 하비 와인스틴Harvey Weinstein 사건보다 앞서 언론이 주목하기 전 수십 년 동안 계속 그런 일이 일어났던 이 직장에서 내가 어떻게 평온할 수 있겠는가? 교수진은 아무것도 몰랐다거나 할 수 있는 일이 없었다고 주장했다. 아무도 책임지지 않았다.

나는 인플레이션과 액시온 연구가 왜 흥미로운지 머리로는 알고 있지만, 내가 좋아하는 연구를 공유해야 하는 학계에서 숨쉬기 어렵다는 혼란스러운 감정에 신물이 났다. 나는 감정이 없는 기계가 아니라 인간이기 때문에 과학을 하면서 자연스럽게 이 두 감정을 모두 느꼈다. 물리천문학계는 과학이 수학적 절차이면서도 인간의 사회적 기업과 같다는 이중적 현실을 인정하지 않기 때문에 백인을 포함하여 많은 사람을 잃고 있다. 나 같은 사람은 자신보다 앞선 과정에 있는 극소수의 흑인이 학계에서 사라지는 모습을 지켜보지만, 많은 동료는 이러한 상황을 고려하려 하지 않는다. 우리가 많은 사람을 잃은 이유는 역사에서 목화밭, 눈물로 얼룩진 길, 위험한 길모퉁이, 감옥으로 쫓겨나거나 공권력이나 자경단의 손에 죽임을 당한 사회 구성원 출신인 우리에게 승리와 기쁨, 즐거움의 순간이 너무 적기 때문이었다.

부당한 사회에서는 우주의 경이로움을 알아차리기 어려울 수 있다. 그러나 나를 보시라. 물리학자의 직업 세계는 매력적이지 않을 수 있지만, 내게 양자장이론은 여전히 너무나 매력적이다. 매년 나는 입자물리학을 처음 배우는 것 같은 느낌이 들고, 그럴 때마다 여전히 놀랍다. 시공간은 여전히 휘어 있다. 나는 그 사실을 아는 전문가들이 저지른 모든 끔찍한 행동을 목격하고 소름이 끼치지만, 여전히 그 사실 자체에 매료된다. 그리고 나는 이 시공간의 특정한 사회 형태에 머무른다는 것이 어떤 의미인지 생각해보아야 했다. 나를 비롯한 수많은 사람은 여전히 방해받지 않고 언제나 과학을 즐길 수 있기를 바란다. 따라서 변화를 실행할 수 있는 힘이 있는 모든 사람, 즉 사회적 자본이 풍부하고 상대적 고용 안정성이 높은 사람들이 학계를 바꾸어야 한다. 그러기 위해 나는 모든 면에서 급하게 일을 처리하지 않으려 하고, 공개적으로 목소리를 내기 두려워하는 학생들의 걱정을 조용히 다독이면서도 학생들이 듣는 공격적인 말에 공개적으로 대응하며, 학생들에게 그 공격적인 말은 사실이 아니라 변화를 피하고 멈추려고 애쓰는 사람들이 꺼낸 패일 뿐이라고 알려주고 있다.

내가 이 모든 일에 능하다고 해서 기분이 상하지 않는다는 뜻은 아니다. 그보다 더하다. 매우 아프다. 나는 일하는 데 쓸 수 있는 시간 중 일부를 우리 공동체를 보호하는 데 쓴다. 정말 많은 사람이 이런 나를 보고 더 이기적으로 살라고 말한다. 하지만 그런 결정이 어떤 의미인지 상상이나 할까? 바로 이렇게 생각하는 것과 마찬가지다. "나는 나 같은 사람들을 도울 수 있고 내가 보호받지 못했던 나쁜 경험으로부터 그들을 보호해줄 수도 있겠지만, 그러지 않을 거야!" 나는 밤에 잠자리에 들면서 보람을 느끼고 싶었다. 소외받는 타인의 고통을 이기적으로 무시하는 행태는 내가 추구하는 신념과는 거리가 멀다. 그러나 동시에 나는 혼자였기 때문에 점점 결정을 내리기가 어려워졌고 모든 문제를 책임질 수도 없었다. 물리적으로 불가능했다.

나는 여전히 수학을 좋아하고 매력적인 우주의 이야기를 만드는 데 필요한 수학의 가능성을 믿는다. 구구단을 배운 지 30년이 지난 지금도 여전히 신기하다. 수학을 활용해서 우주 자체의 역사를 이해하고 설명할 수 있다는 사실은 여전히 내 가슴을 뛰게 한다. 그리고 나는 어린아이들이 피부색, 젠더 정체성, 성 정체성, 민족, 성적 지향, 로맨틱 지향, 장애 여부, 종교와 상관없이 모두 이 우주에 한발 다가가 우주를 즐기고 우주에서 기쁨을 찾기를 바란다. 물론 나 역시 그러기를 바란다. 우리의 삶과 숨 쉬는 능력은 육체적으로만이 아니라 지적·정신적으로도 중요할까? 수백 년 동안 과학계는 이성애자이자 시스젠더이며 장애가 없는 백인 남성에게만 우주의 지식에 접근할 권리를 부여하면서 조직되었고, 그사이 많은 시간 동안 그 지식은 나 같은 사람에게 적대적인 방향으로 사용되었다. 하지만 나는 우주가 그런 백인 남성만의 것이라고 생각하지 않는다. 나는 인간이라는 종의 가장 큰 장점 중 하나가 우리의 기원을 설명하는 이야기를 하나로 엮으려는 문화를 초월한 욕구에 있다는 칼 세이건의 인본주의적 믿음에 동의한다. 소외받던 사람들이 더 이상 소외받지 않고 사회에서 지지를 받으며 공부하고 일할 수 있다면 무슨 일을 할 수 있을지 상상해보라.

내가 바로 그 산 증인이다. 제이미 밸런타인 밀러Jami Valentine Miller가 작성한 아프리카계 미국인 여성 물리학 종사자 목록에 따르면, 나는 물리학과에서 대략 50번째로 박사학위를 받은 흑인 미국 여성으로, 여전히 부끄럽기는 하지만 좋게 봐주면 B 마이너스의 평균 학점으로 학부를 졸업한 이론입자물리학자이자 우주론 학자이다. 이 모든 과정에서 끔찍하고 때로는 폭력적이기까지 했던 학계에 대해 어떤 감정을 느꼈는지 떠올리면 기분이 이상해진다. 그사이 사람들은 브루클린과 러레이도의 차디찬 감옥에 갇혔고, 아이들은 국토안보부와 보건사회복지부의 부패한 한 부서(다른 부서에서는 여전히 중요한 인명구조 활동을 하고 있다)의 잘못으로 실종되었다. 여러 면에서 나는 매우 성공적인 지표를 보여주는 삶을 살고 있다. 나는 어머니가 나를 키우면서 쓴 돈보다 훨씬 더 많은 돈을 벌고 있으며, 언론은 나를 과학의 면모를 바꾸고 있는 흑인 여성으로 주목하고 있다. 물리학계에서 흑인 여성은 흑인 남성보다 두 배 적으며, 전체 흑인은 백인보다 내가 계산할 수 없을 정도로 적다. 이 분야에서 내 존재는 무너진 장벽을 의미하며, 태어나기 훨씬 전부터 선조들이 노력했다는 사실을 알고 있음에도 내 손으로 직접 그 장벽을 무너뜨렸다는 생각을 종종 한다.

이 아프리카 선조들은 대서양 중간항로를 지나던 중에, 혹은 그 전후에 부모 형제와 강제로 생이별을 했다. 자유를 찾은 후에도 가족은 뿔뿔이 흩어졌다. 소저너 트루스는 자유를 찾아 떠날 때 아이들 대부분을 뒤에 남겨두어야 했다. 해리엇 터브먼은 천문학 지식을 활용하여 호리병박 모양의 별자리(과학자들이 북두칠성이라고 부르는 별의 무리)를 따라 사람들을 자유의 길로 이끌기 위해 메이슨딕슨선Mason-Dixon Line(미국 남북전쟁 이전 노예제가 있는 주와 없는 주를 나누던 남북 경계선—옮긴이) 남쪽에서 위험한 이동을 했으며, 굳이 말하지 않아도 그 과정에서 한 번은 자신의 가족을 탈출시켰을 것이다. 오늘날에도 아이들과 그 부모들은 해리엇 터브먼이 길을 찾기 위해 사용했던 별 아래에서 끝없이 걸어나가며 폭력을 피할 은신처와 자유를 찾고 있다. 이 흑인, 원주민, 미국 중부의 백인 난민들이 직면한 폭력은 역사 속에서 재산으로 취급되었던 노예와는 양상이 다르지만, 맨발로 모든 수단을 동원해서 죽기 살기로 달린다는 점은 다르지 않다. 내가 직업상 매일 생각하는 천체의 구조와 똑같은 하늘 아래에서 사람들이 목숨을 걸고 달리고 있다는 사실을 말하지 않고서는 밤하늘의 경이로움을 말할 수 없다. 흑인 유대인으로서 내 존재의 세포 하나하나에 독일인들이 똑같이 저질렀던 일들이 새겨져 있기 때문에 우리가 개입하지 않았을 때 이 이야기의 결말이 어떻게 될지 상상하고 싶지 않다.

나 개인이 성공했다고 해서 수많은 흑인과 난민, 특히 미혼모와 그 자녀들, 트랜스젠더를 빈곤에 빠뜨리는 구조적 인종차별이 없어지지는 않을 것이다. 또한 나는 흑인 여성 친화적인 대학이나 직장이 없다고 생각하며, 자본주의가 우리의 사회적 관계를 설정하는 한 계속 그럴 것이다. 나는 이 상황을 바꿀 수 있다고 믿지만, 그러려면 내 친구 키스 레이먼Kiese Laymon이 주장하듯 사람들이 '행동'을 취할 준비가 되어 있어야 한다. 이 '행동'은 직장에만 국한된 것이 아니라 더 넓은 세상에까지 나아가야 한다. 인종차별에서 비롯한 빈곤이 우리 사회에 계속 존재하는 한, 물리학이나 천문학과 같은 학계는 그대로 엉망으로 남을 것이다.

그러나 여기에 자유를 향한 흑인 과학자의 꿈과 같은 다른 가능성도 있다. 과학에 대한 접근성을 확대하자는 주장은 비인간적으로 취급받은 사람들 중 비범한 사람들의 이름으로 제기되는 경우가 너무 많다. 과학자들과 정책 입안자들은 다음과 같은 질문에 초점을 맞춘다. "그 난민 아이에게 기회를 주면 암흑물질

문제를 해결할 수 있을까?" 이러한 관점은 궁극적으로 난민 아동이 미국의 지식 경제에 어떤 가치가 있는지를 묻는 것이며, 이는 노예제의 논리와 너무 유사하다. 우리는 이러한 체계를 반드시 거부하고 사람들이 목숨을 걸고 도망치게 만드는 환경을 제거하는 데 힘을 쏟아야 한다. 동시에 우리는 국경이라는 개념에 대한 집단적 투자에 의문을 제기해야 하고, 미국과 팔레스타인에 있는 것과 같은 장벽의 의미를 완전히 부정해야 한다. 인간의 권리는 단순히 음식, 물, 주거지, 보건, 법 아래의 평등에서 오는 것이 아니다. 어두운 밤하늘에 접근하고 우주를 있는 그대로 보며 영감을 받는 행위는 선택된 소수가 누리는 사치가 아니라 인권이어야 한다. 자유를 향해 절박하고 위험하게 탐구해야 하는 곳이 아니라 우리 존재의 근원에 대한 답을 품고 있는 아름다운 곳으로서 밤하늘을 알고 이해할 권리를 포함한 모두의 인권을 요구해야 한다.

9장

반가부장적 에이젠더

입자는 그 자체로 논바이너리이다.

– 암누 알카디Amrou Al-Kadhi

입자에는 성별이 없지만, 앞서 잠깐 언급했듯이 입자는 실제로 양자 이전의 개념이 지배하던 세계에서 예측되던 이분법을 따르지 않는다. 21세기 초 양자물리학은 물리학자들이 세계를 바라보는 방식을 완전히 바꾸어 놓았다. 양자물리학이 물리학적 사고에서 일으킨 상전이를 직관적으로 이해하려면 잘 알려진 이중슬릿 실험을 살펴보는 것이 가장 좋다. 이 실험에서는 2개의 슬릿이 있는 금속판을 벽에서 약간 떨어진 곳에 설치한다. 이 판에 레이저처럼 한 점으로 모이는 광선을 비추거나 전자와 같은 소립자를 연속적으로 발사한다. 우리는 빛을 바다에서 해변을 향해 다가오는 파도처럼 공간에서 일렁이는 파동으로 인식한다. 벽에서 보이는 빛의 패턴은 마치 파도가 2개의 슬릿을 통해 나뉘어 통과하듯이 파도에서 예상하는 바와 같은 형태를 보인다. 그러나 아주 가까이 확대하면 마치 파동이 아닌 개별 입자가 때린 것처럼 벽에서 개별적이고 불연속적인 점을 볼 수 있다.

전통적으로 물리학자들이 작은 점과 같이 여겼던 전자선을 사용해도 벽에서 보이는 패턴의 형태는 비슷하게 보인다. 이는 전자를 입자가 아니라 파동으로 보았을 때 예측되는 바와 같다. 패턴을 보면 각각의 전자가 두 슬릿을 통과한 것처럼 보이지만, 개별 입자라면 불가능한 이야기이다. 더 이상하게도 두 경우 모두 각 슬릿에 감지기를 부착하여 무엇이 통과했는지 살펴보면, 슬릿에서는 개별 입자가 감지되며, 벽에서 보이는 형태는 감지기를 붙이지 않았을 때와 완전히 다르다. 대체 어떻게 된 걸까? 빛은 광자라고 불리는 입자로 이루어져 있고 전자를 포함한 모든 입자는 파동과 같은 성질을 띤다는 사실이 밝혀졌다. 또한 앞서 얘기했듯이 감지기를 부착하는 것처럼 입자를 관측하는 행위를 하면, 관측 이후로 입자는 다른 움직임을 보인다.

입자의 이러한 흥미로운 특징을 발견한 이후로, 물리학자들은 100년 넘게 물리적 결과를 해석하는 이론을 세심하게 발전시켰다. 이렇게 100년 동안 연구한 결과 모든 물리학, 천문학 전공 학부생이 배우는 핵심 과목인 양자역학이 탄생했다. 이 책의 1장과 2장에서 설명한 과학을 뒷받침하는 양자장이론과 입자물리학의 전반적인 표준모형 역시 이러한 노력의 결과이다. 우리는 양자역학이라는 도구를 개발한 덕분에 별과 우주에서 벌어지는 여러 현상을 이해할 수 있게 되었다.

한편 이중슬릿 실험 결과를 해석하는 방법은 아직 논쟁 중이고, 여기에 대한 연구는 비록 제한적이지만 여전히 연구비를 지원받고 있다. 고체물리학은 물질에 대한 양자적 이해에 기반을 둔 분야로 발전하여 현대의 컴퓨터와 스마트폰의 많은 요소를 제공했다. 요즘 양자 정보 과학은 새로운 유망 분야이며 입자물리학에 배정되던 연방정부의 예산 중 상당 부분을 잠식하고 있다. 양자역학은 기이한 데다 세계를 바라보는 전통적인 뉴턴식 관점에 익숙한 우리에게 전혀 직관적이지 않지만, 인류라는 종으로서 우리는 그 연구에 전념했다. 우리는 전자와 같은 입자가 단순히 점 같은 물질도 아니고 파동도 아니라는 사실을 직관적으로 받아들이려 애쓴다. 영국의 이라크계 드랙퀸 암로우 알카디Amrou Al-Kadhi가 영국의 방송국 채널4Channel 4에서 설명했듯이 입자는 논바이너리이다.

그러나 과학자들은 트랜스젠더나 논바이너리 젠더 정체성의 횡포에 대한 장광설을 늘어놓으며 학생들에게 올바른 인칭대명사를 사용하지 않으려 한다. 내가 이 장을 알카디의 말로 시작한 이유는 이 말이 특히 물리학자에게서 나오면 얼마나 심각한 문제인지 정확히 보여주기 때문이다. 우리는 입자의 '논바이너리'적 이해에 근거한 책 한 권 분량의 양자장이론 계산은 할 수 있어도, 누군가의 이름을 익히려고 몇 단어를 더 배우거나 우리의 분류 체계가 사회의 기대에 어긋난다는 사실은 인정하지 못한다.

어떤 의미에서 나는 우리가 어떻게 여기에 도달했는지 알고 있다. 과학계에서 젠더로 나뉘는 경험에 관한 대화는 젠더 이론과 완전히 동떨어져 있다. 과학자는 여성주의에 관한 문헌을 그다지 읽지 않는다. '소칼Sokal 사건'이라는 한 사례에서, 일부 과학자들은 잘못된 연구도 저명한 학술지의 동료 심사를 통과할 수 있다는 사실을 증명하려고 여성주의 이론에서 개발된 언어와 관련한 가짜 논문을 문화학 학술지에 보내 학문으로서 젠더학과 기타 문화학 연구 분야를 공격하면서 유명해졌다. 양자역학이 젠더 정체성의 복잡성을 가장 그럴듯하게 비유적으로 설명하는 도구가 될 수 있는데도 물리학자들은 여전히 다양한 방식으로 지식을 쌓을 수 있다는 사실을 인정하려 하지 않는다. 예를 들어 여성주의 이론은 우리가 과학 연구를 할 때 일어나는 일들을 더 잘 이해할 수 있게 해준다. 또한 너무 많은 물리학자들이《우주의 중간에서 만나기》라는 책에서 젠더학과 양자역학의 상호 관계를 설명한 캐런 배러드 같은 이론가의 연구를 무시한다.

실제로 나는 배러드의 연구를 물리학이 아니라 내가 흑인 여성으로서 겪은 일을 생각하는 데 많은 시간을 쏟는 흑인 여성 과학·기술·사회학 연구에서 처음 보았다. 나는 흑인 여성 이외의 물리학자들이 학계 내 흑인 여성의 경험을 얼마나 귀담아듣지 않는지 생각하면서 물리학계에 편견이 얼마나 깊이 뿌리박혀 있는지 깨닫게 되었다. 동료들은 마이크로어그레션이 사실 성차별이나 인종차별과 관련된 구조적 문제를 반영한다는 사실을 즉각적으로 부인하면서 우리 주변의 인종, 성별, 젠더 역학을 판단하는 우리의 능력에 의문을 제기한다. 우리는 이러한 행동을 흑인 여성에게 미치는 영향, 특히 흑인 여성이 물리학계에 참여하는 데 미치는 영향의 관점에서 생각하는 경향이 있다. 우리는 이러한 행동으로 인해 여성이 과학을 하는 데 정신적인 피해를 입는다고 항의하며, 여성이 소외되지 않았으면 어떤 과학을 할 수 있었을지 의문을 제기한다.

수년이 지나고 내가 도달한 결론은 흑인 여성이 받는 대우를 통해 과학계의 일반적인 관행에 관해 많은 것을 알 수 있으며, 그 관행이 심각하게 잘못되었다는 사실이었다. 내가 여성주의 학술지《사인: 여성 문화사회 학술지Signs: Journal of Women in Culture and Society》에 기고한 논문에서 만든 개념인 '백인경험주의white empiricism'는 현실 세계에 관한 정보는 물리학계 전반에서 무의미하다거나 특별히 중요하지 않다고 여겨지고 무시되는 반면 백인 남성이 만든 개념과 데이터에는 의미를 부여하는 관행이다. 나는 논문에서 이 주장을 뒷받침하기 위해 흑인 여성이 과학계의 직장에서 받는 대우에 관한 구체적인 예를 들면서 양자중력이론을 검증하기 위한 실제 관찰과 실험의 필요성에 관한 논쟁을 병치했다. 흑인 여성은 자신이 아주 일상적으로 겪는 차별의 진위 여부를 판단할 확실한 증거를 제공하라는 압박을 받지만, 백인 남성은 자신의 양자중력이론을 검증하기 위해 더 확실한 데이터가 필요 없다는 주장을 해도 진지하게 받아들여진다. 다시 말해, 흑인 여성이 물리학계에서 대우받는 방식은 모든 여성과 성소수자에게 탄광의 카나리아와 같다.

경험주의는 과학 방법론의 이념적 전제로, 세계에 관한 유의미한 정보가 시각, 촉각, 후각, 청각, 미각과 같은 인간의 감각으로 수렴된다는 개념이다. 실험은 경험적 활동이다. 나는 실험이 정보를 수집하는 훌륭한 방법이라고 생각한다. 그러나 문제는 사회적 비대칭성, 즉 차이 때문에 모든 사람이 똑같은 감각을 느낄 수 없어 모든 경험 데이터에 동등하게 접근할 수 없다는 점이고, 알렉시스 쇼트웰Alexis Shotwell이 《반대로 알기: 인종, 성별, 암묵적 이해Knowing Otherwise: Race, Gender, and Implicit Understanding》에서 논의했듯이 경험과 전혀 무관하게 지식을 쌓는 방법도 존재한다. 백인은 일인칭 시점에서 흑인이 된다는 느낌이 무엇인지 절대 알 수 없다. 이 일인칭 시점, 즉 개인의 관점은 개인적으로 어떤 데이터를 감지할 수 있는지에 영향을 준다. 아마 이런 관점은 물리학과 별 관련이 없다고 여겨질 수도 있다. 만유인력의 법칙은 피부에 멜라닌이 많든 적든 누군가의 판단과는 관련이 없기 때문이다. 그러나 물리학은 특정 문제의 가치를 지속적으로 평가하여 누구의 해결 방법이 최선인지 선택하는 인간 사회의 협력으로 발전한다는 점을 간과해서는 안 된다.

예를 들어 물리학적 지식의 한계에 다다른 분야를 연구하는 한 흑인 여성이 신선하지만 논쟁의 여지가 있는 아이디어를 떠올렸다고 가정해보자. 이 여성의 아이디어는 백인 남성이 똑같은 아이디어를 꺼냈을 때처럼 진지하게 받아들여질까? 흑인 여성의 전문성이 의심받는 상황에서 우리가 집단 지식에 기여할 수 있는 능력은 근본적으로 위험에 처해 있다. 동시에 경험주의가 자신이 가장 선호하는 양자중력이론을 뒷받침하지 않기 때문에 이제 올바른 과학적 기준이 아니라고 주장하는 끈이론 분야의 백인 남성이 하는 발언은 진지하게 받아들여지고 자신의 아이디어에 내포한 의미를 연구할 기회가 주어진다. 이는 백인경험주의의 한 측면이며, 여기에서 흑인여성혐오mysogynoir는 과학계에서 어떤 개념이 진지하게 받아들여지는지를 결정한다. 흑인여성혐오는 모야 베일리Moya Bailey가 만들고 트루디Trudy가 더 구체화한 용어로, 흑인 여성을 대상으로 하는 백인우월주의 가부장제의 구체적 관행을 의미한다. 백인 남성은 경험주의에 전적으로 이의를 제기할 수 있지만, 흑인 여성은 경험주의를 제대로 실천했는지 의심받는다. 다시 말하면 백인우월주의는 과학에서 반지성, 반경험주의의 형태로 작동한다.

어떤 사람의 증언이 중요하게 받아들여지지 않는다는 사실은 증언을 그 자체로 판단한다기보다 증언이 누구에게서 나왔는지에 따라 판단한다는 것을 의미한다. 일부러 반대하기를 좋아하는 사람은 증거에 대한 평가가 원래 그 증거를 제시한 사람의 신뢰 수준에 달려 있으며 이런 판단이 본질적으로 나쁘지 않다고 주장할 수도 있다. 그러나 알다시피 흑인에 대한 근본적인 의심은 굉장히 위험하고 근본적으로 인종차별적이며, 마찬가지로 흑인이 아닌 트랜스젠더나 젠더퀴어genderqueer(이분법적인 성별 구분에서 벗어난 성 정체성을 지닌 사람—옮긴이)를 의심의 눈초리로 바라보는 것 또한 본질적으로 옳지 않다. 주어진 정체성에 기반해 판단한다고 할 때, 제공자 때문에 그 정보가 더 의심스럽다는 생각은 굉장히 위험하다.

나는 남성이 사회적·정치적·신체적으로 우세한 계급으로 여겨지는 체제인 가부장제를 종합적 체계total system라고 지칭한다. 삶의 모든 것을 건드려 변화시키고 궁극적으로는 왜곡하기 때문이다. 나는 성차별을 경험했던 어린 소녀 시절에도, 역시 성차별에 맞서 투쟁하던 젊은 여성이 되어서도 이 체계를 인지하지 못했다. 나는 여성에 대한 편견이 백인우월주의와 유사하면서 그와 얽혀 있는 종합적 체계에 뿌리를 두고 있다는 사실을 알지 못했다. 이 체계는 내가 똑바로 서 있으려고 노력했던 멜리사 해리스페리Melissa Harris-Perry의 "기울어진 방"을 만들어낸다.

이 체계의 발전은 17세기 영국의 철학자이자 의사인 존 로크John Locke의 사상에서 비롯했다. 이매니 페리는《문제적 사건: 젠더와 해방》에서 어떻게 역사적으로 '인간'이라는 개념이 여성보다는 남성과 관련하여 구체화되었는지 다음과 같이 설명한다. "로크는 '인간'이 재산 관계로 구성된다고 주장했다. … 로크의 정의는 주권에 따른 관계였다. 유럽인이 전 세계를 다니게 되면서, 주권은 유럽인들에게 사실상 정복의 권리이기도 한 재산 관계의 권리를 부여했다." 다시 말해, 인간이라는 개념은 남성을 위한 '명백한 운명Manifest Destiny(서부 개척 시대 미국의 영토 확장론—옮긴이)'의 초기 형태와 얽혀 있다. 미국과 캐나다를 건국한 유럽인의 관점에서는 재산이 있는 유럽인이 인간이며, 유럽인이나 유럽인으로 구성된 국가는 손에 넣을 수 있는 모든 재산에 대한 법적인 권리가 있다. 가부장제는 단순히 여성에 대한 차별이 아니라 (백인) 남성이 타인의 권리를 결정하는 능력이나 심지어 백인경험주의와 같이 진실을 밝히려 할 때 증거가 필요한 시기를 결정하는 능력을 포함해 모든 것을 소유할 수 있다고 보는 종합적 체계이다.

책에서 가부장제를 접하기도 했지만, 내가 가부장제에서 종합적 체계의 작동 방식을 구체적으로 알 수 있었던 계기는 흑인 여성이자 에이젠더인 나 자신의 경험 때문이다. 나는 그 이유를 가장 좋아하고 인기 있는 SF 세계관 작품인 〈스타트렉Star Trek〉의 관점에서 생각해보곤 한다. '보이저'와 '엔터프라이즈' 시리즈에는 양자 효과로 우주선과 일부 구성원이 나머지 시공간과 '위상이 어긋나게' 되는 에피소드가 있다. '엔터프라이즈' 시리즈의 '소실점'이라는 에피소드에서 호시 사토 소위(우주선 통신장교)는 스타트렉의 상징적인 순간 이동 장치인 트랜스포터 때문에 사고를 당한다. 엔터프라이즈의 배경은 인간이 처음으로 광속 여행을 할 수 있는 능력을 개발한 직후이기 때문에 트랜스포터 기술도 사용 초기 단계이다. 스포일러에 주의해서 얘기하자면, 사토는 통신 책임자 입장에서 개인적으로 지옥임에 틀림없는 곳에 빠져 우주선의 모든 사람에게 연락을 시도하지만, 우주선의 나머지 부분과 동기화되지 않은 양자 위상에 갇혀 통신을 할 수 없게 된다.

'소실점' 에피소드는 한국계 미국인 여배우 린다 박Linda Park이 기량을 발휘할 기회가 얼마나 적었는지 느껴지기도 하고, 대부분의 흑인 여성과 성소수자에게 자신이 완전히 보이지도 들리지도 않는 상황이 그려지는 고문이나 다름 없기 때문에 시청하기 힘든 에피소드이기도 하다. 그러나 여기에서 흥미로운 점은 위상이 어긋나면서 사토가 다른 누구도 얻지 못한 우주선 운행과 대원들의 삶에 대한 전체적인 통찰력을 얻었다는 것이다. 사토만이 조너선 아처 함장이 반려견 포르토스와 함께 있을 때 어떤 모습인지 알게 된다. 단어를 매우 신중히 선택하자면, 사토는 우주선에서 고유한 '입장standpoint'을 취한다. 여성주의 이론이 과학에 대한 이해에 크게 기여한 바는 입장론을 발전시킨 것이다. 여기에서 입장론이란 다른 사회적 위치에서는 놓칠 수 있지만, 특정 사회적 위치에서만 현상을 이해하는 고유한 통찰력을 얻는다는 이론이다.

이는 에이젠더 여성이 된다는 것이 무슨 의미인지 이해하기 위한 내 여정과 같다. 나는 내가 랠프 데라로사Ralph De La Rosa의 개념 "성 이탈자gender droupout"에 해당한다는 사실을 인지하지 못하고 성별 이분법에 잘 들어맞는다고 계속 믿었다면 절대 고려하지 않았을 관점에서 가부장제를 바라볼 수밖에 없었다. 젠더 이분법에 해당하는 전통적인 관계를 유지하려면 사회에서 규정한 나를 무비판적으로 수용해야 했다. 이 또한 가부장제의 전형적인 특징이며, 심지어 시스젠더 여성조차 이해할 수 있을 것이다. 가부장제에서는 특정한 사람이 되기를 요구한다. 즉 우리 모두 태어날 때의 성기, 간성intersex(남녀 성기가 같이 있는 사람—옮긴이)인 경우에는 선택된 성기를 바탕으로 사회에서 규정한 성별과 젠더를 받아들여야 한다고 주장한다. 또한 소년은 남을 지배하는 남성으로, 소녀는 조신한 여성으로 자라야 한다고 말한다.

자키야 이만 잭슨Zakiyyah Iman Jackson이 자신의 저서《인간이 된다는 것: 반흑인 세계의 물질과 의미Becoming Human: Matter and Meaning in a Antiblack World》에서 언급했듯이, "흑인의 여성성은 동떨어진 젠더 또는 '다른' 성으로 여겨진다." 사실 트랜스젠더, 더 일반적으로는 특정 젠더의 정체성에 관한 서구 담론의 문제점 중 하나는 젠더와 성별을 분류하고 세상에 존재하는 젠더와 성별의 수를 가늠할 때 전통적인 서구 사상의 틀에 중심을 두고 있다는 점이다. 백인우월주의와 정착형 식민주의의 대상이었던 우리에게 서구 담론은 불완전하며 장애물이 될 수 있다. 백인다움은 나 같은 사람들이 자신의 성별과 성 정체성을 이해하는 데 밀접한 역할을 한다. 마키 베이Marquis Bey가《무정부주의적 흑인다움: 흑인 무정부주의에 대하여Anarcho-Blackness: Notes Toward Black Anarchism》에서 지적했듯이, "젠더 이분법은 자본주의가 젠더로 나뉜 노동을 분열시키고 평가 절하하는 과정의 일부이자 본질이다."

에이젠더라고 커밍아웃했을 때 나는 당연히 '에이젠더'의 경험은 수많은 트랜스젠더들의 경험과 다르다고 생각했고, 그런 이유로 나는 주변부로 밀려난 기분이었지만 '트랜스젠더'라는 포괄적 정체성 아래로 들어가기를 망설였다. 나는 커밍아웃을 한 후 수많은 의문이 생겼고, 지금도 마찬가지다. 트랜스젠더나 그와 유사한 성 정체성을 지니면 누구나 그럴 것이다. 성별을 구분하는 대명사gendered pronouns로 불려도 아무렇지 않다면 진짜 에이젠더가 맞을까? 내가 계속 여성의 모습으로 살아간다면 내게 젠더가 있다는 의미가 아닐까? 다른 사람들은 성 정체성이 뚜렷하지만 나는 내 성 정체성을 모른다. 나는 뚜렷한 성 정체성이 양자 스핀 같다고 생각한다. 내적으로 성 정체성 감각이 있거나 없는 상태를 스핀 값이 0보다 크거나 작은 상태로 비유할 수 있다. 물론 이러한 비유는 부정확하다. 젠더와 성에 대한 이해는 늘 유동적이기 때문에 스스로 내 정체성을 표현하는 방식도 시간이 지나면서 변할 것이라고 생각한다. 그러나 일단 지금은 이렇다. 나는 성별이 없지만 일상적으로 타인에게서 성별이 주어진다. 다른 사람들이 생각하는 내 성별과 내면에서 느끼는 내 성별에는 거리가 있다. 내가 잠재의식에서 느끼는 성별은 신체적으로나 사회적으로 느끼는 성별과 일치하지 않는다. 대부분 사회에서는 나를 여성으로 보지만, 내가 여자 화장실에 있으면 의심을 품기도 한다.

동시에 내가 20대 초반이었을 무렵, 어떤 이유로 내가 여성이 되었는지 자문했던 것을 뚜렷이 기억한다. 이 질문은 일반적으로 백인 여성에 초점을 맞춘 과학계의 성차별을 다룬 담론에서 비롯했다. 오랫동안 나는 이 담론에서 불편함을 느낀 이유가 오로지 인종을 무시했기 때문이라고 생각했다. 그러나 나는 가부장제를 논할 때 여성, 보통 시스젠더 여성만 언급하는 데서 불편함을 느꼈다. 트랜스젠더 남녀, 복잡한 성 정체성을 지닌 남녀, 논바이너리의 존재는 젠더, 성별, 과학에 관한 논의에서 완전히 지워졌다. 트랜스여성, 트랜스남성, 성별 이분법에서 벗어난 사람들이 논의에 등장하면 대개 가장 피상적으로만 다루어졌다. 트랜스여성과 트랜스남성의 경험은 치료, 사회화, 성별 전환, 성별 공개, 폭력 면에서 매우 다르지만, 모든 트랜스젠더는 흔히 하나의 집단으로 분류된다. 이러한 경험은 트랜스젠더의 삶에서 매우 중요하기 때문에 가부장제가 과학에 미치는 영향과 특히 시스젠더 남성이 아닌 과학자들에게 주는 피해를 이해하는 데 이 경험을 반드시 고려해야 한다.

〈물리학계의 LGBT 환경LGBT Climate in Physics〉이라는 보고자료에 따르면, 물리학계의 트랜스젠더와 논바이너리는 올바른 인칭대명사 사용을 거부하는 행위, 즉 상대를 부정하고 괴롭히는 관행인 '잘못된 성 표현misgendering'을 하는 지도교수와 동료에게서 젠더 차별을 받고 있다는 사실이 밝혀졌다. 당신이 누군가의 인칭대명사를 존중하지 않는다면, 이는 무엇이 중요하고 중요하지 않은지에 대한 당신의 신념을 보여주는 것이다. 물리학과 신입생은 한 학기 만에 뉴턴의 물리 법칙을 외울 뿐만 아니라 적용하는 방법도 배운다. 학생들에게 우주에 전반적으로 존재하는 굉장히 신비로운 힘인 중력의 기초를 완벽히 숙지할 정도의 능력이 있다고 믿는다면, 학생들은 몇 글자로 표현할 수 있는 올바른 인칭대명사도 교수나 친구들에게서 당연히 배워야 한다. 이 정도 일이 학생들에게 너무 어렵다고 말하는 것은 지독하고 뻔뻔한 거짓말이다.

우리가 학생이나 동료의 인칭대명사를 제대로 알려고 하지 않거나 일부러 틀리게 표현한다면, 과학계에서 벌어지는 백인경험주의의 관행을 실제로 따르면서 우리에게 중요한 모든 것을 위험에 빠뜨리고 있는 것이다. 흑인 여성이 백인우월주의적 가부장제를 목격했다는 사실을 묵살하기로 했던 것처럼, 개인의 인칭대명사를 무시하는 것은 잘못된 성 표현이 폭력을 재현한다는 사실을 인정하지 않겠다는 선언이나 다름없다. 일부 교수들의 입장처럼 철학적으로 반대한다는 의견은 일종의 잔혹 행위이다. 누군가를 대답하기 편한 이름으로 불러주는 행위가 누구에게 해가 되겠는가? 당연히 아무에게도 해가 되지 않는다.

'밀레니얼 세대'가 너무 예민하다는 소란에서, 누군가 보기에 'he'나 'they'라는 대명사가 어울림에도 'she'를 사용하겠다고 고집하는 사람들은 의지가 없거나 정신을 차리지 못한 사람들이다. 표면적으로 이러한 담론은 재미있는데, 어린 세대가 예민하다고 불평하는 사람들은 누구에게든 자신보다 어리기만 하면 밀레니얼 세대라는 꼬리표를 붙일 것이기 때문이다. 나는 밀레니얼 세대로, 이 책이 출간될 즈음이면 거의 마흔일 것이고 퓨리서치센터Pew Research Center에 따르면 가장 어린 밀레니얼 세대는 25세 정도이다. 확률적으로 어린 세대는 대부분 Z세대를 가리키지만, 어린 세대가 예민하다고 불평하는 사람들의 감정적 어휘에는 '관심'이라는 단어가 없기 때문에 이런 차이를 별로 신경쓰지 않을 가능성이 크다. 그러나 더 깊이 들여다보면 이들은 트랜스젠더와 젠더퀴어의 인칭대명사와 젠더 정체성을 존중하는 것에 거세게 반발하면서 인간성을 계발하기를 거부하며 아이들의 숨통을 끊는 이기적인 성향을 드러낸다.

단순히 예상할 수 있는 사람들만 인칭대명사 존중에 이의를 제기하는 것은 아니다. 트랜스젠더를 배제하는 급진적 '여성주의자'는 우리의 젠더가 사회적으로 정해지기 때문에 트랜스여성이 어렸을 때 사회적으로 소년으로 분류되어 이득을 취했다는 사실을 받아들여야 한다고 생각한다. 이와 같은 주장은 상당히 주류라고 여겨지는 논문들에서 찾을 수 있고, 한 친구는《뉴욕타임스》에 실린 엘리너 버켓Elinor Burkett의 지극히 트랜스여성 혐오적인 논평을 보고 "시대에 역행하는 끔찍한 헛소리와 트랜스젠더 혐오로 넘쳐나는 오물통"이나 다름없다고 비난했다. 이렇게까지 비난한 이유를 설명하자면, 트랜스젠더가 항상은 아니지만 흔히 자신의 사회적 성별, 즉 태어날 때 사회적으로 규정된 성별과 내적으로 느끼는 성별 사이에서 아주 일찍부터 인지부조화를 경험한다는 사실을 이해하는 것이 중요하다. 이 인지부조화는 보통 끔찍하고 고통스러운 경험이다. 트랜스젠더나 다른 에이젠더, 젠더플루이드genderfluid(성 정체성이 고정적이지 않고 유동적인 사람—옮긴이), 젠더퀴어가 성별 이분법에 따라 잘못된 성별에 강제로 맞춰지는 느낌을 받을 경우 결과는 치명적일 수 있다. 그 무렵, 한 트랜스젠더 친구는 내게 사망했다고 알려진 트랜스여성은 모두 자살하거나 살해당했다고 말해주었다. 친구가 알던 백인 트랜스여성은 자살했고, 유색 인종이었던 트랜스여성은 살해당했다. 아무도 자연적 원인으로 사망하지 않았다. 바로 버켓의 칼럼 때문에 나는 나 자신이 느끼는 젠더에 대해 침묵할 수 없다는 사실을 깨달았다. 이러한 연유로 나는 블로그에 "나,

찬다, 에이젠더"라는 글을 쓰게 되었다.

물론 트랜스젠더의 경험을 단 하나의 보편적인 설명으로 대체할 수는 없다. 어떤 트랜스젠더는 내적 성 정체성이 뚜렷하지만 신체를 변형하는 데 관심이나 욕구가 없을 수도 있다. 어떤 트랜스젠더에게 의학적 도움으로 몸을 다시 만드는 일은 삶과 죽음의 문제이다. 이러한 경험들은 모두 사실이며 관심이 필요하다. 어떤 트랜스젠더에게는 어렸을 때 계속 특정 성별로 구분되었던 경험이 장기적인 트라우마로 이어진다. 다른 트랜스젠더는 그렇지 않을 수 있다. 우리가 겪지 않았다고 해서 타인이 겪은 현실이 지워지는 것은 아니다. 나는 젠더퀴어와 트랜스젠더 사회의 존재가 인간의 젠더와 성별에 관한 체험을 모두 같다고 치부하는 풍조에 이의를 제기한다고 생각한다.

피부색과 체형도 우리가 어떻게 인식되는지에 중요한 역할을 한다. 예를 들어 나는 트위터를 보고 나서야 많은 백인이 늘 굉장히 여성스럽게 차려입는 최고의 래퍼인 미시 엘리엇Missy Elliott을 남자나 소년 같다고 생각한다는 사실을 알게 되었다. 내가 보기에 엘리엇의 스타일은 굉장히 여성스럽다. 엘리엇이 남자 같다는 인식은 흔히 흑인 여성, 특히 피부색이 더 어둡거나 체형이 더 큰 흑인 여성일수록 덜 여성스럽다고 여기는 사고방식과 깊게 연관되어 있다. 이러한 여성스러움은 항상 이성애·시스젠더 중심의 기준이나 백인의 기준에 맞춰 평가된다.

큰 엉덩이와 검은 피부 때문에 세라 바트먼Sara Baartman을 동물원에 전시했던 것과 같은 백인의 시선에서, 미시 엘리엇은 날

씬하지 않고 때로는 운동복을 입었다는 이유로 여성의 기준에 맞지 않는다. 그 외에도 노예제가 우리 지역 사회에 끼친 피해 중 하나는 대서양 연안의 흑인들이 자신의 출신지인 원주민 사회를 전혀 모르기 때문에, 우리가 원주민 사회의 젠더나 성별 구조에 익숙하지 않다는 것이다. 미국 원주민 출신과 같이 자신의 역사와 혈통을 잘 아는 사람일지라도 식민주의에 계속 노출되면 젠더 정체성이나 성 정체성 인식을 포함한 과거의 전통을 사수하기가 어려워진다.

서구 환경에서 보더라도 내가 자신을 설명하려는 노력에서 우리가 언어적으로 마주하는 어려움을 확인할 수 있다. 내게 내적인 젠더 감각은 없지만 여성으로서 세상을 살아간다는 사실을 설명하는 한 방법은, 내게 젠더는 없지만 문화적 성별은 여성이라고 말하는 것이다. 이 설명의 바탕에는 더 복잡한 현실이 숨어 있다. 젠더와 성별을 가르는 것은 인위적이지만, 최근 몇 년 동안 내 자아 감각을 설명하려면 둘을 반드시 구분해야 하는 것처럼 보였다. 이 단어들은 내게 다른 개념이면서 동시에 나와 완전히 다른 사람에게는 또 다른 개념과 경험을 의미한다. 또한 학계에서 정체성을 말할 때 규율이나 통제의 형태로 작용할 수 있음을 인지하는 것도 중요하다. '트랜스젠더'와 '트랜스섹슈얼'이라는 단어는 종종 학문적 맥락에서 특정한 의미를 갖지만, 전문 지식인만 언어의 방향성에 관심을 갖는 것은 아니다. 젠더 정체성과 성 정체성의 경계를 연구하는 과학자나 우리와 같이 여성학, 젠더학을 연구하는 학자들의 임무 중 하나는 젠더의 차이를 다루는 비학문적 담론의 중요성을 이해하는 것이다.

트랜스젠더 활동가의 지적인 영웅 중 일부는 학계에 본업이 있지만, 대부분은 그렇지 않다. 고인이 된 블레이크 브로킹턴Blake Brockington처럼 가장 영향력이 큰 트랜스젠더 활동가 중 일부는 대신 길에서 볼 수 있다. 이는 단순히 시위를 조직한다는 뜻일 뿐만 아니라 때로는 말 그대로 길에서 생활한다는 뜻이다. 트랜스젠더 청소년, 특히 유색 인종 트랜스젠더 청소년은 높은 비율로 폭력과 노숙을 경험한다. 유색 인종인 트랜스여성, 특히 흑인 트랜스여성은 역사적으로 가장 영향력이 큰 사상가이기도 했지만 무서울 정도로 높은 비율로 살해당했다. 흑인 트랜스남성과 이들이 직면한 폭력은 거의 논의되지 않고 등한시된다. 내가 이 책을 작업하는 동안 여러 흑인 트랜스여성과 남성이 경찰이나 자경단원, 애인에게 살해되었다. 대부분 30세 미만이었다.

나는 이러한 살인에서 나타날 수 있는 과학적 손실에 슬퍼하고 싶지 않다. 대신 트랜스젠더 혐오 과학과 가부장적 과학을 포괄하기 위해 내가 만든 상위 용어인 '백인경험주의 과학'이 누구를 인간으로 간주하며 어떤 사람들을 인간으로 허용하는지에 관한 담론을 어떻게 형성하는지에 주목하고 싶다. 또한 이러한 폭력으로 무산된 꿈과 사상에도 주목하려 한다. 세상에는 나처럼 스펙트럼에 매료된 유색 인종의 트랜스젠더 괴짜들이 있지만, 전문가가 될 기회가 있는 사람은 너무 적다. 이는 과학계가 겪은 불의가 아니라 지적 능력을 펼칠 수 있는 지성의 길을 걸을 기회를 빼앗긴 사람들이 겪은 불의이다. 이는 인류 전체를 궁핍하게 만들지만, 변두리에 있는 사람들이 가장 큰 대가를 치른다.

여기에서 큰 고민 없이 쉽게 내릴 수 있는 결론은 문제가 과학계에서 다양성을 더 확보하거나 소수 집단의 사람들이 조금이나마 학계에 들어오면 해결되리라고 생각하는 것이다. 그러나 나는 후진적 과학 문화 문제를 해결하는 만병통치약처럼 자주 등장하던, 방향성 없이 모두를 아우르는 주장은 하고 싶지 않다. 목표는 단순히 트랜스젠더 과학자 수를 늘리는 것이 아니라 트랜스젠더라는 사실이 사회 참여에 장벽이 되지 않는 세계를 구축하는 것이다.

반면 '포용'을 찬성하는 주장은 때로 폭력적인 현실을 가리는 데 사용된다. 진 해리타원Jin Haritaworn과 C. 라일리 스노턴C. Riley Snorton은 다음과 같이 물었다. "'살인적인 포용'을 거부하는 트랜스젠더 정치와 이론은 어떤 모습일까?" 〈트랜스젠더 네크로폴리틱스: 폭력, 죽음, 유색 인종 트랜스젠더의 사후 세계에 대한 초국가적 성찰Trans Necropolitics: A Transnational Reflection on Violence, Death, and the Trans of Color Afterlife〉이라는 기사에 실린 이 질문은 특히 유색 인종 트랜스젠더의 잔인한 죽음을 다룬 논의가 어떻게 학계의 다양성과 포용성에 관한 담론에서 유행처럼 번져나갔는지에 대한 응답에서 제기되었다. 트랜스젠더 살해는 트랜스젠더의 생명을 보호하기 위해 사회를 근본적으로 재구성하기보다 일터에서 트랜스젠더에게 더 친절해야 한다는 의미 없는 주장을 위한 발판이 되었다. 해리타원과 스노턴은 포용을 해야 한다는 주장에 "어디에 포용하는가?"라는 중요한 질문을 제기한다. 딘 스페이드Dean Spade는 포용의 한 형태인 '핑크워싱pinkwashing'에 관해 다음과 같이 폭넓은 글을 썼다. "핑크워싱은 활동가들이 만든 용어로, 팔레스타인을 식민지로 삼았던 잔혹한 역사에서 주의를 돌려놓았던 것처럼 끔찍한 인권 침해에 가담한 국가들이 자신들이 저지른 행동에서 관심을 돌리기 위해 스스로를 '동성애자 친화적'이라고 일컫는 행위이다." 스페이드는 더 일반적인 관점에서 이렇게 덧붙였다. "또한 우파에서는 우익 안보와 군사 안건을 홍보하기 위한 도구로 트랜스젠더 문제를 활용하고 있다."

군대가 아프가니스탄, 이라크, 북아프리카, 중앙아프리카의 트랜스젠더와 성소수자의 생명을 위험에 빠뜨리는 공격적인 작전을 계속하는 동안 핑크워싱과 트랜스젠더의 군대 편입이 '진보적'인 사안으로 부각되고 있다는 점에서 "어디에 포용하는가?"라는 질문은 반드시 계속되어야 한다. 현재 잘 정립된 과학, 특히 물리학은 군사 무기 개발이나 각종 통제 기술과 관련이 있기 때문에 전체주의적이고 인종차별적인 구조와 밀접하게 연관된다. 이러한 구조는 점점 더 모든 인류를 위험에 빠뜨리지만, 특히 북아메리카 빈민가에서 바베이도스, 베트남, 남아프리카까지 이르는 남반구 저개발국에서 젠더 차별을 겪는 사람들이 가장 큰 피해를 입고 있다. 이 폭력적인 맥락에서 트랜스젠더와 성소수자 정체성을 지지한다고 선언하는 과학은 백인경험주의를 전복시키기보다 오히려 강화하고 있다.

이렇게 거대한 관점에서 연관 짓는 것이 비합리적으로 보일 수도 있다. 하지만 지구 온난화라는 재난에서 배워야 할 교훈이 있다면 우리가 자유주의나 개인주의적 개념에서 상상하는 만큼 서로 단절되어 있지는 않다는 사실이다. 주체와 객체를 가르는 데카르트의 사상은 세상을 바라보는 매력적인 방식이지만, 가장 기본적인 몇몇 특징을 가린다. 만약 내가 미국 민족주의를 찬양하고 미국 민족주의가 미국이라고 불리는 땅에 사는 원주민의 말살을 전제로 한다면, 나는 원주민 말살을 요구하는 구조를 찬양할 것이다. 만약 내가 트랜스젠더 여성을 배제하는 방식으로 여성성을 찬양한다면, 나는 트랜스여성에 대한 광범위한 비인간화에 기여하게 된다. 유색 인종 트랜스여성은 인종, 성별, 트랜스젠더 신분에 따른 비인간화를 동시에 겪기 때문에, 주어진 정체성의 모든 축을 따라 비인간화가 더해져 가장 큰 위험에 처한다.

백인경험주의가 탄광의 카나리아와 같은 진실의 전달자, 흑인 여성과 모든 여성, 젠더 소수자를 침묵하게 하고 과학에 내재한 강력한 객관성을 변질시킨다면 해결책은 무엇일까? 가부장제에 반하는 해결책으로는 '성소수자다움queerness'이 있을 수 있다. 조 오스문드손Joe Osmundson과 나는 호세 에스테반 무뇨스José Esteban Muñoz의 책《유토피아 순항하기: 성소수자 미래의 그때 그리고 그곳Cruising Utopia: The Then and There of Queer Futurity》에서 반복해서 등장한 표현처럼, 성소수자다움이 어떻게 최선을 다해 개념적으로 항상 인식의 가장자리에 서 있는지에 관해 많은 이야기를 나누었다. 성소수자의 구성 요소뿐만 아니라 이를 설명하기 위해 사용하는 언어조차 계속 변화하여 미지의 영역으로 나아가고 있기 때문에, 성소수자다움은 사람들을 깔끔하고 정적인 범주에 넣으려는 과학자들의 성향을 거스른다.

여기에는 다각적인 노력이 필요하다. 생물학자들은 생물문화적 현상인 성별과 젠더를 뒷받침하는 요소에 관해 끊임없이 새로운 것들을 배운다. 젠더 이론가들은 비식민주의와 탈식민주의 입장에서 과거의 유럽 식민주의 젠더 이론에 의문을 제기하며, 궁극적으로는 우리가 관심을 기울여 미래를 창조할 문화를 바라보는 새로운 방식을 구축하고 있다. 피터 카바Peter Cava가 《트랜스 신체, 트랜스 자아Trans Bodies, Trans Selves》에서 언급한 "트랜스젠더 정치에는 보편적 해방이 필요하다"는 사실을 이해하려면, 과학을 비롯한 학계가 집단 해방을 방해하며 지속적으로 장벽을 형성하고 있는 불의에 어떻게 잠식되어 있는지 인식해야 한다. 마키 베이가 말했듯이, "사회·정치적 젠더 차별은 명백히 무정부 상태의 관행이다."

다시 말해 우리는 여기 존재하고, 성소수자이며, 양자역학처럼 늘 여기에 있을 것이다.[1]

---

1 한 가지 짚고 넘어가자면, 이 장에서 트랜스젠더 정체성과 다양한 젠더가 마주한 문제들을 모두 완벽하게 소개했다고 볼 수는 없다. 어떤 책도 전체 사회를 대변할 수는 없기 때문에 트랜스젠더나 논바이너리, 에이젠더의 다양한 경험을 이해하는 데 도움이 될 다양한 관점의 책, 팟캐스트, 영화, 쇼, 음악, 비주얼아트 등을 찾아보기를 권한다.

10장

과학을 살리는 사람들

여성의 노동은 자본에서 동떨어진 개인적인 봉사처럼 보인다.

– 셀마 제임스Selma James, 〈성, 인종, 계급Sex, Race, and Class〉

과학 천재들의 삶을 이야기할 때, 우리는 아주 어릴 때부터 모두 본능적으로 아는 이야기, 즉 "인간은 음식과 물 없이 살 수 없다"는 이야기는 하지 않는다. 현실적으로 우리는 지속적인 자양분이 필요한 유기질이다. 이는 물리적 원리의 생물학적 결과이다. 영구 기관은 존재하지 않는다. 에너지를 소모하면 채워야 한다. 위생도 중요하다. 뉴턴이 '기적의 해'로 알려진 해에 전염병에 걸렸더라면 기적의 해는 없었을 것이다. 또한 아이들은 보살핌과 사랑을 받아야 한다. 아이들을 방치하면 범죄로 간주된다. 다만 흑인 아이라면 경찰이나 자경단이 총을 쏴도 범죄가 아닌 것처럼 여겨지기도 한다. 하지만 이론상, 과학자의 자녀뿐 아니라 모든 아이의 양육이 중요하다는 사실은 널리 알려져 있다.

그러므로 아인슈타인 방정식을 논하기 이전에, 중력파와 중성자별을 논하기 이전에 우리는 자양분을 얻어야 한다. 먹어야 한다. 식사를 마련해야 한다. 사람은 음식을 고르고, 동물을 먹이고 도살한다. 음식을 배달하고 요리하고, 다른 사람의 식사를 챙긴다. 그리고 우리가 온갖 종이를 내다버리는 동안, 누군가는 위생을 위해 어지러운 사무실을 치운다. 화장실을 청소하고 바닥을 닦는 사람들이 있다. 우리 중 상당수, 특히 시스젠더 남성은 많은 경우 집에서 요리를 하거나 아이 양육을 전담하는 누군가의 도움을 받곤 한다. 아인슈타인도 예외는 아니었다. 많은 과학계 남성들은 아인슈타인과 같았다. 세계 최대의 중력파망원경인 레이저간섭계중력파관측소Laser Interferometer Gravitational-Wave Observatory(LIGO)를 건설했던 많은 남성들에게는 자신의 아이를 키워주는 누군가가 따로 있었다. 대부분 아내였다. 많은 여성은 여전히 과학계에 종사하는 많은 남성의 자녀를 양육하고 있다. 자료에 따르면 여성들에게 따로 직업이 있는 경우에도 여전히 집에서 더 많은 일을 하고 있다.

전 세계적인 유행병 코로나바이러스감염증-19 때문에 이 현상에 관한 최소한의 논의가 전면에 나서기는 했지만, 사회적으로는 이러한 이야기를 거의 하지 않는다. 노벨상을 받거나 실험을 하고 이론을 만들 수 있게 한, 집에 있는 여성에 관해서는 이야기하지 않는다. 이 여성들은 이불과 옷을 늘 깨끗이 하고 남편이 일에 집중할 수 있도록 아이와 관련된 모든 일을 도맡아 한다. 우리는 어떠한 일이 이루어지는지 거의 이야기하지 않으며,

이 일에는 보수가 없다. 또한 과학 문서 작성 소프트웨어인 레이텍스LaTeX가 등장하기 전까지 수십 년 동안 논문을 타이핑했던 행정 비서들처럼, 직장에서 똑같은 역할을 하는 여성들도 간과되고 있다. 비서들은 거의 대부분 성희롱, 심지어는 성폭행을 감내해야 했다. 이들은 충분한 월급도 받지 못했고 직장에서 쫓겨나는 경우도 많았다.

주로 흑인, 라틴계, 아메리카 원주민, 아시아계 이민자인 가난한 노동계급도 무시되고 있으며, 이들은 생활임금 이하의 급여를 받으며 대학이나 연구실의 바닥과 화장실을 청소하고 있다.

그러나 과학 천재들의 삶을 보면, 이들은 사람을 돕는 데 시간을 쏟을 필요가 없다. 위대한 과학 원리를 생각해내고, 위대한 실험을 하며, 위대한 결론을 내놓는다. 그 과정에서 비틀거릴 때도 있지만, 결국은 위대함에 다다른다. 앞서 말한 모든 것 없이는 과학 연구가 불가능하다는 사실은 이야기되지 않는다.

이 모든 것이 간과되기 때문에, 유색 인종이나 백인 논바이너리, 백인 여성 과학자들은 흔히 백인 남성의 과학 연구를 진행하는 여러 보조 인력의 연장선으로 취급된다. 백인 시스젠더 남성이 마음대로 목소리를 내는 동안 우리는 조용히 인내해야 한다. 이 인내심에는 보수가 없다. 우리는 '너무 잘한다'는 이유 하나로 '인간 세계의 일'을 처리해야 한다. 이 일에도 보수는 없다.

우리는 타고난 교육자이자 양육자라는 이야기를 듣지만, 연구 능력 면에서는 이런 이야기를 거의 듣지 못한다. 우리의 근무 시간은 하루 24시간, 일주일 7일 내내 동료들과 학생들이 들러서

울고 푸념하는 시간으로 채워지는 것처럼 보인다. 그렇다고 추가 보수가 있는 것은 아니다. 아마 우리는 소외된 사람들을 가장 많이 걱정하는 사람일 것이다. 동료들이 자신과 다른 학생들을 애써 지도하려 하지 않을 때 우리는 그 학생들을 받아들인다. 여기에도 보수는 없다.

우리는 과학 클럽에 나가 계속 여성들을 만나면서, 기관에서는 여학생들에게 해주지 않는 조언을 해줄 것을 요청받는다. 역시 보수는 없다. 우리는 이러한 모임이 거의 백인 시스젠더 여성을 위한 것이며, 흑인이나 원주민이나 트랜스젠더 학생들, 그 교집합에 있는 학생들을 위한 모임은 없다는 사실에 주목한다. 여기에도 보수는 없다. 트위터에서도 사람들은 우리에게 끊임없이 "내가 필요하니까 계속 알려달라"는 요구를 한다. 왜 흑인에게 반복해서 자기 대신 답을 찾아달라고 하는 것일까? 공짜라서? 이는 결국 미국의 전통이나 다름없다.

과학 천재들의 이야기를 믿는다면, 나도 교수로서 모든 시간을 연구하고 가르치는 데 보낼 것이라고 생각할 수도 있지만 그렇지 않다. '서비스'라고 할 만한 일에 지나치게 많은 시간을 쏟는다. 여기에 관해서는 학계에 "위원회나 태스크포스는 일정이 사라지는 곳"이라는 등 많은 농담이 있다. 입자물리학자를 인류학적으로 연구한 샤론 트래윅Sharon Traweek의 저서 《입자선 시간과 생애 시간: 고에너지물리학자의 세계Beamtimes and Lifetimes: The World of High Energy Physicists》에서 언급된 것처럼, 물리학자는 자신들의 세계를 "문화가 없는 문화"라고 생각하는 경향이 있다. 물리학은 세상과 분리되었다고 생각한다. 그러나 거기에도 문화가 있으며, 이 문화에서 물리학 수업을 듣는 흑인 여성은 한 명뿐이고 전 세계적으로도 거의 없다. 8장에서 언급했듯이, 나는 이 느낌을 본능적으로 기억한다.

이러한 경험에 익숙하기도 하고 내 정체성이 알려져 있기 때문에, 흑인 여성들은 종종 내게 도움을 요청한다. 나는 이메일, 페이스북 메시지, 트위터 메시지로 도와달라는 요청을 받는다. 가끔은 흑인이 아닌 성소수자 학생이나 그런 학생들의 보호자에게서도 받지만, 대개 흑인 학부생이나 대학원생들에게서 받는다. 한때 나는 누구에게 이메일을 보내야 하는지 알고 싶었던 학부생이었다. 그 후에는 그런 이메일을 보낸 흑인 대학원생이 되었다. 박사후연구원을 거쳐 이제 교수가 되고 나니 초반에는 정말 준비가 되지 않았고 여전히 극복해야 할 장벽이 있었지만(지금도 있지만), 나는 '배트 시그널Bat-Signal(배트맨을 호출할 때 쓰는 도구—옮긴이)'에 응답하는 사람이 되었다. 최소한 교수로서 나는 이 '서비스'를 하고 보수를 받는다. 그러나 보수를 받기 훨씬 전부터 이 일을 하고 있었다.

내가 근무하는 대학에 진학하지 않은 학생들의 절박한 위기에 대응하는 일은 보통 보수가 없고, 종종 내 육체적·정신적 건강이 희생되며, 때로는 내 직업적 성공을 위한 시간까지도 들이게 된다. 그래도 나는 노력한다. 내게 조언을 구하는 여러 사람의 요청에 부응하여 나는 블로그에 "물리천문학/STEM 분야에서 드러나지 않은 소수자를 위한 생존 및 성공 지침"이라는 제목의 글을 연재하기 시작했다. 다른 누군가가 나보다 질문에 더 잘 대답할 수 있겠다는 생각이 들면 도움이 필요한 사람에게 적합한 조언자를 빠르게 연결해주려고 노력했다. 사람들에게 적재적소의 도움을 줄 수 있어서 좋았지만, 때로는 내가 돕는 사람들이 이 도움을 호의로 받아들이지 못할 수도 있다는 사실을 어렵게 깨달았다. 그러나 보통 나는 이러한 학생들이 만나고 싶어 하는 전문가 역할을 하고 있다. 그래서 커피 미팅을 하거나 전화를 하고, 긴 메일을 쓰기도 한다. 나는 이 학생들과 그들의 고민을 내 마음과 머리에 짊어지고 있다. 학생들이 내게 끔찍한 이야기를 전할 때마다 마음을 굳게 먹으며 조언을 하고 연락을 취한다. 나는 학생들에게 사람을 만날 때 내 이름을 꺼내도 괜찮다고 허락했다. 집에 가면 학생들이 겪고 있는 일에 눈물을 흘렸다. 내가 변명도 없이 시간을 들여 이런 일을 비공식적으로 하고 있다고 알려져 있기 때문에, 씁쓸하지만 사실 학술진흥위원회에서는 나를 위험인물로 분류할 것이다.

대학에서는 다양성과 포용성에 대한 대대적인 선언을 하지만, 소외된 학생들의 요구를 해결하기 위해 조치를 취하기보다는 위원회를 구성한다. 위원회에서는 보고서를 작성하고, 행정부서는 이 보고서의 요구사항을 따를 방법을 찾으려 전전긍긍하지만, 단순히 이를 해결할 돈과 시간이 없고 약속도 없다. 위원회에서는 공평하고 공정한 환경에서 수행되는 연구와 교육이라는 대학의 분명한 사명을 돕는 일에 예산을 들이지 않으려 한다. 나는 이 의미를 곰곰이 생각하고 이렇게 결론 내렸다. 학교는 이 학생들에게 노력을 들일 이유가 없다. 이 학생들은 절대 유의미한 논문을 내지 못할 것이고, 그런 학생들을 돕는 일은 과학적 생산성에 도움이 되지 않으며, 실적으로 간주되지도 못할 것이다. 처음 부임했을 때 나는 자신을 보호하려면 이러한 학생들을 쫓아내야 한다는 조언을 들었다. 내가 그러지 않겠다고 하자 사람들은 답답해했다. 그건 내 방식이 아니었다. 내가 필요한 일을 모두 할 수는 없더라도 도움이 될 것 같다면 최소한 앉아서 학생과 이야기할 것이다.

이러한 '학계 살림academic housework'에 가장 많이 휩쓸리는 사람은 백인 시스젠더 남성 이외의 사람들이다. 또한 놀랄 것도 없이, 이런 일을 해서 상을 받거나 아낌없는 찬사를 받을 가능성이 가장 높은 사람들은 백인(남성)이다. 우리 유색 인종이나 백인 트랜스젠더, 젠더퀴어, 시스젠더 여성, 논바이너리들은 학계가 잘 돌아가도록 학계 살림을 맡는다. 이 일을 하면서 항상 보수를 받는 것은 아니며, 보수를 받는다 하더라도 보통은 충분하지 않다. 그리고 직장이나 정년 교수직에 지원할 때 불이익을 받는다. 우리는 더 나은 대우를 받을 자격이 있다. 박사학위를 받았거나 대학원에서 학위를 취득하기 위해 노력하기 때문이 아니다. 우리는 인간이기 때문에 더 나은 대우를 받아야 한다. 과학을 지속하는 일을 지원하는 사람이라면 모두 존경받을 자격이 있기 때문에 우리는 더 나은 대우를 받아야 한다. 그러나 사회는 그에 걸맞게 자원을 제공하거나 행정직에 적절한 직원을 배치하고 관리인에게 높은 보수를 지급하며 부모 중 누구든 저렴한 보육 시설을 활용할 수 있게 하는 대신, 계속 능력주의를 주장하며 더 다양한 학생들을 대학원에 입학시키면 모두 해결될 것이라는 허튼소리를 한다.

그러나 대학원에서 벌어지는 인종차별과 성차별은 '지금도' 문제이며, 이미 불완전하게 조직된 환경을 악화한다. 대학원생과 박사후연구원은 적은 보수를 받으며 6개월 후, 운이 좋으면 3년 후에 어디서 보수를 받을지 모르는 상태이기 때문에 경제적으로 불안정하고, 다음 자리로 옮길 때 추천서에 전적으로 의존해야 하기 때문에 지도교수의 폭압적인 신체적·정신적 학대에 취약하다. 많은 경우 지도교수는 채용 시기가 아닌 시점에 누구든 해고할 수 있으며, 그 결과 해고된 사람들은 새 직장을 찾거나 해당 분야에서 경력을 쌓기가 어려워진다.

성소수자나 특히 우리 유색 인종과 같은 소수 집단의 연구자는 학계에서 엄청난 부담을 느낀다. 우리는 연구 아이디어에 따라 경쟁이 치열한 연구비를 획득하거나, 동등한 수의 논문을 써서 영향력 지수가 높은 학술지에 게재하거나, 양질의 수업을 제공하여 학생들에게서 비슷한 강의 평가를 받거나, 위원회 활동을 하는 등 서류상으로 시스젠더 백인 남성들과 같은 성과를 낼 수 있다고 여겨진다. 이런 일들은 정년 교수의 일이다. 과학계 박사후연구원은 정년이 보장되는 직장에 들어가려면 연구에 관련된 일에만 집중해야 한다. 그러나 실제로 일반 교수와 박사후연구원 모두 보통 훨씬 더 많은 일을 하게 된다. 또한 소수 집단의 학생들도 우리를 필요한 자원처럼 여기고 문을 두드리거나 이메일을 보내 긴급한 도움이나 실존적 도움을 요청한다.

또한 강의 평가 항목이 유색 인종과 백인 여성에게 불리하다는 수많은 연구를 알고 있지만 대학에서는 더 유용한 평가 지표로 대체할 생각이 없기 때문에, 교육의 의무가 있는 나 같은 사람들은 수업에 더 공을 들여야 한다. 위원회의 경우 마음껏 연구에만 집중할 수 있어야 하는 소수 집단의 박사후연구원, 심지어 대학원생까지 "다양성, 포용성, 형평성"에 중점을 둔 위원회에 나오라는 요청을 받는다. 교수들은 의무적으로 참석해야 하는 정기 위원회 말고도 이러한 위원회에 참석하라는 요청을 받지만, 정작 정기 위원회에서는 회의실에서 주류인 사람들과 다른 관점을 갖고 있어 보통 소외된다는 느낌을 받는다. 하루는 24시간으로 똑같지만 백인 남성들이 오롯이 과학에만 집중하는 동안 우리는 업무 분배 없이 모든 추가 업무를 해내야 한다.

다른 문제는 입사 지원서나 연구비 지원서에 "저는 지난 15년간 물리학계의 누구보다도 사회적 약자를 지원하기 위해 더 많은 감정적 가사노동을 했다"라고 쓸 수 없다는 점이다. 감정적 가사노동은 더 많은 감정적 가사노동과 기관의 자원이 필요한 멘토링 프로그램과 같은 일종의 공식 조직으로 포장하지 않는 한 과학 연구로 인정되지 않는다. 그래서 나 같은 사람들은 감정적 가사노동을 하고 있다고 공식적으로 주장하기 위한 조직을 갖춘 사람들의 뒤치다꺼리를 하게 되지만, 그 일은 아무도 인정해주지 않는다. 실제로 이런 일을 하는 사람이 되기보다 연구비 지원서에 이런 일을 잘한다고 거짓말하는 편이 낫다.

이러한 일을 우선시하는 사람들은 잘 고용되지 않는다. 박사 학위 과정이 있는 물리천문학부에서 흑인, 라틴계, 북미 원주민 교수의 수는 수십 년 동안 거의 변하지 않았다. 이 사실은 절대 용납할 수가 없다. 급진적 변화가 필요하지 않거나 이를 불편하게 여기는 사람들의 요구를 들어주는 행위는 변화의 의지 없이 지속되는 구조적 인종차별주의이기 때문이다. 기관에서는 다양성을 고려한다고 주장하지만, 정작 막중한 책임을 지고 소수자를 배제하는 문화를 바꾸려는 시도를 하지 않는다. 게다가 이러한 행위는 흑인 교수에게 의지하는 학생들을 추위로 내몰고 이 학생들의 교육 경험과 정신 건강이 중요하지 않다는 생각을 표출하는 행위이기 때문에 용납할 수 없다. 다시 말해, 고용을 대체할 만한 것은 없다.

내가 연구원으로 있었던 한 기관에서 교무처장은 내 과제에 참여하는 방문 학자들, 주로 다른 기관의 정년직인 흑인, 라틴계, 북미 원주민 교수진에게 자신이 다양성을 중시하기는 하지만 실적을 포기할 수는 없다고 말했다. 많은 학자가 이제 노골적인 인종차별은 학계에서 사라지고 "암묵적 편견"만이 남아 있을 뿐이라고 강하게 주장하면서도 얼마나 자주 태연하게 이런 인종차별적 발언을 하는지 놀라울 따름이다. 앞선 발언은 명백하게 소수 집단에 속한 교수진이 자격 미달이며 우수하지 않은 경향이 있다는 의미를 담고 있다. 내가 백인 남성 동료들과 경쟁해야 할 때도 마찬가지다. 백인 남성들은 직장에서 자신의 정체성 때문에 본질적으로 무능하다거나 능력이 덜하다는 말을 듣지 않는다. 그러나 상위 기관의 관리자는 거리낌 없이 사회적 약자 동료들을 의심하며 다음과 같이 말한다. "다양성 측면에는 좋을 것 같은데, 실적은 타협하는 건가요?"

다양성을 얻으려면 실적을 포기해야 한다고 걱정했던 그 교무처장은 다른 누구보다 백인, 특히 백인 남성이 과학 발전에 필요한 탁월한 능력이 있을 가능성이 높다는 근거 없는 믿음에서 나온 관행을 철저히 따른다는 사실을 드러냈다. 유색 인종, 특히 특정 아시아 민족 사회(예를 들어 일반적으로 학계에서 성공한 대만계 미국인) 출신이 아닌 우리 같은 사람들은 과학, 즉 진보와 성공의 위험 요소로 여겨졌다. 그러나 과학사를 대강 살펴봐도 유색 인종은 '현대'라고 여겨지는 기간 동안 '현대' 과학에 공헌해왔다. '백인'으로 분류될 수 있는 사람들이 우리를 방해하려고 최선을 다해 노력했지만, 우리는 진보에 방해가 되기보다 오히려 진보에 직접적으로 기여해왔다.

정말 과학은 그저 똑똑한 백인들이 이뤄낸 것일까? 정말 그런 식으로 형성되었을까? 과학이 어떻게 형성되었는지에 대한 과학자들의 믿음을 뒷받침하는 백인우월주의적이자 가부장적인 근거 없는 믿음은 뿌리 깊다. 백인우월주의적 가부장제가 세운 장벽을 넘어설 수 있다 하더라도, 나는 이러한 불안정한 상황에서 과학적으로 최선을 다하기가 어렵다는 사실을 깨닫게 되었다. 그러나 내가 맡은 직책 또한 기회였다. 나는 직장 내 인종차별과 성차별 사이에서 걱정하며 재미가 덜 한 육체노동을 하기보다 같은 걱정을 해도 우주의 기원을 생각하면서 하루하루를 보낼 수 있었다. 이러한 차이는 가난한 과학자와 다른 가난한 사람들 사이에 계급을 만든다. 즉 과학계의 인종차별과 성차별을 다룰 때, 우리는 '과학자'의 속성을 활용하려는 나 같은 사람에게만 집중하게 된다. 또한 과학에서 숨겨지거나 무시된 공헌을 다룰 때, 우리는 지식인 계급에서만 숨겨진 인물을 찾게 된다.

그러나 전문적이고 공식적인 과학 환경에서 주변부로 밀려난 사람들은 과학에 기여한다 하더라도 공식적인 '과학'으로 인정되지 않아 그 가치가 폄하되는 노동을 통해 기여하는 경우가 많다. 그중에서도 과학자의 아이를 양육하거나 장차 과학자가 될 아이를 양육하는 '돌봄 노동'을 한 여성들은 내내 과학에 기여하고 있었다. 과학자를 위해 요리를 하거나 청소를 한 사람들도 과학에 기여했다. 과학 과제에 연구비를 지원하는 정부에 노동으로 세금 기반을 제공한 노예들도 과학에 기여하고 있었다. 과학은 연구실에 앉아 있는 과학자뿐만 아니라 과학자들이 연구실에 있을 수 있도록 도운 사람들 덕분에 발전할 수 있었다.

과학계에 있는 사람들이 사회적 계급의 경계를 허물며 가난한 노동계급이나 여타 소외된 사람들과 적극적으로 연대하는 모습은 보기 드물다. 우리는 흔히 권력 관계로 분열된다. 예를 들어, 여성의 범주나 여성적인 남성처럼 여성과 근접한 범주에 있는 우리 같은 사람은 다른 계급에 있는 사람들보다 실제 가사노동이나 감정적 가사노동을 더 많이 하는 경향이 있다. 그러나 그럴 필요가 없다. 현실적으로 이러한 경향성을 바로잡으려면 전통적으로 성별이 나뉘어 있던 노동 기반 관계를 재고해야 한다.

사실 나는 미국 식민 체제의 일부가 되는 것보다 서로 더 나은 관계를 유지하는 사회를 건설하는 데 더 관심이 있다. 가정의 무임금 노동과 사무실이나 연구실 주변의 저임금 노동을 가치 있게 여기고 이 일에 필요한 자원을 제대로 제공한다면 우리 모두의 삶은 더 나아질 것이다. 이러한 생각은 내가 떠올린 것이 아니다. 가사노동 임금이라는 개념은 1972년 국제가사노동임금운동International Wages for Housework campaign의 공동 창시자인 내 할머니 셀마 제임스Selma James가 명시했다. 이 운동은 특히 당시 주로 여성이 하던 무임금 가사노동 덕분에 임금 노동이 가능할 수 있었다고 주장했다.

가사노동 임금이라는 개념은 단순해 보일 수 있지만, 그 여파는 대단했다. 예를 들어 1974년 윌멧 브라운Wilmette Brown과 내 어머니 마거릿 프레스코드Margaret Prescod가 설립한 '가사노동 임금을 위한 흑인여성연대Black Women for Wages for Housework'에서는 가사노동 임금이나 복지에 대한 여성의 권리뿐만 아니라 2021년 대중 사회 정의 운동의 시대에 무르익은 개념인 노예제와 식민주의에 대한 배상도 요구했다. 이러한 주장은 1970년대 중반, 뉴욕가사노동임금위원회New York Wages for Housework Committee에서 배포한 전단에 다음과 같이 실렸다. "집에서는 무급으로 일하고 집 밖에서는 아주 적은 급여를 받아 우리 소유의 재산이 없는 한, 아무도 아이를 낳을지 말지 선택할 수 없고 실제 불임 수술을 하지 않더라도 불임에 직면한다. 오늘날 많은 여성들은 부업이 자기 소유의 재산을 가질 유일한 방법이기 때문에 아이를 갖지 않으려 하고, 우리는 이 둘을 모두 해내기 어려우며 둘 사이에서 '선택'해야 한다는 사실을 알고 있다. 이 또한 불임을 강요당한 것이나 마찬가지다." 복지 대상으로서 흑인, 북미 원주민, 라틴계 여성들은 강제 불임의 주요 피해자였다.

특이하게도 주류 여성주의자들은 가부장제에 대응하려면 복지권이나 흑인 여성의 '신체완전성bodily integrity(신체에 대한 자기 소유권 및 자기 결정권—옮긴이)'을 보호하거나 확대하기보다, 단순히 여성이 집을 벗어나 더 높은 보수를 받으며 더 영향력 있는 직장에 다녀야 한다는 주장을 해야 한다고 생각했다. 많은 여성주의자는 남성이 받는 보수를 받으면 모든 것이 평등해질 것이라고 생각했다. 50년이 지나고, 우리는 이러한 2세대 여성주의자의 생각이 틀렸다는 사실을 알게 되었다. 나와 같은 밀레니얼 세대는 여성의 사무직 진출이 확대되면서 발생한 대규모 임금 인상 억제를 비롯한 다양한 이유로 아이를 갖지 않기로 결심하고 있다. 보수가 있는 직장에 다니거나 직장이 없는 가난한 여성들도 대규모 복지 삭감에 직면했고 이는 가사노동 임금에 가장 근접한 수준이며, 무급 돌봄 노동 외에도 생계를 유지하기 위해 두세 가지 일을 하고 있다. 안정된 급여를 받는 우리조차도 보통 노동 시간이 너무 길기 때문에 가사와 육아를 병행하기 어려운 경우가 많다. 오늘날 임금 삭감은 매우 심각해서 점점 더 많은 대학 교수를 포함한 많은 정규직 노동자들도 민주당의 빌 클린턴Bill Clinton 대통령 정부에서 광범위하게 축소한 복지에 의존하고 있다.

◇◇◇◇◇◇

나는 일찍 일어나 캘리포니아대학교 산타바바라캠퍼스 카블리이론물리연구소Kavli Institute for Theoretical Physics의 멍거피직스레지던스Munger Physics Residence 숙소 식탁에서 이 장의 최종 원고에 가까운 글을 쓰고 있다. 이곳은 6주간 방문하기로 되어 있고, 이제 5주차에 이르렀다. 숙소는 아주 고급스러우며 기후 변화에 대응하는 최신 환경 제어 기술로 가득하다. 이곳의 분위기는 목가적이었고 나는 인생 최고의 연구 시간을 보낼 수 있었다. 출장 중간에 문득 이런 생각이 들었다. '여기야말로 제대로 자극받고 실제로 과학을 즐길 수 있는 곳이야.' 이는 워크숍을 위해 훌륭한 과학자들을 섭외한 주최측의 신중한 선택 덕분이다. 그러나 궁극적으로는 카블리이론물리연구소와 멍거레지던스의 유지·관리 직원에게 감사해야 한다. 이들은 모든 것이 순조롭게 진행될 수 있게 해주었고, 내가 죽음의 위협을 받았을 때 안심할 수 있도록 무슨 조치가 필요한지 너그럽게 알아봐주었다.

MIT에서 마틴 루서 킹Martin Luther King Jr. 연구지원 프로그램의 박사후연구원으로 있던 첫 두 해 동안, 나는 청소부를 제외하고 37동의 물리학부에 근무하는 유일한 흑인 여성이었다(6동으로 이사한 후에는 흑인 여성이 아무도 없었을 것이다). 그렇다고 해서 내가 그 건물에서 과학에 기여하는 유일한 여성이었다는 뜻은 아니다. 우리 사무실을 청소해주던 자메이카와 바베이도스 출신의 두 여성은 없으면 안 되는 존재였다. 사무실에서 쓰레기 냄새가 나지 않도록 늘 신경 쓰면서 바닥과 화장실을 늘 청결하게 유지해주었다. 흑인 여성 물리학자인 나에게 이 여성들은 가장 친밀감이 느껴지는 동료였다. 특히 내 가족이 바베이도스와 트리니다드섬 출신이라고 말을 건네자, 이 여성들은 내게 특별한 관심을 보였다. 내게 항상 자랑스럽다고 말해주었고, 한 번도 만나거나 본 적이 없는 우리 엄마의 안부를 주기적으로 물어보았다. 1년 전 내가 할머니를 잃고 슬픔을 토로했을 때, 이들은 나를 위해 대구 살 튀김과 빵을 준비해주었다. 우리 할머니 엘사 여사와 깊은 관련이 있는 음식이자 내가 가장 그리워하는 음식이었다. 직장의 어떤 누구도 이렇게 내 영혼을 달래주는 사람은 없었다.

할머니 세대인 이 여성들은, 내 출신이 어디인지 모르고 거기에 관심도 없는 백인 남성이 가득한 환경에서 내가 직면하고 있는 어려움을 나보다 더 잘 이해했다. 한 명은 암으로 고생했지만 두 사람 모두 매일 일하러 나와 서로를 보며 웃었고, 나를 보며 웃어주었다. 이는 믿을 수 없는 감정노동이었고, 내가 교수로 지금까지 남아 있을 수 있는 이유 중 하나다. 나는 종종 은혜를 갚을 길이 없어 무력감을 느꼈지만, MIT가 제대로 된 처우와 충분한 보수를 제공하고 있는지 꾸준히 확인했다.

과학을 하려면 연구를 하는 과학자뿐만 아니라 (소외된) 학생과 과학자를 지지하는 감정적 가사노동자, 과학자들이 콜로퀴엄이나 세미나, 학회 출장, 위원회 회의, 동료 연구자 방문 일정을 수행할 수 있도록 관리해주는 행정 보조원, 미화원, 식당 직원,

시설 유지·보수 직원, IT 관련 직원이 모두 필요하다. 이 '모든' 일을 하는 '모든' 사람이 과학을 만들어낸다. 이 모든 일을 과학 과제의 일부로 여긴다는 것은 어떤 의미일까?

이렇게 '살림'에 해당하는 일을 인지하고 가치 있게 여기려면, 과학자들은 과학자가 아님에도 과학적 시도를 지원하는 사람들의 인간성을 고려해야 한다. 이는 행정 직원, 미화원, 식당 직원이 더 나은 처우와 더 높은 급여를 요구하기 위해 파업할 때 이들을 지지할 책임을 인지한다는 의미이다. 또한 내가 학부 2학년 때 첫 양자역학 수업과 미분방정식 수업을 가까스로 통과한 일을 결코 후회하지 않는다는 의미이기도 하다. 내가 시험을 겨우 통과했던 이유는 당시 하버드대학교 미화원의 생활임금을 위해 투쟁했기 때문이다. 나는 흑인 학생으로서 대학의 흑인 노동자 대부분이 끔찍하게 대우받는 현실을 보고 하버드가 나의 이모, 삼촌, 사촌처럼 생긴 사람들을 어떻게 생각하는지 알게 되었다. 피트 부티지지Pete Buttigieg의 회고록에 따르면 그는 하버드 생활임금운동Harvard Living Wage Campaign 때 메사추세츠홀을 21일 동안 점거하는 동안 그 사실을 편리하게 무시했다. 하지만 나는 이 노동자들이 하버드에 한 공헌과 학계 연구에서 맡은 역할을 알리기 위해 투쟁에 가담하기로 결심했고, 연좌 농성에 필요한 음식을 조달했으며, 외부에 구성해놓은 천막촌 관리를 도왔다. 우리는 노동자와 함께 관리직의 임금을 인상하는 데 성공했다.

부티지지는 2020년 민주당 대선 후보로 출마하며, 자신이 잊힌 노동계급 노동자들을 살뜰히 살폈다고 주장했다. 그러나 2019년 회고록에서는 억만장자이자 페이스북 창업주인 마크 저커버스Mark Zuckerberg가 캠퍼스 전체에 걸쳐 우리보다 훨씬 더 영향력 있는 일을 한다고 주장했다. 저커버그가 농성 당시 여전히 고등학생이었다는 점도 주목할 만하지만, 더 중요한 사실은 보통 '특별한 기술이 없는' 노동이라고 불리는 업무를 바라보는 부티지지의 관점이 전형적이기 때문에 부티지지의 태도가 노동의 가치를 평가하는 데 우리가 직면하는 문제를 상징한다는 점이다. 미화원, 식당 직원, 행정 보조원들의 기여도를 이해하면, 외부 의탁이나 일자리 감축으로 급여를 삭감함으로써 비용을 절감하는 경영 방식이 실제로 과학에 해를 끼친다는 사실을 깨닫게 된다. 이는 전 직장이었던 워싱턴대학교에서 우리 사무실의 쓰레기통을 비워주는 사람들에게 급여 지급을 중단했을 때, 그 조치가 과학을 퇴보시키는 일이었음을 이해한다는 뜻이기도 하다.

우리는 과학에 쓰레기통을 비우는 일도 포함된다는 사실을 알아야 한다.

11장

강간은 과학 일대기의 일부이다

경고: 이 장에서는 성폭행 등 불편한 주제를 다루고 있음.

성희롱, 성폭행, 성차별에 관한 논의가 우주의 장엄함에 대한 경이로움으로 시작하는 책의 많은 비중을 차지해서는 안 된다. 역사책이 아니고서는 이러한 논의를 자세히 하기 어렵다. 그러나 사회 현상으로서 물리학이 어떻게 작동하는지 주의 깊게 들여다보면 학계에 사전 경고가 필요할 수도 있겠다는 사실을 깨닫게 된다. 과학과 수학 분야에서 성희롱은 일찍부터 시작된다. 아직 10대가 되지 않은 소녀들에게도 발생한다. 때로는 집이나 다른 곳에서 더 나쁜 일들이 벌어지고 있다. 그럼에도 이 내용을 책에 넣어야 할지 확신이 서지 않은 이유는 언론에서 책의 전체 내용보다 이 장만 집중적으로 다룰까 봐 걱정이 되기도 했고, 강간 문화의 유일한 피해자이자 피해자가 될 가능성이 가장 높은 소녀들을 두려움에 떨게 하고 싶지 않았으며, 내 경험은 강간 이상이기 때문이었다.

또한 나는 이상적인 과학주의의 번영에서 매력을 느끼는 여성이다. 10대 때는 물리학의 기본 방정식을 풀면 나머지 우주의 질서가 올바르게 도출될 수 있다고 믿었다. 성인이 된 지금은 과학이 권력과 떼려야 뗄 수 없는 관계에 있다는 사실을 알고 있다. 한 친구는 내게 우주가 항상 정확한 계산에 따라 돌아간다는 사실에서 위안을 느낀다고 말했다. 그러나 이를 이해하려는 탐구 정신, 바로 그 욕망은 권력 관계에 깊이 뿌리를 두고 있다. 우리는 우주 인플레이션과 같은 과거의 사건만을 설명하고 싶은 것이 아니다. 케이티 맥Katie Mack이 우주의 종말을 여러 각도로 자세히 다룬 아주 매력적인 책《우주는 계속되지 않는다: 천체물리학자가 바라본 우주의 종말The End of Everything (Astrophysically speaking)》에서 논의했듯이, 우리는 미래의 사건도 예측하고 싶어 한다. 전 우주의 잠재적 운명을 아는 것에서 우리는 강렬한 느낌을 받는다. 나는 이 책을 쓰면서 자신뿐만 아니라 다른 사람의 권력과도 씨름했다. 과학에서, 학계에서, 자본주의에서 권력의 위치에 있는 사람들은 아주 빈번하게 다른 사람을 학대한다. 어떻게 이런 일이 일어나는지 이야기하지 않는다는 것은 정직하지 못한 일일 것이었다. 그러나 그럼에도 나는 잠자코 있었다. 말하고 싶지 않았다.

그러나 가부장제와 그에 딸려오는 특정한 형태의 폭력은 우리 자신뿐만 아니라 타인, 우리 주위의 세계와 관계 맺는 능력을 손상시킨다. 강간은 과학의 일부이며, 과학의 진실을 이야기하는 책에서 이 장을 빼버린다면 거짓말이나 다름없을 것이다. 앞으로 나올 내용에 당신이 어떻게 반응하든 아니면 아예 건너뛰기로 마음먹었든, 이것만은 생존자들이 알아두었으면 한다. 강간은 믿을 수 없을 정도로 끔찍한 일이며 우리는 강간 문화의 뿌리를 뽑기 위해 죽기 살기로 투쟁해야 한다. 성폭력은 모두에게 일어나는 일은 아니지만, 너무 많은 사람에게 일어나고 있다. 성폭력은 실제로 트라우마를 남기지만, 그렇다고 생존자의 삶에서 맨 마지막이나 가장 큰 부분을 차지할 필요는 없다. 성폭력은 항상 나를 구성하는 일부로 남겠지만, 내가 누구인지 정의하지는 못할 것이다.

◇◇◇◇◇◇

이 장은 다른 장을 쓰던 중에 우연히 시작되었다. 그 글은 대학원 생활을 시작할 무렵으로 접어들어 나와 우주 가속의 관계를 다루고 있었고, 거기서부터 막히기 시작했다. 내가 쓴 내용은 다음과 같다.

> 나는 두 번째 학기에 강간을 당했고, 솔직히 그 일은 숨이 막힐 정도로 강한 충격이었기 때문에 과학에 제대로 집중할 수가 없었다. 스스로에게 역겨움을 느끼고 삶에 의미가 없어졌을 때 무언가에 집중하기란 실제로 상당히 어렵다. 친밀했던 과학자에게 강간을 당한 후, 과학과 깊은 관계를 유지하기도 힘들었다. 게다가 나는 재정적으로나 정신적으로 집에 갈 여유가 없어 계속 수업을 들어야 했다. 별이 빛나는 원리를 뒷받침하는

핵물리학은 실제로 상당히 복잡해서, 근심을 떨쳐버리려고 술을 마시거나 춤을 추러 나가지 못할 때 나를 바쁘게 만들어주었다.

하지만 중요한 것은, 강간이 내 삶을 바꿨어도 본질적으로 나를 바꾸지는 못했다는 것이다. 그 겨울 학기에 빠진 수렁에서 기어 나오는 데 몇 년이 걸렸지만, 박사후연구원으로서 나는 우주 가속 문제의 쿼크뿐만 아니라 사실 내가 과학을 수행하는 방식도 걱정거리라는 사실을 깨달았다.

그리고 나는 암흑 우주를 다루는 장의 중간에 강간 이야기를 쓰고 싶지 않다고 적었다. 입자물리학이 얼마나 멋진지 설명하는 장에서 강간 이야기를 읽고 싶어 하는 사람은 아무도 없을 것이다. 하지만 그때 이러한 질문이 떠올랐다. 강간은 어떻게 내 과학 일대기에 들어온 걸까? 분명 들어와 있었다. 나는 계획했던 내용을 쓰려고 했지만, 정신을 차려보니 이 장을 쓰고 있었다. 나는 글을 멈출 수 없었다. 아마도 15년 넘게 내 안에서 자라났기 때문일 것이다.

그래서, 어떻게 강간은 내 무질서한 우주로 들어온 걸까?

강간범의 이름, 직장, 강간범 그 자체를 마주하지 않으면, 들어갈 수 없는 곳이 많다. 그사이 그는 자신과 관련된 내 행동 정보를 수집하려고 노력한다. 나도 그런 얘기를 듣는다. 그러나 내가 과학을 하는 이유는 외부 전문가 네트워크나 환경을 넘어선다. 과학은 내 머리에서 시작한다. 내 머리에서 일어나는 여러 일들로 둘러싸여 있다. 최근에 나는 내 몸을 바라보면서 그 사람이 나를 보고 했던 말, 나를 성적으로 느끼고 놀라던 모습에서 떠올렸던 생각, '내가 성적으로 보이나?'라는 생각을 하지 않으려 노력하고 있다.

이런 생각을 하면서 나는 누군가가 성적으로 매력이 있는지 아닌지를 판단하는 행위가 단순히 감정적인 것만은 아니라는 사실을 깨달았다. 그것은 권력을 행사하는 것이기도 하다. 권력을 행사하여 상대방이 성적으로 괜찮은지 아닌지를 판단한다. 강간 반대 활동가들은 강간이 권력에 관한 것이라고 이야기하지만, 당시 그 사람이 내게 "싫다"는 말을 취소하라고 강요했던 이유가 내게 권력을 행사하기 위해서가 아니라 쾌락 때문인 것처럼 보였기 때문에, 나는 항상 이 지점에서 약간 혼란스러웠다. 하지만 권력 때문일까? 그 사람은 자신의 권력을 과시하려고 내게 "싫다"는 말을 취소하라고 강요했던 것일까? 정말 남성들은 자신을 통제할 수 없을 정도로 약한 것일까? 바로 이러한 생각을 하며 나는 과학을 하고 있다.

무엇을 또 통제할 수 없을까? 예를 들어 우주 팽창 같은 것이 있다. 우주 팽창은 완전히 통제 불가능한 상태로 볼 수 있다. 우리는 왜 우주가 가속 팽창하는지 알지 못하며, 무엇이 이 팽창을 멈출지도 알 수 없다. 그러나 통제 불가능한 상태가 아닐 수도 있다. 현재로서는 단지 그 이면의 원리를 우리가 통제하지 못하는 것뿐일 수 있다. 실제로 계몽주의 이후 수 세기 동안 공식화된 과학은 세계가 돌아가는 방식을 파악하고 다음에 무슨 일이 발생할지 예측하는 데 사용할 수 있는 규칙과 법칙으로 정보를 조직해서 세상을 통제하려는 시도에 해당한다. 이런 방식으로 우리는 자연을 지배하고 자연의 예측 불가능성과 씨름하며 타고난 신체의 자연적 한계를 확장한다. 과학은 통제를 실천해왔다.

우리는 과학을 연구하는 방식도 받아들인 데이터도 모두 판단하고 통제한다. 과학은 소위 과학적 방법론을 중심으로 느슨하게 조직된 활동의 집합이지만, 이 과학적 방법론의 구성 요소조차 분야마다 다르다. 어떤 사람들은 과학이 방정식의 예측이든 실험주의자의 데이터든, 데이터에 관한 학문이라고 말할 것이다. 이 모든 것은 권력과 아무 관련이 없는 것처럼 보이지만, 다음과 같은 질문에서 의문이 생긴다. 누가 관찰의 권력을 갖고 있는가? 누구의 관찰이 진지하게 받아들여지는가? 누가 유능한 관찰자로 여겨지는가? 우리가 서로의 데이터와 결론을 판단할 때, 이 판단은 항상 증거에 근거하는가? 누구의 과학적 방법론이 믿을 만한가?

내 이야기를 공개적으로 털어놓으면 누가 나를 믿어줄까? (강간범이 이 글을 읽을 경우를 대비해, 털어놓지 않겠다고 그를 안심시켜야 할 것 같다.) 강간에 관한 대화는 항상 '누가' 말했는지에 얽매이는 것처럼 보인다. 사람들은 이렇게 말한다. "그 여자 말이 거짓말이면 어쩌지?" 통계에 따르면 그럴 가능성은 거의 없다. "통계만 믿고 한 남자의 인생을 망칠 셈이야?" 사람들은 알고 싶어 한다. 그러나 남성들이 여성의 삶, 트랜스젠더와 시스젠더 남성의 삶, 논바이너리의 삶을 망쳐놓은 모든 시간은 아무 이유도 없이 궁금해하지 않는다. 통계는 없고 가부장제와 여성혐오만 있을 뿐이다.

17세기의 물리학자 로버트 보일Robert Boyle은 여성을 유능한 관찰자로 여기지 않았다. 실제로 보일은 여성이 본질적으로 위험한 성적 대상의 역할을 하며, 여성이 인류를 위해 할 수 있는 최선은 가능한 한 순결한 상태를 유지하는 것이라고 생각했다. 물리학과 학생들은 신입생 수강 과목은 아니지만 통계역학과 열역학을 수강할 때 보일의 법칙을 배운다. 보일은 기체의 압력이 부피에 반비례한다는 사실, 즉 기체가 들어 있는 공간을 줄이면 압력이 올라간다는 사실을 알아낸 사람이다. 보일의 법칙은 아주 유명하지만, 보일의 여성혐오는 그렇게 널리 알려지지 않았다. 보일은 결국 산업혁명에 결정적이었던 물리 법칙을 발견했다는 이유로 면죄를 받았다. 그리고 오래도록 기억되었다.

내가 강간범의 신원을 공개하지 않는 이유는 처벌할 생각이 없기 때문이기도 하지만, 내게 내려질 형벌도 두려웠기 때문이다. 사람들은 내 말을 믿지 않고, 내가 기여한 다른 일들이 아니라 이 일 하나로 나를 기억할 것이다. 내가 "싫다"고 말한 것을 들은 사람은 그 사람과 나뿐이며, 나는 그 사람이 자신에게 특별히 불편했을 그 기억의 잔재를 모두 버렸다고 확신한다. 강간 피해자는 잘 기억되지 않지만, 기억된다 해도 오히려 자신이 난잡했다는 사실에 부끄러워하는 거짓말쟁이, 음란하고 문란한 여자로 기억된다.

서양 역사를 통틀어 남성은 항상 여성을 믿지 않는 타당한 이유를 내놓았으며, 역시 서양 역사를 통틀어 많은 여성이 이에 동의했다. 일부 문화권에서 가부장제에 동의하지 않았던 여성은 화형과 교수형에 처해졌다. 모계 중심 사회는 상대적으로 흔하지 않았지만 분명 존재했다. 서구 제국주의는 이를 선호하지 않았다. 하지만 이 사회는 싫어해도 이들의 땅은 좋아해서 이를 차지하기 위해 엄청난 힘과 폭력을 사용했다.

우리가 일을 하는 이유와 권력 사이에는 어떤 관계가 있을까? 나는 한때 암을 정복하여 자연을 통제하고 싶었다. 그러다 자연을 더 상세히 파악해서 통제하고 싶었다.

강간은 어떻게 내 과학 일대기의 일부가 되었을까? 둘 다 권력에 관한 것이라면 과학은 왜 강간과 다를까? 강간과 과학 모두 권력과 관련이 있지만 분명하게 드러나지는 않으며, 권력 역학은 이런 방식으로 작동한다. 강간은 욕망에 관한 것이라고 알려져 있지만, 실제로는 소유권에 관한 것이다. 과학은 호기심으로 발전한다고 알려져 있지만, 실제로는 … 사실 나도 과학이 항상 통제에 관한 것인지, 그래야 하는 것인지 여전히 확신할 수 없어서 단언하기가 쉽지 않다. 그러나 서구 세계에서 지난 500년 동안 일어난 과학적 활동을 종합해보면 과학은 통제에 관한 것이었다. 지금도 그렇다.

강간은 내 과학 일대기의 일부이다. 매일, 적어도 하루에 한 번은 강간을 떠올리기 때문이다. 나는 내가 어떻게 강간을 당했는지 떠올려본다. 내게 벌어진 일을 '강간'이라고 불러도 괜찮은지 의문이 든다. 많은 여성이 강간을 당하고 대부분의 여성이 살면서 몇 번은 일종의 성희롱을 경험한다는 사실을 생각한다. 나는 내 옷을 벗기고 그 사람이 내게 했던 말을 떠올린다. "몸이 생각보다 예쁘네." 그 사람은 놀라워했다. 밤새 술을 먹이고 마리화나를 주고서는 내 몸이 예쁘다며 놀라워했다. 처음부터 그렇게 느낀 것이 아니었다면 왜 나를 강간하려고 했던 것일까? 당시 나는 어려 보였다. 미성년자처럼 보였을 것이다.

강간은 내 과학 일대기의 일부이다. 매일 강간을 생각하며, 매일 과학자가 되려고 노력하지만 강간을 생각하는 매 순간 내 삶에서 시간이 깎여나가고 있기 때문이다. 우리 가족의 흑인 여성들이 피할 수 없었던 고혈압과 심장병에 걸릴 위험은 빠르게 올라가고 있다. 내 친척 중 한 여성은 내가 태어나기 몇 년 전에 강간을 당했다. 어느 금요일 근무 시간 중에 그 여성은 내게 전화를 걸어 이 사실을 말했다. 내가 이 일을 할 만큼 운이 좋았기 때문에 연구를 하던 어느 날이었다.

강간이 내 과학 일대기의 일부인 또 다른 이유가 있다. 교수로 부임한 후 첫 학기에 나는 물리학과 교수진 수련회에서 두어 시간 동안 자리를 비우고 STEM 분야의 성범죄에 관한 강연에 참석했는데, 여기에서 STEM 분야에서 벌어지는 성범죄의 한 예시로 '성적 강압'이 몇 차례 언급되었다. 강연이 끝난 후 나는 강간당한 적이 있는 여성 교수 몇 명과 강간 피해 경험에 관해 가볍게 논의했고, 흑인 남성 교수 몇 명은 동료 흑인 천문학자 닐 디그래스 타이슨Neil deGrasse Tyson이 누군가를 강간했을 수도 있다는 사실이 어떻게 밝혀졌는지 이야기해주었다. 나는《사이언티픽 아메리칸》에 이에 관한 글을 기고했다. 내 이름을 걸고 처음이자 마지막으로《사이언티픽 아메리칸》에 실은 글은 강간에 관한 것이었다. 글이 발표된 후, 여성들은 자신들을 불편하게 했던 닐 디그래스 타이슨과 있었던 일들을 제보해주었고, 나는 이름을 모르는 다른 가해자들이 저지른 강간과 성범죄 이야기를 공유해주기도 했다.

강간 이야기는 나의 이메일에 꽤 주기적으로 들어오고, 소셜미디어 타임라인에도 자주 올라온다. 강간은 이 일을 각주처럼 취급하는 사람들을 제외한 모두의 과학 일대기에 들어 있는 것 같았다. 반면 우리 같은 사람들은 강간 사실에 관해 장마다 제목을 붙이고 살아가거나 심지어 두꺼운 책으로 남겨야 할 수도 있다. 이 일은 나에게도, 내 친구에게도, 언니에게도 일어났다. 여동생에게 일어났는지는 알 수 없지만, 위험은 언제나 도사리고 있기 때문에 걱정스럽다.

편집자에게 당부하고 싶다. 강간은 내 일대기를 관통한다. 이 주제 하나로 연대표를 구성할 수도 있다. 15분 전까지 나는 보스-아인슈타인 응축체 암흑물질에 관해 쓰고 있었지만 지금은 강간에 관해 쓰고 있다. 과학계에서 강간이 늘 일어나기 때문에 과학과 젠더에 관한 글을 쓰려면 강간에 관한 글을 쓸 수밖에 없다. 따라서 강간은 내 과학 일대기의 일부이다. 나는 과학 학회에서 과학자에게 강간당했다. 한번은 어느 과학자가 내 호텔 방에 따라 들어오더니 나를 벽으로 밀어 놓고 허락 없이 키스한 적도 있다. 당시에 나는 동의를 중요하게 생각하지도 못했다. 그저 남자들의 방식이겠거니 생각했고, 불편했지만 왜 그 남자를 내 방까지 따라오게 내버려두었는지 자책했다. 그가 내 의사를 묻지 않았다는 사실은 생각지도 못했고, 나중에서야 그가 내 무관심을 동의로 받아들였다는 사실을 알게 되었다. 그는 나를 따라와서 동의도 얻지 않은 채 벽에 밀어붙여 키스함으로써 우리가 얼마나 완벽하게 어울리는지 보여주는 것이 낭만적이라고 생각했다.

“강간은 과학 일대기의 일부이다”라는 이 장은 책을 끝까지 읽으려던 사람도 읽기 꺼려질 부분일 것이다. 강간은 내가 살고 싶지 않았던 삶의 한 부분이며, 나는 살아가면서 때때로 삶을 빨리 끝내고 싶다는 생각을 하기도 했다. 강간 이후의 삶에는 새로운 방식의 노력이 필요했다. 적당히 술을 마셨고 학문적으로 양자역학과 별의 핵천체물리학을 그럭저럭 배워나갔지만, 내면에서는 내게 벌어진 일을 이해하지 못했고, 아주 많은 알약을 삼키고 싶었다.

이 사건은 내 머릿속에서 계속 재생되고 있다. 놓아주고 싶지만, 밤마다 나와 함께 머물고 있다. 계속 떠올리게 된다. 나는 파일을 열어두고 무엇을 써야 할지 생각했다. 마음 한편에서는 ‘어떻게 강간이 내 과학 일대기의 일부가 되었는지 쓰고 싶다’는 생각이 있었지만, 다른 한편에서는 ‘아무도 빌어먹을 강간이 어떻게 과학 일대기의 일부가 되었는지 쓰고 싶어 하지 않을 것’이라고 생각했다. 하지만 강간은 내게 이런 것이었다. ‘강간당함’, ‘강간당한 사람’, ‘선배에게 강간당한 학생’, ‘대학원생 시절 강간당한 박사후연구원’, ‘대학원생 시절 강간당한 교수’, ‘성관계 중 가끔 공황발작을 일으키는 대학원생, 박사후연구원, 교수’는 내 정체성의 일부가 되었다. 나는 과학자로서 온 힘을 다해 마음을 다스리려고 노력하지만, 강간 이후에는 이렇게 마음을 다스리는 기본적인 일을 할 수 없게 되었다.

이것이 바로 나다. 나는 내가 강간 피해자라는 생각을 완전히 받아들이는 데 10년이 넘게 걸렸다. 나는 생존자로 불린다. 가끔은 나도 그렇게 부른다. 생존자도 내 정체성이다. 나는 받아들이려 노력하는 사람이기도 하고 받아들이기 싫어하는 사람이기도 하며, 매번 갈팡질팡하는 사람이기도 하다. 나는 내가 그때 동의했을 수도 있다고, 그래서 지금 괜한 일을 키우는 것일 수도 있다고 생각했다. 처음 2주 동안은 "싫다"고 말한 기억이 없었다. 나는 그냥 죽고 싶었고, 벼랑에서 차를 타고 뛰어내리고 싶었다. 그러나 그때 "싫다"고 말했던 기억이 돌아왔고, 그 순간은 내가 가장 사랑하는 할아버지가 돌아가셨다는 사실을 알았을 때 또는 자전거 도로에 사람이 있는지 확인할 겨를도 없이 택시비를 걱정하던 사람이 몰던 차에 치여 턱이 두 군데 부러졌을 때와 비교될 정도로 내 인생 최악의 기억이었다. 어떤 면에서 강간당한다는 것은 턱이 너무 심하게 부러져 철사 접합으로는 고정할 수 없고 티타늄 판을 집어넣기 위해 몇 시간의 수술을 해야 하는 상황보다 더 고통스럽다. 신경치료와 두 번의 교정기 치료를 거쳐 신경이 노출된 열 개의 치아가 부러진 채로 일 년을 살면서 먹거나 마실 때마다 눈물이 고일 정도로 고통스러웠지만, 강간은 그보다 더 괴로웠다.

아마 이 시점에서 강간이 내 과학 일대기의 일부라는 사실에 관해서는 더 할 말이 없을 듯하다. 사실 이 말을 하고 나니 메스꺼운 기분이 드는데, 더 할 말이 없다는 것은 거짓말이기 때문이다. 할 말은 많지만 말하기가 두렵다. 강간범, 그 사람이 누구인지 알고 싶어 하는 사람들, 그 사람이 누구인지 알고 싶어 하면서도 강간이 아니었다고 믿을 사람들이 무섭고, 내가 그런 사람들을 믿을까 봐 두렵다. 내가 "싫다"고 말했던 순간을 기억할 때마다 유체 이탈을 경험하는 것 같다. 내가 싫다는 표현을 했다면 그 이후 일어났던 일은 왜 일어났을까? 차에 치일 때 나는 넘어지면서 '아침에 아프겠다'고 생각했다. 아플 것 같다는 생각이 들었다. 미래를 본 셈이었다.

내가 "싫다"고 말했을 때는 미래가 보이지 않았다. 그가 쾌락을 경험하는 동안 미래는 없었고, 나는 끝나기만을 기다렸다. 거기에는 창문이 있었고, 닛산 차인 것 같은 하얀 세단이 나트륨 가로등 아래 있었다. 나트륨, 589나노미터. 처음 배운 파장이었다는 것 외에는 별다른 이유 없이 내가 가장 좋아했던 전자기 파장이었다. 어떻게 내 방으로 돌아왔는지는 기억나지 않는다. 비행기에서 남자 친구에게 전화를 걸어 헤어진 기억은 난다. 더러운 기분이 들었던 기억도 난다. 나 자신이 더럽혀지고 구원받을 수 없다고 생각했던 기억도 남아 있다.

그다음 주에 숙제를 한 기억은 없지만, 했다는 사실은 안다. 나는 수업을 통과했다. 이듬해 자격 시험을 통과할 만큼 충분히 공부했다. 나는 더러웠지만 지구상에서 가장 유명한 천문학 프로그램 중 하나에 속한 박사학위 과정 학생이었다. 둘 다 경험적으로 어느 정도는 사실이었다.

강간은 이제 물리학 교수가 된 내 일대기의 일부이다. 교수가 된 지 3주가 지난 어느 날 아침, 나는 일어나서 10분 동안 트위터 뉴스피드에서 서로 다른 세 건의 강간에 관한 세 편의 글을 읽었다. 그 이야기를 읽으면서 다음과 같은 생각의 순환을 거쳤다. 첫째, 아마 이 여성의 말이 거짓말일 수도 있다. 둘째, 분명 경찰은 끔찍하게 인종차별적이기 때문에 흑인 남성을 체포하려고 신이 났을 것이다. 그러나 경찰이 끔찍하게 인종차별적이어서 흑인 남성을 체포하려고 신이 났을 수도 있지만, 이 남성이 강간범일 수도 있으며 사법 제도는 현재까지 우리 인간 사회가 힘을 합쳐 강간 행위에 맞서기로 한 유일한 해결 방식이다.

하지만 나는 여성이 거짓말쟁이일 수도 있다는 생각에 머물러 있다. 이렇게 생각하는 나 자신이 싫다. 사람들이 나를 보며 똑같이 생각할 것이고, 이런 생각이 이어져 내 인터넷 검색창을 뒤덮는 데 사용될 수 있다는 점이 가장 두렵기 때문이다. 나는 삶에서 이룬 다른 어떤 일도 아닌 이 사건으로 기억될 것이며, 내 삶은 내게 일어난 일 중 최악의 사건에 사로잡힐 것이다. 나는 누군가에게 강간당했다는 이유로 유명해진 사람이 되고 싶지 않다.

사람들이 강간범의 이름을 찾아낸다는 생각이 너무 끔찍해서 이 생각을 멈추기 위해 글을 쓰지 못하고 이메일과 트위터를 확인한다.

그러나 트위터에서는 많은 사람이 흑인 여성혐오를 이야기하고 있다. 내 받은편지함에는 팔레스타인 사람들의 인간성을 인정한다는 이유로 공격받고 있는 유대인 기관에 기부하여 받은 감사 편지가 있다. 내가 생각하기에 이 모든 것의 이면에는 강간이 도사리고 있다. 팔레스타인 여성이 감내해야 했던 강간, 이스라엘 방위군에 속한 유대인 여성들이 팔레스타인 여성의 삶을 폭력적으로 통제하는 동안 감내해야 했던 강간, 학계의 흑인 여성이 감내해야 하는 강간, 학계의 흑인 여성인 내가 영원히 감내해야 하는 강간. 나는 강간당한 과학계의 여성으로 영원히 남을 것이기 때문에 강간은 내 과학 일대기의 일부이다. 우리는 도처에서 벌어지는 모든 강간에 관한 이야기를 멈출 수도 없고 멈춰서도 안 된다. 강간은 계속 벌어지고 있기 때문이고 그런 사람들도…. 아, 강간이 계속 벌어지는 이유를 도무지 모르겠다. 하지만 앞서 말했듯이, 강간 반대 운동가들에 따르면 강간은 권력power과 관련이 있다.

물리학의 일률power에는 에너지가 변화하는 속도, 즉 일을 하는 속도라는 아주 구체적인 의미가 있다. 일에도 아주 구체적인 의미가 있다. 힘의 방향에 따라 힘이 무언가를 움직였을 때 우리는 일을 했다고 한다. 예를 들어 한 남성이 당신을 끌어당기려고 힘을 쓰면, 일을 하고 있는 것이다. 움직이는 대상은 아무 일을 하지 않는다. 일률, 즉 권력은 그 남성이 당신을 끌어당기는 동안 수행한 일의 양이다. 움직이는 대상은 이와 관련된 아무 권력이 없다.

나는 이 기억을 꺼내어 내게서 멀리, 아주 멀리 떨어뜨릴 수 있는 권력이 있었으면 한다. 말하자면, 내게 태양 핵의 불지옥으로 이 기억을 던져버릴 수 있는 권력이 있었으면 좋겠다. 태양은 사실상 대개 수소를 헬륨으로 전환하는 일련의 핵폭발이다. 이 기억을 내 안에서 터뜨리는 것보다 태양 내부에서 터뜨리는 것이 나을 것이다. 그러나 이 기억은 내 몸에 새겨져 있기 때문에 대신 내가 어떤 힘을 쓸 수 있는지 알아내야 했다. 나는 어떤 일을 할 수 있을지 생각해보았다. 수년 동안, 나는 홀로 존재하는 곳에서 밤새도록 격렬하게 싸웠다.

당장 내가 깨달은 바는 내 이야기로 사람들의 마음을 움직일 수 있다는 사실뿐이다. 내 이야기 조각을 한데 모아 더 넓은 세상으로 보낼 수 있으며, 이 이야기가 가닿는 사람들에게 도움이 되기를 바란다. 레이시 M. 존슨Lacy M. Johnson은 《심판Reckonings》에서 이렇게 적었다. "나는 그가 타인의 기쁨에 봉사하며 여생을 보내길 바란다." 나도 그러길 바라지만 희망이 없다. 그는 마음대로 세간의 이목을 끌고 권력을 추구하며, 절대 자신을 억제하지 않고 내 업무 환경을 바꿀 책임은 생각조차 하지 않을 것이다. 내가 그에게 적용할 수 있는 유일한 힘은 나 스스로 핵의 불지옥이 되어 그를 집어삼키는 것뿐이지만, 이는 나를 완전히 바꿔버리는 일이다. 사람들은 나를 더는 과학자가 아니라, 남자를 싫어하고 관심받고 싶으며 하던 연구가 잘 되지 않아 한 남자를 모함하는 거짓말쟁이로 볼 것이다. 헬륨은 공기보다 가볍다. 가해자를 공개적으로 고발하는 강간 피해자가 되면 감당할 수 없을 정도로 무거워진다.

태양은 수소를 헬륨으로 바꿀 때 초당 38,460셉틸리언(1셉틸리언은 10의 24제곱—옮긴이) 줄의 에너지를 방출하며, 이 핵폭발의 위력은 초당 9경 톤의 TNT 폭약이 터지는 것과 같다. 언젠가 태양에 수소가 고갈되어 이러한 폭발이 지속되지 못한다면, 태양은 죽음을 맞이할 것이다. 태양이 죽은 자리에 남는 행성상 성운은 멀리서도 대단히 아름답게 보일 테지만, 사실 태양계를 파괴할 것이다. 폭발은 외부에서 보면 아름다워 보이지만, 내부에서는 살아 숨 쉬는 행성이 죽어가고 있을 것이다.

나는 스스로 삶을 되찾으려고 다양한 방식으로 대처하고 있다. 진단받은 외상후스트레스장애가 하루, 일주일을 위협할 때마다 내 대처 방식은 달라진다. 첫날에는 보통 앉아 있기보다 더 많은 일을 하려고 노력한다. 어려운 일을 생각하거나 계산하기는 거의 불가능하다. 그런 첫날 중 어느 날에는 표면상 업무와 관련된 세 통의 전화를 하면서 울었다. 그 전화는 천문학자가 더 넓은 세상과 소통하는 방식, 서로와 소통하는 방식을 바꾸기 위해 노력하는 단체에서 온 것이었다. 수화기 건너편의 여성은 내 말을 들어주며 내가 울도록 그대로 두었고, 전화를 받고도 울음을 멈출 수 없다면 울게 두는 것도 자신의 일이라며 나를 안심시켰다.

또 언젠가는 조너선 칸Jonathan Khan의 《머릿속의 인종: 암묵적 편견에서 비롯한 인종 평등 투쟁에 대한 오해Race on the Brain: What Implicit Bias Gets Wrong About the Struggle for Racial Justice》를 읽고 서평을 쓰기 위해 나흘을 투자했다. 이 서평 〈다양성은 위

험한 설정이다〉는 내 블로그에서 가장 인기 있는 게시물이다. 한 친구는 이 글을 인쇄하여 자신의 아이비리그 화학과 사무실 밖에 게시했다. 다른 친구는 잡지로 만들었다.

바로 지금은 단순히 고통에 맞서 싸우기보다 다른 사람의 경험을 알고 싶다는 생각을 하며 글을 쓰고 있다. 나에게는 인정받고 싶은 욕구가 있다. 특히 인생에서 남성들과 실망스러운 대화를 나누고 나면 그렇다. 이런 주간마다 최선을 다해 나를 돌봐주는 내 남편은 지금 출장 중이라 멀리서만 나를 달래줄 수 있다. 남편이 떠나기 전날 밤, 나는 꿈에서 남편이 탈리스(유대인 의식용 숄)를 내 어깨 위로 늘어뜨리고 결혼식에서 내가 그의 탈리스 안에 들어갔을 때보다 나를 더 세게 안아주는 꿈을 꾸었다.

남편이 없는 동안, 나는 남편이 안전하게 나를 보호해주는 상상을 한다. 그러나 다른 대처 방안도 만들어놓아야 한다. 나는 각자의 방식으로 살아남으라는 경고를 담은 '생존자 키트'를 모아보기로 했고, 이 음악 목록, 도서 목록, 활동 목록은 이번 주에 내가 살아남는 방식이 될 것이다. 이 생존 방식에 관해 블로그 게시물을 쓴다면 다음과 같을 것이다. 나는 프랜시스 드리스콜 Frances Driscoll의 시집 《강간에 대하여The Rape Poems》를 주문했고, 그 책의 3분의 1을 읽으며 밤늦게까지 깨어 있었다. 또한 생존자이자 강간 및 기술 분야의 학자인 친구에게 전화를 걸었다. 나는 강간범을 다루는 광범위한 언론 보도에 대한 내 반응이 정상인지 바로 그 친구에게 묻고 싶었다. 친구는 나를 안심시켰다. 그리고 그런 이야기를 꺼내서 나를 힘들게 한 남자는 지옥에나

갈 것이라고 덧붙였다. 하지만 문제는 지옥에나 갈 그 남자를 내가 열렬히 사랑한다는 것이다.

또 다른 대처 방법으로 나는 영화제에서 막 개봉한 새 다큐멘터리에 관한 기사를 널리 알렸다. 이 다큐멘터리에서는 유명한 흑인 남성 강간범과 흑인 여성의 경험을 상세히 다루었다. 유명한 흑인 여성 제작자는 이 영화의 지원을 철회했다. 거기에는 그 제작자가 흑인 남성의 뒤를 캐는 것처럼 보이고 싶지 않았기 때문이라는 소문이 있었다. 그렇다면 왜 아무도 흑인 남성에게는 흑인 여성의 뒤를 캐는 것처럼 보이지 않도록 조심하라고 압박하지 않을까? 한 여성은 페이스북 게시글에서 자신이 이미 피해자였던 열한 살에 코비 브라이언트Kobe Bryant 사건이 전개되는 방식을 목격하면서, 자신에게 일어난 일을 이야기하면 어떤 일이 벌어질지 깨달았다고 했다. 우리 중 상당수는 그 사건을 통해 실제로 강간을 당하는 것 외에도 강간 피해자가 된다는 것 자체가 나쁜 소식인데다가 흑인들이 이미 너무 많이 고통받는 세상에서 살고 있기 때문에 만약 강간당할 예정이라면 흑인들이 사랑하는 유능한 흑인 남성에게 당하지 않도록 조심해야 한다는 사실을 배웠다. 한편 평범한 백인 남성에게도 당하지 않도록 주의해야 한다. 그들은 십중팔구 교묘하게 책임을 모면할 것이기 때문이다. 이런 경우는 흔히 볼 수 있다. 크리스틴 블레이시 포드Christine Blasey Ford는 브렛 캐버너Brett Kavanaugh가 자신을 성폭행했다고 전 세계에 차분하게 증언했다. 증언 이후 포드의 삶은 아마 더 좋지 않게 흘러갔을 것이다. 브렛 캐버너 사건은 대법원까지 올라왔다. 캐버너는 이 증언을 부인했고, 너무 흔해서 거의 일상적이기까지 한 일을 했다는 혐의에 분노하며 눈물을 흘렸다.

강간은 이제 한 인간으로서, 과학자로서 해내는 내 투쟁의 일부이다. 내 생존 방식 중 하나는 끝나지 않으리라는 사실을 알고 있으면서도 끝나지 않을까 봐 두려운 이 장을 추가하는 것이었다. 나는 한 파티에서 나를 강간했던 남자를 본 후 이 장을 쓰기 시작했다. 지금 내 오른쪽에는 내가 아침에 적어 둔 방정식들이 있다. 오늘은 최근에 외상후스트레스장애가 갑자기 재발하고 사흘째 되는 날이다. 나는 실패자처럼 느껴진다. 강간을 당하지 않고 인종차별에 대처할 필요가 없는 백인 남성은 내 지난 사흘보다 생산적으로 일했을 것이다. 그러나 나는 방정식을 적어두었다. 지난 이틀 동안 나눈 대화에서 자극을 받았기 때문이다. 어쨌든 일을 했다. 이 장은 끝나지 않겠지만, 나는 계속 나아가고 있다. 나는 단순한 강간 피해자가 아니라 삶을 선택하는 강간 피해자가 될 기회를 얻을 수 있기를 원할 뿐이다.

Phase 4 네 번째 상

모두를 위한 은하 공동체

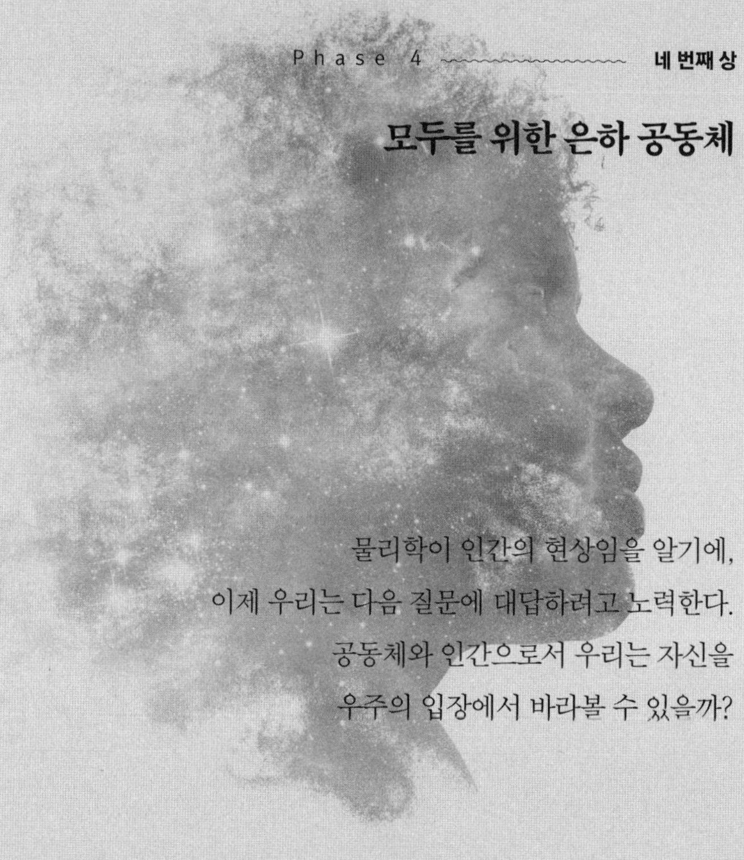

물리학이 인간의 현상임을 알기에,
이제 우리는 다음 질문에 대답하려고 노력한다.
공동체와 인간으로서 우리는 자신을
우주의 입장에서 바라볼 수 있을까?

12장

식민주의 과학과 마우나케아의 교훈

서로의 관계, 즉 세대에 걸쳐 친족에게 속삭이는 기도는 우리의 문화를 하나로 묶어준다. 친족의 보호, 가르침, 재능은 대대로 가족을 지켜왔다.

– 위노나 라듀크Winona LaDuke, 《우리의 모든 관계: 땅과 삶을 지키려는 원주민의 투쟁All Our Relations: Native Struggles for Land and Life》

2011년 가을, 나는 마틴 루서 킹 연구지원 프로그램에 새로 선정된 물리학과 박사후연구원으로 MIT에 도착했다. NASA에서 계획했던 연구 과제가 제대로 진행되기 어려울 것임이 확실해진 뒤 NASA 연구지원 프로그램을 그만두었지만, 떠나기 전에 MIT 교수 폴 셰흐터Paul Schechter를 만났다. 천문학자들은 폴의 이름을 바로 알아볼 것이다. 폴과 윌리엄 프레스William Press의 이름을 딴 프레스-셰흐터 공식Press-Schechter formula이 은하 천체물리학에서 가장 중요한 공식 중 하나이기 때문이다. 이 공식은 주어진 시공간 영역에서 얼마나 많은 은하를 관측할 수 있는지 예측한다. 폴은 천문학 분야에서 거인과 같은 사람이며, 아직도 알 수 없는 이유로 내게 관심을 보였다. 내가 MIT에 도착한 직후, 폴은 내게 대학원생 한 명과 함께 데이터를 수집하러 칠레 아타카마 사막 라스캄파나스 천문대Las Campanas Observatory의 6.5미터 쌍둥이 마젤란망원경Magellan Telescopes으로 관측을 가자고 제안했다.

동료들은 폴을 약간 무뚝뚝한 사람으로 생각하는 경향이 있기 때문에 이 이야기를 하면 보통 놀란다. 내가 왜 분명히 방해가 될 수다스러운 나 같은 이론물리학자를 굳이 관측에 데리고 가는지 물었을 때, 폴은 자신을 널리 알린 프레스-셰흐터 논문을 쓴 후 이론가로서 일자리를 찾지 못했다면서 내가 다른 가능성 없이 이론에만 갇혀 있지 않기를 바랐다고 말해주었다. 나는 부드럽게 미소지으며 속으로는 '글쎄, 전 괜찮아요'라고 생각했다. 실제로 폴이 나를 관측자로 바꾸지 못했으니 내 말은 맞은 셈이지만(이후에 엑스선과 감마선 천문학에 살짝 발을 담그기는 했다), 학계에서의 내 미래와 일반적인 삶에 대해 폴이 내게 보여준 커다란 관심을 대단히 감사하게 여긴다. 나는 이론물리학을 고수했지만, 아타카마 사막의 별빛 아래에서 폴과 나눈 대화는 내 삶을 바꿨다.

관측의 가장 중요한 일과는 하늘 사진을 찍는 밤에 이루어지기 때문에, 낮에는 대부분 암막 커튼이 드리워진 방에서 잠을 잔다. 폴은 으레 그러듯 내게 광학천문기기의 내부 장치를 보여주었다. 낮 동안 폴은 몇 시간에 걸쳐 나를 데리고 쌍둥이 마젤란

망원경의 내부 구조를 보여주었고, 설계를 채택하는 과정에서 어떻게 자신이 방향성을 가지고 일을 추진하는 데 도움이 되었는지 설명했다. 폴이 하는 말은 대부분 이해하기 어려웠지만, 그곳에서 나는 천문대를 짓는 데 필요한 엄청난 규모의 기술을 가까이에서 개인적으로 볼 수 있었다. 현장에서 일하는 칠레 기술자를 만나고서는 가끔 며칠 밤만 머무는 천문학자와 지역 사회에 뿌리를 내리고 천문대가 지어진 땅 근처에 살고 있는 사람들 사이에 어떤 종류의 동업 관계가 필요한지 깨달았다.

어느 날 저녁, 폴이 우리가 머물고 있는 산의 곳곳으로 나를 데려가준 덕분에 나는 더 오래된 천문대를 볼 수 있었고 거기서 일하는 사람들을 만날 수 있었다. 마젤란망원경은 그곳에서 가장 현대적인 최첨단 시설이었기 때문에 오래된 천문대를 방문하는 것은 시간 여행을 하는 느낌이었다. 그러나 규모가 작고 관측실이 구식으로 보일지라도 이 시설들은 여전히 운영 중이었고, 망원경을 놀라울 정도로 잘 활용하는 천문학자들이 여전히 이곳을 방문하고 있었다. 때때로 어떤 망원경 아래의 땅과 역사는 거의 주목을 받지 못하지만, 내 경험상 어떤 망원경도 천문학자들에게 헛되이 쓰이지 않는다. 방문을 모두 마친 뒤 폴이 한 시설 밖으로 나를 데리고 나왔고, 처음으로 한밤중에 내가 가본 곳 중 도시에서 가장 멀리 떨어져 있고 시야가 가장 좋은 곳, 즉 지구상에서 대기 간섭이 가장 적은 곳에서 하늘을 보았다. 전에 딱 한 번 '우리은하의 나머지'라고도 불리는 은하수를 본 적이 있었다. 은하수는 하늘을 가로지르는 별들의 띠로, 약 1000억 개의 별을 담고 있었다. 그러나 이런 모습은 생전 처음이었다. 지금까지도 내가 봤던 모습을 묘사할 만한 마땅한 단어를 찾지 못하고 있다. 나는 초자연적 현상을 절대 믿지 않는 사람이었지만, 사람들이 왜 믿는지 이해할 수 있을 것 같았다. 우주는 어떻게 이렇게 장엄할 수 있을까? 거기에 서서 셀 수 없을 정도로 많은 하얀 점들, 너무 작아서 우리 눈으로 구분할 수 없는 별들과 빛나는 기체의 조합으로 '은하수'라는 이름에 영감을 준 하얀 안개를 바라보면서, 내 마음은 경이로움과 동시에 깊은 슬픔으로 가득 찼다.

로스앤젤레스의 고속도로 옆에서 자란 나는 하늘에서 열 개의 천체를 찾고도 꽤 멋지다고 생각했었다. 밤에 하늘을 올려다볼 때는 주로 달을 보는 데 익숙했고, 아침에 학교 버스를 타려고 달려갈 때는 가끔 금성도 볼 수 있었다. 결국 나는 천문학에서 두 개의 학위, 물리학에서 박사학위를 취득했고 NASA에서 1년을 지낸 후에야 내 선조들이 바라본 밤하늘이 어떤 모습이었을지 짐작할 수 있게 되었다. 내 선조들은 이 칠레의 장엄한 밤하늘을 북반구에서 보고 있었다. 마젤란망원경에서의 그 순간, 나는 이전에는 전혀 알지 못했던 방식으로 내 선조들을 이해하게 되었고, 많은 흑인 아이가 밤하늘을 볼 수 있는 타고난 권리, 즉 인권을 부정당하고 있다는 사실을 깨달았다. 그리고 노예의 후손, 즉 아메리카 대륙에 살고 있는 흑인 대부분의 입장에서 어떻게 우리 선조들이 백인의 눈길을 피해 밤하늘을 이해하고 언급했는지 알 권리도 부정당하고 있다는 사실을 다시 떠올릴 수 있었다. 우리가 아프리카인의 우주론을 배울 수 있고 다양한 우주론과 문화적으로 뚜렷이 다른 우리만의 관계를 발전시킬 수 있는 것도 사실이지만, 크리스티나 샤프Christina Sharpe가 언급했듯이 이는 항상 원주민이 지식을 습득하는 방식에서 우리를 분리함으로써 작동하는 제도인 노예제의 결과로 나타날 것이다. 여기에서 비롯한 슬픔은 영구적이다.

이 슬픔은 자신의 고향인 원주민 공동체를 여전히 기억하고 있는 사람들이 정치적 자율성뿐만 아니라 문화적 자율성을 지키기 위해 왜 그렇게 열심히 투쟁하는지 이해하는 데 도움이 되었다. 즉 내가 폭력적인 식민주의로 시작하는 이야기를 통해 접하게 된 땅에서 믿을 수 없을 정도로 의미 있는 계시를 받았다는 사실에 주목해야 한다. 내가 아타카마 사막에서 이러한 깨달음을 경험했다는 모순은 잊을 수 없었다. 부유한 북반구 국가들의 학술 기관이 소유하고 운영하는 망원경이 산 곳곳에 있었다. 기후 변화로 환경이 바뀌더라도 대기 상태를 예측하기 더 쉽고 건조한 환경이기 때문에 이곳의 '시상'은 굉장히 좋다. 이러한 조건은 망원경에 적합했다. 그리고 이 망원경들은 유럽 식민주의의 맹공격에서 한 차례 살아남았던 원주민들을 대상으로 대량학살을 저지른 잔인한 독재자가 칠레를 통치하던 시절부터 세워졌다. 그 원주민 공동체 중에는 아타카메노스족Atacameños(원주민어로 리카나타이Likanataí)이 있는데, 이들은 오늘날까지 칠레의 정착민 국가와 영토 분배 논쟁을 지속하고 있다. 하지만 나는 칠레에 방문하는 동안 이런 것들을 생각하지 않았다. 칠레에 원주민이 남아 있지 않다는 말을 들었고, 그 이야기를 믿었다. 절대 간단한 답이 나올 수 없는 질문이었지만, 이 간단한 대답을 받아들이고 말았다.

라스캄파나스를 방문한 지 불과 몇 년 후, 나는 망원경 건설 문제로 전문가 집단과 갈등을 겪었다. 사실, 많은 천문학자는 과학과 종교 사이의 싸움으로 알려진 문제에서 내가 반대 쪽에 섰다고 생각했다. 이는 너무 단순하고 잘못된 이야기이다. 2014년 당시, 내가 망원경 건설을 위해 원주민에게 거리낌 없이 폭력을 가하는 전문가 집단의 일원이라는 사실을 깨달았다. 나중에 밝혀졌지만 내 많은 동료는 이 행동이 정체성과 뿌리를 빼앗는 것이나 마찬가지라는 사실을 이해하지 못하거나 신경 쓰지 않았다. 여기에서 나는 과학자로서의 정체성에 극심한 위기를 겪었다. 나는 스스로 물었다. "내가 과학에서 이렇게 고통을 받는다면 여기에 무슨 의미가 있는가? 불필요하게 타인까지 고통에 빠뜨린다면 과학에 무슨 소용이 있겠는가?" 나를 위기에서 구해준 사람은 천문학자가 아니라 오히려 천문학자들이 악마화하고 있는 사람들이었다. 카나카 오이위(하와이 원주민)의 문화적 지식을 보유하고 있는 사람들은 당시 내 위치에 이의를 제기하며 내가 과학을 비판적으로 바라보고 과학 자체와 세상의 과학에서 내 위치를 찾을 수 있는 대안까지 생각하게 해주었다.

이야기가 시작되었던 2001년으로 돌아가보자. 하버드대학교의 기숙사인 애덤스하우스Adams House의 내 방 책상에서 야후! Yahoo!의 뉴스란을 확인하고 있을 때, 조시에게서 메일이 왔다.

같은 학교 물리학부 한 학년 선배였던 조시는 아량을 베풀어 내게 마우나케아에 새로 지어진 천문대의 망원경 기술자 일자리를 제안했다. 그 '마우나케아' 맞다. 연봉은 5만 달러였고, 내가 대학에 가기 전 어머니가 나를 양육할 때 받은 재정 지원 신청서에 쓰여 있던 액수의 두 배였다. 나는 이 기회를 잡을 생각에 마음이 들떴다. 신이 나서는 졸업도 하기 전에 학자금 대출을 갚을 수도 있겠다고 생각했다. 이번에는 브루클린에 사는 할머니에게 실제로 내가 대학에서 무언가 이뤄냈다고 말할 수도 있을 터였다. 아무것도 성취하지 못한 내 실패담을 할머니가 당신 친구에게 험담할까 걱정하면서 할머니 생일을 제외하고는 부끄럽게도 모든 전화를 피했던 내가 직접 전화를 받을 수도 있었다.

이건 기회였다! 학교를 1년 쉬면서 천문학 주요 시설에서 경험을 쌓으면, 좋은 박사학위 과정에 입학할 수 있었다. 천문학 분야에서 1년 동안 실질적인 정규직으로 일하면서 탁월하게 업무를 수행했다는 추천서를 받는다면 내 평범한 학점은 문제가 되지 않을 것이었다. 이 일자리 하나면 내가 하버드에 들어올 준비가 되지 않았다는 굴욕감을 지울 수 있었다. 하버드는 입자물리학과 천문학에 크게 기여하려는 내 열망을 북돋우기보다 내가 상류층(중산층) 남성들의 경기에서 절대 이길 수 없는, 인구 과잉에 자원이 부족한 학군 출신의 노동계급 자녀임을 스스로 깨닫게 했다. 나는 그 당시 충격을 받은 상태로 2년을 보냈으며, 참담하고 이해하기 어려워 보이는 권력 역학과 타협하지 못하는 내 무능력함에 점점 더 큰 충격을 받았다. 메일 하나로 조시는 모든 것을 바꿀 수 있는 열쇠를 내게 쥐여주었다.

나는 즉시 어머니에게 메일을 쓰기 시작했고, 마침내 어머니가 나를 자랑스러워할 수 있게 되어 정말 기뻤다. 뛰어난 전략가이자 풀뿌리 여성 단체의 지지자로 널리 알려진 어머니는 거의 혼자서 나를 키웠다. 나에게는 워싱턴 D. C.에 살고 있는 아버지와 새어머니가 있었지만, 대개 여름이나 겨울에 짧게 만나는 정도였다. 고등학교 마지막 2년 동안 드는 비용이 저소득층 부모가 감당할 수 없을 만큼 많다는 사실을 깨달았을 때, 어머니는 내게 마그넷 스쿨(인종이나 학군의 차별 없이 다닐 수 있는 특성화 공립학교—옮긴이)을 그만두고 오후에 일하러 나갈 수 있는 학교로 옮기라고 하지 않았다. 대신 뉴욕의 UN 본부에 익숙한 어머니가 밤에 비서로 근무하기 시작했다. 이 일자리를 얻어 새로운 문이 열린다면, 어머니에게 나를 위한 당신의 희생이 가치가 있었다고 말해줄 수 있을 것이었다.

이메일을 쓰다가 나는 잠시 멈췄다. 어머니에게 이 일자리 제안으로 무엇이 따라오는지 조금 얘기해주고 싶었기 때문에, 내 화려한 미래에 관해 더 많은 정보를 얻을 생각에 흥분하며 검색창에 "천문학 마우나케아"라고 입력해보았다. 나는 전에도 하와이에 간 적이 있었다. 친한 친구의 부모님은 우리가 고등학교를 졸업한 후 여름에 나를 마우이로 데려갔다. 나는 해변과 멋진 선탠, 지적으로뿐만 아니라 사회적으로도 다시 시작할 수 있는 기회를 상상했다. 하와이는 나를 달가워하지 않는 아이비리그 세계에서 벗어나는 완벽한 도피처가 될 수 있었다.

먼저 뜬 링크 중 하나는 마우나케아 시위를 다뤘다. 보아하니 망원경 건설에 반대하는 하와이 원주민들은 매일 피켓 시위를 하고 있었다. 나는 침울한 마음으로 그 글을 읽었다. 우리 가족은 피켓 라인 너머가 아니라 함께 걷는 쪽이었다. 어머니는 후에 그림 슬리퍼Grim Sleeper라고 알려진 연쇄 살인마를 재판에 회부하려는 노력으로 인정받은 풀뿌리 운동 활동가였다. 아버지는 가스 검침원에서 노동조합원이 되었고, 아버지가 이사 가기 전에 나는 아버지, 노동 변호사인 새어머니와 함께 하얏트 호텔과 이스턴 항공 노동자들로 가득 찬 피켓 라인을 걸으며 주말을 보냈다. 나는 절대 피켓 라인을 넘을 수 없었다. 특히 원주민들이 조직한 것이라면 더욱 그랬다. 여름에 나는 어머니와 함께 종종 선댄스Sun Dance(북아메리카 원주민의 영적 의식—옮긴이) 기간 동안 우리를 초대해준 라코타족 친구들을 만나러 사우스다코타로 긴 여행을 했다. 나는 어떤 종족과 그들의 땅이 형성하는 관계를 존중하는 것이 무엇보다 중요하며, 당연히 내가 가질 수 있는 호기심이나 시급하지 않은 경제적 필요보다 더 중요하다는 사실을 알고 있었다. 게다가 불과 몇 달 전만 해도 나는 하버드 생활임금 운동에 참여했고, 전국적인 뉴스로 미국노동연맹-산업별조직회의의 위원장이었던 존 스위니John Sweeney의 방문까지 이끌어냈던 몇 주간의 연좌 농성을 조직하고 천막촌을 관리하는 데 일손을 보탰다. 나는 사실상 피켓 라인을 넘어 이 운동을 비판하던 학생들에게 분노했다. 내가 그 학생들 중 하나가 될 수는 없었다.

사실 내가 하버드에서 그렇게 고군분투했던 이유 중 하나는 행동을 취한다는 것이 단순한 과외 활동이 아니라 하버드 왕국에서 힘을 가진 사람이라면 누구나 해야 할 도덕적 의무라고 맹렬히 주장하면서 친구들과 거리를 뒀기 때문이었다. 농성 이후 나는 물리학과 수학 수업을 간신히 통과했고, 앞으로 물리학자의 꿈을 위해 시간을 쏟아야겠다고 다짐했다. 하지만 이런 식으로는 아니었다. 그래서 나는 조시에게 아주 무거운 마음으로 피켓 라인을 넘을 수 없어서 마우나케아에 취직할 수 없을 것 같다고 메일을 보냈다. 조시는 재빨리 답장을 보내 상황이 복잡하니 전화로 논의하고 싶다고 말했다. 그러나 하버드에서 여러 번 그랬던 것처럼, 나는 핵심 원칙을 저버리는 말에 설득당하지 않도록 마음을 단단히 먹었다. 찾아온 기회를 포기한다는 사실에 엄청난 슬픔을 숨기면서 조시에게 다음과 같이 간결한 답장을 보냈다. "피켓 라인은 타협할 수 있는 문제가 아니에요. 물어봐주셔서 감사합니다."

힘들었어도 절대 내 선택을 후회한 적은 없지만, 피켓 라인이 있었던 이유를 조사하는 데 시간을 들이지도 않았다. 아마 쉬이 사라지지 않는 씁쓸한 감정을 정리하는 데서 나 자신을 보호하려고 그랬던 것 같다. 13년이 지났지만 이 시위자들, 이제 내가 이해하기로는 수호자들이 산꼭대기에서 무엇을 하고 있었는지 잘 몰랐다. 나는 내가 물리학 외에도 많은 것을 안다고 생각했지만 말이다. 물리학 전공, 천문학 및 천체물리학 부전공으로 하버드를 졸업할 당시, 나는 물리학, 천문학, 수학, 응용수학 과목

22개를 포함해 33개의 과목을 수강했으며, 꼭 필요하거나 제인 오스틴과 고대 이집트 관련 과목인 경우에만 전공 분야 이외의 수업을 들었다. 나는 이론우주론 학자, 즉 수학을 활용하여 시공간과 그 안의 입자의 기원에서 출발하여 우주의 모든 것이 어디에서 왔는지 이해하는 사람이 되고 싶었다. 나는 아인슈타인이 멈춘 곳에서 시작하고 싶었다. 시공간이 휘어지고 팽창하는 이유는 무엇인가? 왜 우주는 가속 팽창하는가? 왜 우주는 전자나 쿼크와 같은 입자들로 가득한가? 내가 비과학자라고 여겨지는 사람들을 향한 과학자의 행동으로 알려진 최근의 세속적인 현상학을 탐구하리라고는 전혀 생각하지 못했다.

하버드를 졸업한 지 11년이 지난 2014년 12월, 하와이 지역 방송 채널의 뉴스 기사가 페이스북의 '물리천문학계의 공정성과 포용성Physics and Astronomy Equity and Inclusion' 그룹에 게시되었다. 한 무리의 하와이 원주민이 마우나케아의 30미터망원경 건설 현장에서 폭력적으로 체포되었다. 당시 나는 32세였고 MIT에서 박사후연구원으로 근무하고 있었다. 나는 과학적으로 무엇이 중요한지 알고 있었다. 30미터망원경은 밤하늘을 가장 또렷하게 볼 수 있는 위치에 건설될, 지구상에서 가장 큰 망원경이 될 것이었다. 마우나케아는 우주의 역사를 설명해줄 빛의 입자인 광자를 모으는 사람들에게 비할 데 없는 자원이다. 내 전문지식에 따르면 30미터망원경 건설은 우주를 이해하려는 우리의 웅대한 탐구 과정에서 당연한 수순이었지만, 열여덟 살의 나를 잊지 않았고 여전히 그때의 가치를 간직하고 있었다. 나는 사회적으로나 정치적으로 심각한 문제가 있음을 인지했고 그 문제를 파악하는 것이 내 임무라는 사실을 깨달았다. 그러면 내 인생이 영원히 바뀔 터였다.

어느 날 저녁, 나는 한 라코타족 천문학과 대학원생이 페이스북 그룹의 마우나케아 관련 토론에서 원주민으로서 얼마나 무시당하고 존중받지 못하는 느낌이 들었는지에 관해 남긴 트위터 게시글을 보았다. 그 학생은 내가 아끼는 친구였기에, 그보다 조금이나마 선배인 누군가가 연대를 보여주어야 한다고 생각했다. 그래서 트위터에 글을 조금 남겼다. 거기에서 일이 눈덩이처럼 커졌다. 언론에서 내게 연락을 해왔고, 그 과정에서 내 카리브해 뿌리를 떠올리면서 백인 과학자들이 바베이도스에 나타나 신성한 땅을 자신들의 목적을 위해 사용하겠다고 주장한다면 어떤 기분이 들었을지 상상해볼 수 있었다.

하와이의 마지막 왕인 칼라카우아Kalākaua가 마우나케아에 망원경을 설치하고 싶어 했다는 이야기가 떠돌기 시작하자(나중에 알아본 바로는 사실이 아니었다), 나는 하와이의 천문학 역사에 관해 더 많이 읽어야겠다는 생각이 들었다. 나는 하와이 원주민에게 자신의 땅이 어떻게 사용될지에 관한 발언권이 없었던 시기에 마우나케아의 첫 번째 망원경이 지어졌고, 처음부터 시설에 대한 반대 의견이 존재했다는 사실을 알게 되었다. 천문학과 관련해서 마우이를 방문했을 때 나와 같은 20대 초반으로 보이는 택시 운전사와 나누었던 대화가 기억났다. 나는 기사에게 '미국 본토'에 가본 적이 있는지 물었다. 눈에 띄게 짜증이 난 그 기사가 자신은 하와이 사람이기 때문에 미국에 절대 가지 않겠다고 대답했다. 나는 그 말의 뜻을 충분히 이해했고 그렇게 생각하는 이유도 존중했지만, 흑인 여성으로서 자신의 어려움을 처리하는 데 급급하기도 했고 굳이 그럴 필요도 없었기 때문에 더 깊이 생각하지는 않았다. 하지만 그가 한 말은 무슨 일이 벌어지고 있었는지에 대한 첫 번째 단서가 되었다. 두 번째 단서 역시 대학원생 시절 하와이를 방문했을 때 찾을 수 있었는데, 천문학자들이 현지 하와이 원주민을 기술자로 채용하는 데 도움을 주었다고 찬사를 받으며 매우 생색을 내는 듯한 모습이었다. 나는 왜 하와이 원주민을 천문학자로는 채용하지 않았는지 궁금했다.

천문학의 의미에 관한 하와이 원주민의 이야기를 더 알게 되면서 나는 천문학을 하는 이유와 방법에 관해 들었던 이야기에 의문을 갖기 시작했다. 내가 대학원생 때 방문했던 할레아칼라의 공군 망원경(시설 주변에 있는 우리를 무장 헌병대가 따라다녔다)이 자금을 지원받았던 이유는 우주를 이해하기 위해서가 아니라 군사적 목적 때문이었다. 나는 12년 동안 고등 교육을 받으면서 과학자들이 잘 대답해주는 경우는 거의 없기 때문에 도덕과 내 과학적 인식이 교차하는 지점에 관한 불편한 질문을 큰소리로 하면 안 된다고 배웠다. 게다가 아무것도 바꿀 수 없다는 무력감을 느꼈다. 그러나 지금은 내가 무언가 말할 수 있는 위치에 있음에도 아주 자세히 말할 수 있을 만큼 충분히 알지는 못한다는 사실을 깨달았다. 나는 과학사 책을 주문하기 시작했고, 쉬거나 사람들을 만나기보다 책을 읽으며 주말을 보냈다. 그러면서 물리학자나 교과서에서 배운 과학사가 기껏해야 표면적으로만 맞을 뿐만 아니라 종종 틀리기도 하다는 사실을 알게 되었다. 최악의 경우에는 과학계의 인종차별주의와 식민주의를 감추기도 했다. 나는 회복하는 데 몇 년이 걸릴 위기에 처한 것 같았다. 기초 과학의 진정한 목적은 호기심을 따르는 것이라는 한때 굳건했던 믿음이 나를 벗어나기 시작했다. 나는 과학이 군대에 관련된 것일 뿐만 아니라 자본주의 기업의 식민주의와 지적 노동에 관한 것이기도 하다는 사실을 깨달았다.

과학자들 사이에는 이상한 모순이 있다. 과학의 본질이 '질문하는 것'이라고 여기지만, 과학자나 과학을 하는 방식에 관한 질문은 예외라는 것이다. 과학의 철학, 역사, 사회학, 인류학적 연구는 수십 년 동안 본격적으로 진행되어왔지만, 그 결과가 과학 교육에 포함되어 실천에까지 옮겨지는 경우는 거의 없다. 과학자들이 사회학이나 인류학을 과학 연구에 적용하는 방법을 모를 수도 있지만, 과학은 사회와 분리된 진공 상태에서 나오지 않는다. 실제로 과학자들은 자신의 연구 결과가 인간 이하로 무의미하게 여겨지던 사람들에게 어떻게 사용되고 남용되었으며 적용되었는지 이해하는 데 도움이 될 역사, 철학, 사회학을 인정하지 않으면서 비과학적으로 행동하고 있다. 대신 과학자들은 자신의 연구 결과를 의심 없이 받아들이라고 요구한다.

학생들이 과학 분야에서 학사, 석사, 박사학위를 취득하고도 지식을 생산하는 바로 그 과정을 평가하는 수업은 하나도 듣지 않는 것이 현실이다. 1992년 샤론 트래윅Sharon Traweek이 미국과 일본의 입자물리학계에서 수행한 인류학적 실험 결과를 담은 책 《입자선 시간과 생애 시간Beamtimes and Lifetimes》에서는 과학, 기술, 사회 연구가 과학을 수행하는 방식과 과학 정책을 만드는 방식에 어떤 영향을 줄 수 있는지에 관한 예시를 볼 수 있다. 트래윅의 발견 중 주목할 만한 것은 미국과 일본에서 모두 여성이 물리학에서 배제되었지만, 그 이유는 완전히 상반된 두 국가의 고정관념 때문이었다는 것이다. 한쪽에서는 여성이 너무 집단 중심적이라고 여기는 반면, 다른 쪽에서는 너무 독립적이라고 여긴다. 이러한 국가 기반의 고정관념이 충돌한다는 사실은 위험 신호로 받아들여야 한다. 젠더와 성별에 고정된 보편적 특성이 있다는 젠더본질주의gender essentialism는 사실 터무니없는 생각이다. 어떤 고정관념이든 여성의 가치가 덜하다고 여겨진다는 사실은 문제가 우리의 행동에서 비롯된 것이 아니라 우리가 시스젠더 남성이 아니라는 사실에서 비롯되었다는 점을 시사한다. 그리고 이와 마찬가지로, 두 나라의 입자실험물리학자들에 대한 인류학적 연구는 물리학에서 과학 연구가 수행되는 방식을 바꾸는 데 활용될 수 있을 것이다. 그러나 우리의 교육 시스템은 여러 기술적 능력 중에서 과학적인 사고방식을 자신의 연구, 자신의 분야, 자신의 존재에 적용하는 능력이 없는 과학자를 만들어낸다. 또한 과학자들이 자신에게 편견이 있다는 사실을 인정하지 않는다면, 과학자들이 지닌 편견의 영향을 적절히 조정할 수 없을 것이다.

다시 말해, 많은 과학자는 과학과 자신을 절대적으로 옳은 종교적 권위로 여기는 경향이 있다. 즉 수업이나 실험실에서 가르치는 기술과 약간의 역사적 지식을 단 하나의 해석만 존재하는 경전처럼 여긴다. 유대인으로서 나는 이 현상이 우습다. 왜냐하면 우리의 신성한 전례적 임무는 매년 토라를 처음부터 끝까지 다시 읽고(유대교 신년제인 로시 하샤나Rosh Hashana도 수행하며, 올해에는 나도 참여할 것을 약속한다) 우리가 할 수 있는 다양한 해석을 모두 떠올려보는 것이기 때문이다. 실제로 독서에 빠지면 많은 생각을 할 수 있다. 나는 과학자로서 우리 사회가 과학에서 이러한 과정을 충분히 거치지 못한다는 사실이 걱정된다.

예를 들어 학부 2학년 시절 파동과 광학 강의를 들었을 때 나는 스넬의 법칙이 네덜란드의 천문학자 빌레브로트 스넬리우스Willebrord Snellius의 이름을 따서 명명된 이유에 전혀 의문을 갖지 않았다. 당연히 17세기에 그 법칙을 처음으로 발견한 사람이 스넬이라고 생각했다. 의심도 하지 않았다. 그래서 몇 년 후 이 법칙을 처음으로 발견한 사람이 스넬도 아니고 유럽인도 아니라는 사실을 알았을 때 충격을 받았다. 나는 모든 교육 과정에서 유의미한 과학적 발견이 모두 유럽인과 그 후손에서 비롯했다고 배웠지만, 사실 10세기에 페르시아 과학자 이븐 사흘Ibn Sahl이 스넬-데카르트의 법칙이라고도 불리는 스넬의 법칙을 처음 발견했다. 명명 규칙을 따르면 이 법칙은 '이븐 사흘의 법칙'으로 불려야 한다.

여기에서 파생되는 결과는 뚜렷할 것이다. 스넬의 법칙을 다루는 방식은 학생들이 과학을 바라보는 시각을 바꾸며, 이 구체적인 사례에서는 이란을 비롯한 중동 국가에 뿌리를 둔 사람들이 역사적 흐름에서 자기 자신을 바라보는 시각을 바꿀 것이다. 그러나 동료에게 보낸 메모 때문에 오명을 얻고 불명예스럽게 해고된 전 구글 직원 제임스 다모어James Damore처럼, STEM 분야 산업에는 여성과 같이 전통적 약자로 여겨진 사람들의 담론에서 평등과 포용성에 관한 우려를 정치적 올바름으로 여기는 사람들이 많이 있다. 이러한 사고방식에서는 과학 아이디어 개발에 비유럽인의 참여를 강조하려는 움직임을 능력주의에 대한 필사적인 반대로 여긴다. 흑인 여성으로서 나는 역사 속에서 나 자신을 발견하려는 시도가 성격적 결함에서 비롯한다는 백인 중심, 남성 중심 사회의 경고를 평생 들었기 때문에 사회적으로 이러한 공격과 우려를 들을 준비가 되어 있다. 그러나 과학자로서, 즉 우주의 작동 원리를 설명하는 설득력 있고 정확한 모형을 만들기 위해 과거의 편견을 찾으려는 사람으로서 '정치적 올바름 경고' 반응은 반경험주의적 성격을 띠고 있어 우려스럽다. 이븐 사흘이 그 법칙을 발견한 것은 인정된 사실이 아닌가? 이런 사실을 인정하지 않고 스넬의 이름을 따서 명명하는 것은 과학계에 능력주의에 반하는 편견이 있다는 사실을 보여주는 전형적 사례가 아닌가?

나는 과학으로 과학자들과 다툰다고 친구들에게 농담하곤 한다. 과학에 관해 질문하거나 단순히 과학사를 논하는 방식에 수정을 제안해도 괜찮은지를 두고 과학자들과 다투고 있으면 이상한 기분이 든다. 과학계에서도 최소한 약간의 수정은 허용된다는 사실을 이미 어느 정도 인정하고 있기 때문이다. 우리는 아인슈타인의 중력 이론이 뉴턴의 이론보다 더 완전하다는 사실을 인정하고, 이를 허용 가능한 경로 수정으로 받아들이게 되었다. 반면에 사라져야 할 어떤 아이디어들은 이러한 경로 수정이 이루어지지 않았다. 예를 들어 대부분의 과학자들이 우생학이 틀렸다고 생각하지만 생물학자 제임스 왓슨James Watson은 여전히 우생학 강연을 해달라는 요청을 받는다. 마찬가지로, 연구에 따르면 상당수의 미국 의대생이 흑인은 백인만큼 고통을 느끼지 않는다고 여전히 믿고 있다. 이러한 믿음은 경험적 사실과 양립할 수 없다. 그러나 내가 《슬레이트Slate》에 과학적 인종차별을 다룬 글을 기고한 후 받은 혐오와 분노가 가득한 이메일에서 여전히 "생물학과 인종차별 사이에 어떤 관계가 있는가?"라는 질문은 받아들여지지 않는다는 사실을 알 수 있다. 과학계 내에 있거나 과학계에 인접해 있는 너무 많은 사람은 이 질문에 당연하다는 듯 관계가 없다고 대답하며, 질문을 하고 나면 내 부서 전체에 흑인의 지적 열등함을 설명하는 이메일이 도는 후폭풍이 찾아온다.

여기에서 다음과 같은 더 심도 있는 질문이 필요하다. 과학이란 무엇이며, 과학은 우리가 믿고 싶어 하는 것과 항상 독립적인가? 아니면 특정 진리를 고수하려는 우리의 열망이 과학을 결정하는가? 생물인류학자 조너선 마크스Jonathan Marks는 《내가 과학자가 아닌 이유: 인류학과 현대 지식Why I Am Not A Scientist: Anthropology and Modern Knowledge》에서 다음과 같이 언급했다.

"과학은 현대 사회에서 설득력 있는 지식을 생산하는 행위이다." 마크스는 이어서 "현대 사회"를 계몽주의 시대에 유럽에서 발생한 개념으로 정의한다. 그러나 유럽적 맥락을 벗어난 과학은 어떨까? 롤린 위트Laurelyn Whitt가 《과학, 식민주의, 토착 민족: 법과 지식의 문화적 정치Science, Colonailism, and Indigenous Peoples: The Cultural Politics of Law and Knowledge》의 서문에서 설명했듯이, 식민주의에서처럼 외국의 개념을 토착 민족에게 강요하지 않고 유럽적 맥락에서 벗어난 '과학 같은' 행위와 사고를 인지하는 과학의 정의를 형성하는 것은 어려운 일이다. 위트는 다음과 같이 주장하는데, 나도 여기에 동의한다. "지식 체계에 관해 말하자면 … 그들이 인간인 한, 모든 인간이 하나의 인식론을 보편적으로 공유하거나 적용할 수 있다는 생각을 버려야 한다."

그러나 누군가는 물리학의 수학 법칙이 보편적이며 하나의 지식 체계를 구성한다고 주장할 수도 있다. 글쎄, 그럴지도 모른다. 하지만 인류학자 레슬리 J. F. 그린이 〈인식론에 도전하기: 팔리쿠르 천문학의 지식 실천 탐구Challenging Epistemologies: Exploring Knowledge Practices in Palikur Astronomy〉라는 제목의 기사에서 설명했듯이, 유럽과 아마존의 팔리쿠르처럼 지리적으로 동떨어진 두 사회는 완전히 다른 기하학을 사용하여 동일한 밤하늘의 변화를 일관성 있게 설명할 수 있다. 팔리쿠르족은 자신들의 천문학 체계를 과학이라고 부르지 않지만, 그래도 이 체계로 아마존 환경에서 다섯 번의 우기 중 하나가 언제 올지 정확히 예측할 수 있다. 보스턴에서도 일기 예보가 이렇게 정확했으면 좋겠다.

◇◇◇◇◇◇

현실적으로 과학을 '정의'하는 것은 과학을 하는 것만큼이나 지저분하다. 이는 과학에 대한 위협이라기보다 도전이자 과정의 기쁨으로 여겨야 한다. 세상에는 배울 것이 아주 많고, 우리가 허용한다면 과학이나 기술, 사회 연구의 세계는 학생이나 과학계 종사자에게 상당히 많은 것을 제공할 수 있다. 그러나 특히 인간을 달 너머 화성과 같은 다른 천체로 보내는 가능성을 고려하기 시작하면, 과학을 하거나 과학으로 개발한 기술을 활용할 때 어떤 책임이 있는지도 이해해야 한다. 2018년, 스페인의 예술가 산티아고 시에라Santiago Sierra는 영국의 《가디언》에서 다음과 같이 말했다. "지금까지 가본 적이 없는 곳에 깃발을 꽂는 것은 절대 순진한 행동이 아니다. 늘 이런 방식으로 식민 지배가 시작된다."

식민 지배가 시작될 때, 아무도 그 과정에서 어떤 미래가 배제되는지는 생각하지 않는다. 다음은 인간이 물질적인 형태로 다른 행성에 도착한 상황을 가정했을 때 내가 생각하는 불안 요소들이다.

- 달에서 채굴하는 것이 지구의 이 장엄한 위성에 대한 미래 세대의 관점을 영원히 바꿀 수 있을까?
- 이 원정으로 누가 이익을 보고 누가 손해를 보는가?
- 이 임무가 궁극적으로 지구에 존재하는 불평등을 악화할

까? 화성 탐사가 지구의 삶을 더 나쁘게 만들까?

- 우리는 '발견', '탐사,' '정착', '식민지화'와 같은 정착형 식민주의의 공용어에서 벗어나지 못하는 언어로 어떻게 이러한 대화를 할 수 있는가?
- 화성에서는 어떤 미래 세대가 존재할 수 있을까? 꼭 인간일 필요도 없고 지구에서 기원한 생명체일 필요도 없다. 우리가 땅의 소유권을 주장하면 누가, 무엇이 은폐되는가?

이러한 질문의 답을 찾기 위해 어떤 사람들은 클라우디아 존스Claudia Jones, 프란츠 파농Frantz Fanon, 에메 세자르Aimé Césaire와 같은 흑인 혁명 사상가의 존경받는 글을 읽기 시작한다. 나는 '스타트렉 컨벤션Star Trek Convention' 연례행사의 골드티켓 소지자이자 모든 〈스타트렉〉 시리즈의 모든 에피소드를 시청한 팬으로서 이 문제를 생각한다. 이 시리즈가 완벽하지는 않다고 생각하지만, 전반적으로 나는 인간성뿐만 아니라 휴머노이드(인간의 외형을 지닌 생명체나 로봇—옮긴이)의 본성까지 다루는 광대한 상상력을 좋아했다. 우리는 모두 휴머노이드로서 행성뿐만 아니라 은하계를 함께 공유하고 있다. 나는 물리학자로서 행사에 참석하여 동료 팬들에게 '워프' 여행, 즉 광속 여행이 아마 불가능할 것이라고 설명하면서 시간을 보냈다. 이는 〈스타트렉〉 우주관에서 인간이 워프 1의 속도에 도달하고 벌칸족의 관심을 끌면서 처음으로 접촉하는 중요한 순간이 일어날 수 없다는 의미이다. 벌칸족이 실제로 존재하고 우리보다 더 나은 우주여행 기술을 보유한다 하더라도 워프 여행을 할 수는 없을 것이다. 그들은 아마 어디로든 이동하는 데 수 세기가 걸리는 우주선에서 여러 세대를 거쳐 생존하는 방법을 터득했을 가능성이 높다. 다시 말하지만, 과거 물리학자들은 현재 어떤 일이 가능할지 종종 잘못 예측했으므로 우리의 예측이 미래에는 틀릴 수도 있을 것이다.

2018년 9월 미국 의회 도서관 토론회에서 화성을 향한 인류의 여행에 관한 발언을 계획하면서, 〈스타트렉: 엔터프라이즈〉 시리즈에서 엔지니어 트립 터커를 연기한 코너 트리니어Connor Trinneer에게 연락을 취했다. '엔터프라이즈'가 태양계에서 멀리 떠나는 지구인의 첫 번째 여행을 보여주고 인간과 벌칸족 사이의 잘 알려진 연합이 형성되는 과정도 다루는 시리즈이기 때문에 코너의 의견을 특히 듣고 싶었다. 행성에 동물은 없지만 공기에 환각을 일으키는 꽃가루가 가득 차 있다면 어떨까? 외계인 여성과 성관계를 한 시스젠더 남성이 임신하게 된다면? 이 질문들은 트립이 해결책을 찾아 고심할 수 있도록 코너가 캐릭터에 이입해야 하는 시나리오 중 일부일 뿐이며, 모두 외계 세계와 처음으로 접촉할 때 발생하는 윤리 문제와 관련이 있다. 나는 코너가 '프라임 디렉티브Prime Directive'를 언급하지 않을까 예상했다. 프라임 디렉티브란 연방에서 채택한 벌칸족의 정책으로, 다른 종의 내부적 발전에 간섭하지 않는다는 지침이다. 하지만 그 대신 코너는 원주민과 백인 모두 세력이 강했던 사회에서 보낸 자신의 어린 시절이 반영된 이야기를 해주었다. 코너는 우리가 다른 종을 만난다면 그 종이 우리에게서 무언가를 원하기 때문일 것이며, 그러면 관계가 상당히 빨리 불편해질 수 있을 것이라고 생각했다. 거의 모든 외계인 관련 영화의 줄거리가 그런 식인 것 같지만, 나는 그렇게 생각하지 않았다.

아메리카 대륙이나 다른 지역의 원주민 학자들은 수많은 글에서 이러한 줄거리가 백인의 불안감, 즉 자신들이 아프리카, 아메리카 대륙, 태평양 제도, 호주, 뉴질랜드, 아시아, 심지어는 아시아의 반도인 유럽의 원주민에게 가했던 식민지적 대재앙이 언젠가 자신들에게도 찾아올 수 있다는 불안감을 어떻게 반영하는지 언급했다. 흑인 SF 소설과 판타지 문학 작가인 네일로 홉킨슨Nalo Hopkinson은 《오랫동안 간직한 꿈: 탈식민주의 SF 소설과 판타지So Long Been Dreaming: Postcolonial Science Fiction and Fantasy》의 서문에서 다음과 같이 지적했다. "SF 소설에서 익숙한 밈 중 하나는 외국에 가서 원주민의 국가를 식민지로 삼는 상황이다. … 많은 사람에게 이는 신나는 모험 이야기가 아니다. 이 이야기는 실화이며, 우리는 난데없이 나타난 이상하게 생긴 배의 반대편에 서 있다."

그러나 내 질문에 대한 코너의 대답에서 나를 놀라게 한 것은 우리도 무언가를 원하는 쪽이 될 수 있다는 사실이었다. 우리는 달과 화성에서(2020년 9월 현재 금성에서도) 무언가를 원하는 입장이 될 수 있다. 아마 보존 방법을 모르는 자원을 추출하여 시간을 벌기 위해서인가? 우리는 무언가를 원한다는 이유로 상상할 수 없는 미래를 외면하고 있는가? 우리는 '프라임 디렉티브' 원칙을 위반하고 문명을 파괴하는가? 특정한 아이디어를 과거에 속박하여 미래에 영향을 미칠 수 있는 잠재력을 포기하고 있는가? 내 연구는 호기심이나 상상과 연관되어 있지만, 과학자로서 겪는 일상적 현실은 식민주의를 강화하는 도구로서의 과학과 깊게 연관되어 있다. 한때 천문학자들은 거리를 정확히 측정하여 대서양을 더 빠르게 가로질러 노예와 상품을 나를 수 있도록 아이티에서 일식을 관측하기 위한 자금을 지원받았다. 오늘날에는 첩보 사진이든 은하 사진이든 상관없이 멋진 사진을 더 선명하게 찍는 군사 기술인 적응광학adaptive optics을 개발하기 위한 자금을 지원받는다.

바로 이런 맥락에서 과학기술이 근본적으로 새로운 방향을 제시할 때 우리가 항상 해야 하는 질문이 있다. '왜 지금인가?' '왜'라는 질문에서 다른 질문으로 이어지는 것은 과학자로서 그리 놀라운 일이 아니다. 가장 막강한 권력을 지닌 사람들이 우리가 아는 땅과 우리의 관계를 인정하지 않을 때, 다른 땅에 도달할 수 있는 적절한 방법이 있는가? 지금이 인류 역사에서 태양계에서 존재할 이 새로운 방식을 적용하기에 적절한 시기인가? 화성 탐사가 흑인의 생명을 소중하게 만드는 데 어떤 의미가 있는가? 원주민 여성과 소녀들을 납치와 살인에서 보호할 수 있을까? 기술은 우리의 물을 안전하게 지켜줄까? 삶을 개선할 기술 발전의 약속은 답보 상태에 있지만, 퍼거슨은 어떠한가? 스탠딩록Standing Rock을 통과하는 송유관은 그 땅의 사람들을 위한 진보인가? 이전의 어떤 망원경보다 산을 더 영구적으로 파괴할 마우나케아의 열네 번째 망원경은 그 땅에 사는 사람들을 위한 진보인가? 우리가 만들어낸 지구온난화는 기술의 '진보'인가? 진보에 대한 우리의 관계는 파국적인가?

이러한 질문들은 나를 다시 마우나케아로 이끌었다. 천문학의 식민주의적 유산은 유럽에서 아이티로, 그리고 지금은 하와이로 이어졌다. 하와이는 마우나케아의 수호자들을 향한 눈에 보이는 폭력적 위협 때문에 현재 이루어지는 담론에서 화약고나 마찬가지다. 2015년과 2019년, 나는 반복적으로 천문학자들에게 신성한 땅에 건설하겠다는 식민주의적 권리를 행사하는 데 경찰과 군대를 대동하는 사태를 막아달라고 간청했다. 그러나 이 이야기는 30미터망원경을 넘어선 것이다. 과학자들은 하와이의 역사를 배우고 이해해야 한다. 그리고 하와이가 천문학자들이 식민주의를 활용해 이득을 얻은 첫 번째 장소도, 유일한 장소도 아니라는 사실을 인정해야 한다.

◇◇◇◇◇◇

나는 과학이 상품화나 식민주의와 불가분의 관계에 있을 필요는 없다고 생각한다. 서구 제국주의와 식민주의는 과학과 함께 (종종 불행한) 순간을 보냈고, 이제 남은 우리는 자신과 후손을 위해 유산을 되찾아야 한다. 이는 우리가 과학에 포함될 수 있도록 스스로를 바꾼다는 의미가 아니라, 우리의 존재가 있는 그대로 받아들여지며 우리의 문화가 존중받을 수 있도록 제도권 과학을 바꾼다는 의미이다. 그러나 이러한 변화의 중요성을 고려하기로 하는 그 순간에 우리는 억압의 경험을 진술하기 위해 우리가 개발한 용어를 지배 세력이 마음대로 사용하는 상황을 목격하게 된다. 알류트족 출신 이브 턱Eve Tuck과 K. 웨인 양K. Wayne Yang의 논문 〈탈식민지화는 비유가 아니다Decolonization Is Not a Metaphor〉는 21세기 미국 다양성 담론에서 "탈식민지화"라는 용어가 대중적으로 사용되는 현상을 다룬 논의 중 생각할 거리가 가장 많은 논고이다. 이 논문에서 저자는 기득권을 더 지향하는 자유주의에서 "사회 정의"라는 용어를 사용하면서 제기된 매우 실질적인 위협을 강조한다. 예를 들어, 식민주의의 전체 범위를 무시하는 등 단어의 의미를 신중하게 고려하지 않으면 이 용어를 채택한 사람들이 결국 그 의미를 빼앗을 수 있다.

중요한 것은 식민주의가 단지 땅에 관한 것만이 아니라 문화와 아이디어에 관한 것이기도 하다는 점이다. 북미 원주민, 메티스족(캐나다 원주민과 유럽인의 혼혈—옮긴이), 이누이트족 아이들을 납치하여 문화, 언어, 심지어 머리카락까지 강제로 빼앗고 성적 학대와 강간을 포함한 폭력의 수많은 희생자를 낳은 미국과 캐나다의 기숙학교에서는 원주민을 원주민답게 만드는 모든 것을 맹렬히 공격하는 식민지 사업을 진행하고 있었다. 언어와 역사의 부정은 식민지 사업의 본질적인 특징이며, 부분적으로는 원주민들이 스스로 식민주의에 대항하고 이를 종식할 힘이 있다고 생각할 가능성을 최소화하기 위해 설계되었다. 이러한 힘은 2012년 12월 캐나다 원주민들 사이에서 일어난 #IdleNoMore(무기력에서 벗어나기) 시위의 이름 뒤에 숨은 힘에서 찾아볼 수 있다. 식민주의는 사람들의 정체성을 빼앗고 그 과정에서 억압을 가해 우리를 무기력하게 만들었다. 2012년 캐나다 정부가 원주민 삶의 방식을 다시 공격하자 사람들은 "더는 무기력하게 있지 않을 것"이라며 들고 일어났다. 이와 유사하게 30미터망원경 건설을 중단하기 위한 #WeAreMaunaKea(우리는 마우나케아) 운동은 반식민지 문화 부흥 사업에서 비롯했다. 선봉에 선 하와이 원주민 중 다수는 하와이 언어와 문화를 학교에 다시 도입하고 이를 위해 특수학교를 세우려는 선대의 투쟁에서 혜택을 받은 세대이다. 마우나케아의 수호자들 중 상당수가 이 학교 출신이다.

정의를 위한 이러한 외침은 자유를 위한 흑인의 외침과 여러모로 유사한 측면이 있다. 우리는 아프리카계 미국인 토착어와 흑인 디아스포라 크리올어를 보호하기 위해 맹렬히 투쟁하고 흑인 연구를 위해 맞서 싸운다. 우리도 식민지화와 정체성 말소에 반대한다. 이브 턱과 K. 웨인 양은 식민지 기업에 흡수되지 않고 식민주의 권력을 빼앗는다는 것이 무엇을 의미하는지 설명하려고 노력한 여러 사상가 중 하나이다. 프랜시스 엘런 왓킨스 하퍼Frances Ellen Watkins Harper, 아이다 B. 웰스바넷Ida B. Wells-Barnett, C. L. R. 제임스C. L. R. James와 같은 흑인 혁명가들은 모두 식민주의 용어를 사용하지 않으면서도 반식민주의 감정을 표현했다. 아메리카 대륙의 흑인들은 식민주의 논의에서 너무 자주 잊히고 심지어 적극적으로 무시되기까지 하지만, 지배자들이 우리 신체를 식민지화하고 우리 문화와의 유대를 단절하는 행위는 땅을 빼앗고 유지하여 이익을 내는 방식이다. 탈식민지화는 단편적으로 이야기할 수 없다. 우리가 과학을 비롯해 무엇이든 탈식민지화하려는 시도에 관해 이야기할 때 핵심은 어디에서든 정착형 식민주의를 근절하는 것이다. 하와이 원주민 천문학의 역사적 진실을 말하는 것과 정착민 과학자들이 하와이 땅을 식민지화하는 핑계로 하와이 원주민 천문학의 역사를 이용하려는 행위를 막으려는 투쟁은 분리될 수 없다. 또한 물리학에 남겨진 이슬람의 공헌에 대한 진실을 밝히고자 하는 노력과 원주민의 주권에 대한 복잡한 대화, 그리고 납치된 사람의 후손인 나에게 그 주권이 의미하는 바도 서로 떨어질 수 없다.

나는 마우나케아의 남용과 사용에 제기되는 논란 때문에 과학의 탈식민지화를 다루는 논의를 하게 되었다. 지금까지 나는 한 번도 마우나케아에 올라가본 적이 없다. 일단 이 책이 나오기 전까지는 그렇다. 거기에 내가 필요한 사람도 아니었고 선조의 땅도 아니기 때문에 갈 생각을 하지 않았다. 할레아칼라의 천문대를 방문했을 때 나는 지구에 묶인 우주 여행자처럼 그다지 쓸모가 없었다. 그곳에 갔지만 논쟁이 벌어지고 있는 땅인지 몰랐고, 그 사실에 관해 물어볼 생각도 하지 않았다. 당시에는 아무 생각이 없었던 것 같다. 2015년 마우나케아를 보호하기 위해 노력하는 동안, 나는 한 사진에서 어떤 하와이 원주민이 칼레이 럼호Kalei Lum-Ho가 처음으로 표현한 문구인 "포노Pono 과학은 가능하다"가 적힌 팻말을 들고 있는 것을 보았다. 내 동료 브라이언 카마올리 쿠와다Bryan Kamaoli Kuwada 교수가 알려준 것처럼, 포노는 호오포노포노Ho'oponopono 관습과 관련이 있다. 내가 이해한 바에 따르면, 호오포노포노는 치유와 균형을 가져오는 활동이며 그 결과로 포노를 얻는다. 호오포노포노는 일을 바로잡는 것이다. 완벽하지는 않지만 포노를 영어로 번역하면 정의, 덕, 선, 희망 등으로 표현할 수 있다. 2019년 7월 14일 하와이 원주민 출신 생물문화과학자 케이티 카멜라멜라Katie Kamelamela는 트위터에 다음과 같은 글을 남겼다. "천문학자들은 '사람들과 함께 일하지 않기 때문에' 도덕률이 없다. … 이는 바뀌어야 한다."

나는 카멜라멜라 박사의 조언에 감사하고, 이러한 조언을 해야 한다고 느꼈을 상황을 유감스럽게 생각한다. 그러나 우리는 시계를 되돌릴 수 없다. 오지브웨족Ojibwe과 다코타의 음데와칸톤족Mdewakanton 출신인 스콧 리처드 라이언스Scott Richard Lyons는 기사 〈수사적 주권: 미국 원주민은 글쓰기에서 무엇을 원하는가?Rhetoric Sovereignty: What Do American Indians Want from Writing?〉에서 "주권 추구는 과거가 아니라 우리의 가능성을 되살리려는 시도"라고 언급하면서 시계를 되돌리는 것이 요점이 아니라고 주장했다. 정착형 식민주의, 세계화, 제국주의가 만들어낸 뒤섞인 공동체는 절대 되돌릴 수 없다. 그러나 현재의 권력 배치와 우리의 관계 그리고 우리끼리의 관계는 바꿀 수 있다. 이러한 맥락에서 과학을 하는 의미에 대한 질문은 과학과 권력의 관계를 묻는 것이다. 권력이 과학의 핵심인가? 무엇에 대한 권력인가? 누구에 대한 권력인가? 마우나케아의 수호자 키이아이kia'i 덕분에 나는 이제 권력을 중심으로 조직화되지 않은 경험적 실천으로서의 과학을 해야 한다는 사실을 스스로 깨달았다. 나는 은하 공동체 관계를 인지하고 존중하기 위한 여정에서 초신성 잔해의 쿼크 집합체로 나 자신을 이해하기 위해 매일 노력하고 있다.

13장

전체주의 아래에서 꾸는 우주론적 꿈

그는 이제 문제를 철학적으로, 세계 문명의 문제로 보는 단계에 이르렀다. 산업적 문명의 확실한 이점과 바로 그 문명이 인간인 그에게 가하는 행위를 어떻게 조화할 것인가.

– C. L. R. 제임스, 《항해자, 변절자, 조난자: 허먼 멜빌과 우리가 살고 있는 세계의 이야기Mariners, Renegades, and Castaways: The Story of Herman Melville and the World We Live In》

인간 공동체에 철저한 권위주의적 권력을 비민주적이고 파시스트적으로 행사하는 전체주의와 과학은 일반적으로 꽤 친밀한 관계에 놓여 있다. 많은 과학자들은 이를 받아들이기 어려워한다. 확실히, 천문학자 세라 터틀, 생물물리학자 조 오스문드슨과 내가 2017년 도널드 트럼프 취임 한 달 후 "우리는 과학자로서 파시스트 정부에 반대한다"라는 성명을 발표했을 때, 나는 몇 년이나 늦었다고 생각했지만 우리가 과민 반응을 보인다고 생각하는 사람들도 있었다. 몇 달 후에 일어난 '과학을 위한 행진The March for Science'은 트럼프가 파시스트일 수도 있다는 사실을 공개적으로 인정하기를 완강히 거부했으며, 이 집회는 어느 당과도 연관이 없다고 주장하면서 트럼프 정부의 과학을 위한 행진이 정치와 무관하다는 사실을 모두에게 납득시키려고 노력했다.

나는 과학을 인간관계에서 분리하려는 감정을 충분히 이해한다. 내가 열 살 때 과학에 매료된 이유에는 직업의 장래성도 있었지만, 활동가인 부모님이나 부모님이 구하려 했던 사람들과 같은 인간 군상의 관계를 넘어서서 작동했던 무언가가 분명 존재했다. 나는 인간이 서로를 대하는 방식에서 오는 일상적인 공포가 아니라 우주의 극적인 화려함 속에서 인생을 보내고 싶었다. 나는 과학이 장난(캘리포니아공과대학의 오래된 전통)과 섹시한 괴짜, 결정적으로 군산 복합체가 가하는 재정적 압박에 직면했을 때 고귀한 선택을 하는 젊은 과학자들로 가득한 영화 〈21세기 두뇌 게임Real Genius〉과 같기를 바랐다. 그러나 밥 딜런Bob Dylan이 말한 것처럼 "우리는 정치 세계에 살고 있다." 비꼬는 것이 아니라, 내가 얼마나 귀엽고 순진했는지 생각하면 미소가 새어 나온다. 나는 세상을 바꾸기 위해 일하고 있다고 생각했지만, 엄청나게 효과적인 지적 프로파간다를 소비하고 있었다.

그래서 나는 과학이 일상적·인간적·사회적 현상과 불가분의 관계에 있다는 사실을 직시하고 싶어 하지 않는 다른 과학자들의 심리를 이해한다. 다른 사람들보다 상당한 사회적·경제적 안락함과 정치적 자본을 소유한 사람일수록 이러한 거부감이 더 커진다. 아무도 자신의 고귀한 직업이 실제로 백인우월주의, 장애인 차별주의, 이성애 시스젠더 중심 가부장제와 깊이 얽혀 있다는 말을 듣고 싶어 하지 않는다. 하지만 실제로 얽혀 있다.

내가 존경하며 친구라고 부르기까지 하고 분명 함께 일하면 즐거운 사람들을 포함해서, 내가 아는 너무 많은 백인 과학자들은 트럼프 시대의 공포에 굉장히 놀란 것처럼 보이며, 이 공포는 트럼프가 대통령이 되기 전부터 있었기 때문에 아마 퇴임 후에도 분명 지속될 것이다. 나는 백인 과학자들에게 이렇게 말하고 싶어서 입이 간지러울 지경이다. "쇼에 오신 것을 환영합니다!" 물론 이 상황은 끔찍하다. 그러나 이것은 잠깐에 불과했다. 트럼프가 당선될 때까지 많은 과학자는 거리에서 행진해야 할 정도로 상황이 나쁘다고 느낀 적이 단 한 번도 없었다. 그리고 마침내 그 사람들이 과학자로서 대규모로 조직화한 이유는 흑인의 생명이나 원주민의 주권과 물 사용권을 위해서가 아니었다. 흑인과 원주민을 전통적으로 소외해온 과학을 위해서였다.

전체주의적 재앙이 들이닥칠 때조차 과학자들은 '시민성civility'이 종종 미국의 가난한 유색 인종을 포함해 남반구 저개발국과 연관된 사람들의 죽음을 의미한다는 사실을 직시하기보다 품위 있고 공정한 고위 인사의 출현에 더 관심이 있었다. 물론, 기후 변화를 연구하는 많은 과학자는 지구를 구하기 위해 노력하고 있으며, 우리 모두가 여기에 관련이 있다. 그러나 흑인이 극심한 위험에 처한 사람들 중 하나임에도, 2020년까지 흑인의 목숨을 위해 흑인 사회 외부에서 대규모 조직이 형성된 적은 없다. 한편, 나는 이민세관단속국이 사람들을 주기적으로 납치하고 이민세관단속국의 전신도 여전히 위협적이었던 로스앤젤레스 동부에서 자랐다. 나는 매일 경찰이 우리 집 뒤뜰을 가로질러 사람을 쫓고 총격 사건이 일어나서 사람들이 죽어 나가는 동네에 살았다. 다행히 내가 아는 사람이 죽지는 않았지만, 죽음은 일상이었다. 경찰의 폭력이 실상을 말해주었다. 다시 말해 나는 로스앤젤레스와 사우스다코타에서 라코타족 사람들과 함께 시간을 보내며 자란 멕시코와 중미 로스앤젤레스 동부 출신의 흑인 아이였기 때문에, 흑인이나 원주민, 갈색 피부의 라틴계 사람들의 상황이 좋아질 수 있으리라고는 전혀 생각하지 못했다. 나는 항상 눈치가 빠른 편이었다. 하지만 도널드 트럼프가 당선된 2016년 11월 8일까지 많은 백인 동료는 착각에 빠졌던 것처럼 보인다.

이러한 상황을 이해하려면 1960년대에 노엘 이그나티브Noel Ignatiev[1]와 테드 앨런Ted Allen이 만들어낸 "백인 특권white privilege" 개념을 아는 것이 유용하다. 오늘날 "백인 특권"은 흔히 자유주의의 테두리에서 해석된다. 여기에서는 자신의 권리에 너무 쉽게 접근할 수 있어, 다른 많은 사람이 같은 권리에 그렇게 쉽게 접근할 수 없다는 사실을 고려할 필요성을 느끼지 못하는 상태를 말한다. 이러한 개념은 이그나틴과 앨런이 처음 제기한 마르크스주의적 해석과 완전히 다르다. 여기에서는 백인 특권이

1 이그나티브는 당시 '노엘 이그나틴Noel Ignatin'으로 활동했다.

부유한 자본주의자의 도구로서 백인 노동계급이 부유한 백인 편을 들도록 부추기는 방식이라고 해석했다. 즉 백인은 모든 인종을 아우르는 노동계급의 결속을 어렵게 하면서 자본주의에 기여하기 위해 존재하며, 유색 인종뿐만 아니라 노동계급의 백인에게도 피해를 준다.

이그나티브와 앨런이 이러한 반자본주의적 틀을 발전시키기 몇 년 전, W. E. B. 드부아는 자신의 저서 《미국의 흑인 재건Black Reconstruction in America》에서 인종차별의 "심리적 임금"을 다음과 같이 설명하면서 비슷한 사상을 전개했다. "백인 노동자 집단은 낮은 임금을 받았지만 일종의 공적·심리적 임금으로 어느 정도 보상받았다는 사실을 염두에 두어야 한다. 이들은 백인이라는 이유로 공적으로 존중받았고 의례적인 직함을 받았다. 모든 계층의 백인들과 함께 공공 행사나 공원에 자유롭게 입장할 수 있었고 최고의 학교에 들어갈 수도 있었다. 경찰도 이 계급이었고, 법원에서는 이들의 투표에 따라 무법을 조장할 정도로 관대하게 이들을 대했다. 자신의 손으로 공직자를 뽑았고, 이는 경제적으로는 미미한 영향이었지만 개인의 처우와 존중에는 큰 영향을 미쳤다."

오늘날 백인은 특히 중산층 이상의 사회적·경제적 지위와 짝을 이룰 때 반파시스트 연대를 어렵게 만드는 역할을 한다. 백인 특권 때문에 많은 백인은 미국을 인종차별이 지배하는 정착형 식민 국가가 아니라 민주주의 국가라고 생각한다. 여기에서 두 가지 다른 현실이 공존하는 것처럼 보인다. 백인들은 충분한 자유를 누렸기 때문에 백인 사이에서도 많은 이가 완전히 자유롭지는 못하다는 사실과 유색 인종은 훨씬 더 제약을 받는다는 사실을 쉽게 무시할 수 있었다. 도널드 트럼프가 노골적인 인종차별, 외국인혐오, 여성혐오를 부추기는 동시에 심지어 백인조차 관리하려는 반민주적이고 권위주의적인 방식을 따르기 시작하면서, 다수의 미국 거주자와 유색 인종에게 오랫동안 익숙하게 경험했던 권리의 축소를 이제는 많은 과학자를 포함한 백인 특권 소유자들이 경험하게 되었다. 납치된 사람들의 후손은 어떨까? 언어를 비롯하여 고국에 대해 알거나 고국에서 살 자유를 체계적으로 빼앗긴 민족의 후손은 어떨까? 자신의 기본 욕구가 부유한 자본가의 이익에 해당하지 않는다는 이유로 의료 서비스나 고용, 주택에 대한 접근이 체계적으로 거부당하는 삶은 어떨까?

도널드 트럼프가 대통령이 될 수 있는 나라인 미국에서, 많은 미국인은 크리스토퍼 콜럼버스Christopher Columbus라도 된 듯, 처음으로 미국의 정치 기반에 파시스트적이자 전체주의적인 맥박이 요동치고 있음을 '발견'했다. 2016년 선거를 앞두고 몇 달 동안 우리는 이렇게 얘기했다. "들어봐, 숨길 수 없는 인종차별의 비트가 들리지 않니?" 그러나 많은 미국인은 현실을 직시하기 너무 두려운 나머지 인종차별주의가 실제로 그렇게 심각하지 않다는 유일한 증거로 버락 오바마Barack Obama를 내세웠다. 우리는 경찰의 총격 사건과 흑인 소년, 소녀, 여성, 남성, 논바이너리에게 벌어지는 실제 폭력을 지적하면서 이에 대응했다. 또한 버락 오바마 정부 시절 수많은 강제 추방이 일어났고, 중동, 아프리카, 아시아에서 드론으로 사람을 살해하기 위해 행정부 권한을 폭넓게 사용했으면서 불법체류자의 목숨을 구하기 위해서는 그러지 않았다는 점을 지적했다. 내 생각에 미국 대통령이 된다는 것은 자유에 대해 계속 떠들고 있지만 이해는 하지 못하는 무질서한 체계를 이끄는 것이다.

◇◇◇◇◇◇

이러한 맥락에서 '미국 과학'과 '미국 과학자'를 말하는 것은 어떤 의미가 있을까? 미국이라는 나라가 생겨난 이유는 유럽 식민지 개척자들(주로 남성이었지만 남성만은 아니었다)이 왕실 통치자와의 계약 조건에 만족하지 않기 때문이었고, 이들은 원주민을 돌볼 가치가 없다고 생각하여 그 땅에 새로운 나라를 건설할 수 있었으며, 주로 납치된 아프리카인과 그들의 자녀, 자녀의 자녀, 흑인 여성이 강제로 낳은 아이에게서 폭력적으로 착취한 노동력을 활용했다. 노예제와 강간은 밀접하게 연관되어 있다. 그 후 미국 원주민이나 흑인뿐만 아니라 노예제가 끝나고 이 땅에 들어온 갈색 피부의 라틴계 사람들, 아시아인, 다른 땅의 원주민에게도 끔찍한 일들이 수없이 일어났다. 전쟁이 있었고 식민주의는 하와이, 마셜제도, 필리핀까지 뻗어 나갔으며 제국주의도 남아메리카의 최남단까지 퍼졌다. 미국은 히틀러와 전쟁을 할 수밖에 없는 상황이 될 때까지 히틀러와 거래했다. 미국이 외면하여 얼마나 많은 유대인이 죽었는지는 많이 다뤄지지 않는다. 히틀러가 떠오르기 전부터 심각한 차별을 받다가 나치 정권에서 살해당한 집시에 관해서도 별로 회자되지 않는다.

《인종과 전체주의의 한 세기: 흑인 문학적 상상력의 지정학 Race and the Totalitarian Century: Geopolitics in the Black Literary Imagination》에서 본 라즈베리Vaughn Rasberry는 유럽계 미국인의 정착과 미국 국가 건설에 남겨진 인종적 유산이 전체주의의 한 형태라고 주장했다. 2016년 선거 다음 날에야 일부 백인 자유주의자들은 이를 알아차렸다. 유색 인종에게 이 나라는 늘 적어도 약간은 파시스트적이었다. 나는 선거 날 밤 페이스북에 "우리는 경고하려고 노력했다"라는 글을 올린 기억이 있다. 내가 아는 어느 백인 천문학자는 내가 친절하고 진보적이라고 여겨지는 시애틀에 살고 있기 때문에 괜찮을 것이라고 말했다. 그는 바로 작년에 시애틀 지역의 여러 흑인 가족이 이웃을 떠나라는 메모의 표적이 되었으며, 심지어 누군가 미니밴에 스프레이로 "nigger(깜둥이)"라고 써놓은 경우까지 있었다는 사실을 알지 못했다. 내가 워싱턴대학교에서 박사후연구원으로 근무를 시작한 첫 주 동안, 버스에서 앉기만 하면 내 앞 좌석에 다음과 같은 글이 적혀 있는 것을 볼 수 있었다. "흑인 생명 따위는 집어치우라지. 빌어먹을 깜둥이 범죄자."

예전에 나와 학부를 같이 보낸 긍정적인 성격의 한 천문학자는 앞으로 몇 달간 시크교도(힌두교 한 종파의 신도—옮긴이) 이웃이 차도에서 차를 수리하는 동안 아무도 총을 쏘지 않을 것이라고 가정했지만, 선거가 끝난 지 얼마 지나지 않아 시애틀 교외에서 이 사건이 터지고 말았다. 그는 우리가 과거에 존재한 적 없던 유형의 나라에 살고 있는 것 같다고 말했다. 2016년 11월, 랭스턴 휴스Langston Hughes는 무덤에서 "미국은 나에게 한 번도 미국이 아니었다"라고 외쳤고, 백인 자유주의자들은 "미국을 다시 위대하게! 도널드 트럼프를 탄핵하라!"라고 소리쳤다. 한편 트럼프가 취임한 날 어느 백인우월주의자는 워싱턴대학교의 내 사무실에서 불과 몇 건물 떨어진 곳에 있던 시위자에게 총격을 가했다.

미국이 파시스트 성향을 띠면서 백인(대부분 비유대인)인 자신들도 여기에서 완전히 보호받지 못했다는 자칭 자유주의자들의 '발견'은 미국의 자유라는 진리를 믿었던 많은 사람들에게 꽤나 충격이었던 것처럼 보인다. 어쨌든 그들의 가족은 터스키기 실험Tuskegee Experiment(미국 정부 주도하에 흑인을 대상으로 벌어진 생체 실험—옮긴이)의 대상자가 아니었다. 그들의 아이들은 부모에게서 떨어져 기숙학교에 보내진 적이 없고, 불합리하게 위탁 가정에 맡겨진 적도 없다. 그들의 어머니는 가난하다는 이유로 과도하게 병적이라거나 범죄를 저지른다는 의심을 받지 않는다. 그들의 부모는 '불법 이민'에 대한 우려로 유럽 일부 지역에 여행을 가지 못하도록 제한받은 적이 없다.

미국은 '타인'을 희생하면서 한 인종을 위해 토지를 강탈하고 노예화하여 만들어진 체제이다. 이 체제로 미국은 유색 인종, 특히 우리 같은 흑인이나 원주민의 삶을 완전히 통제할 수 있었다. 블랙라이브스매터Black Lives Matter(흑인의 생명도 소중하다), 아메리칸인디언운동American Indian Movement, 흑표당Black Panther,

영로즈Young Lords(푸에르토리코 이민자로 구성된 급진적 민족 단체—옮긴이), 주권원주민연합sovereign Indigenous nations과 같은 우리의 '야당' 단체들은 주로 테러 조직이나 불법 단체로 취급받거나, 정부 반대 세력에게서 변화를 일으키는 힘을 빼앗으려는 국가가 만든 규칙에 따라 활동해야 한다. 모순적이게도 대 파괴자 정보활동(COINTELPRO)을 통해 구성원과 지지자 단체를 위협하고 분열시켜 이러한 조직들을 비윤리적으로 겨냥한 것은 바로 미국 정부이다. 이 체제의 영향권에서 흑인 아이들은 소파에서 안전하게 쉬면서 자다가는 경찰에게 살해당한다. 또한 가게에 가서 사탕을 사다가는 국가에서 권장하는 감시 구조의 일부로 활동하는 자경단에게 거리에서 살해당한다. 차에서 음악을 듣다가는 국가가 큰 소리를 내는 흑인 아이를 쏘도록 허가했다고 믿는 자경단에게 살해당한다. 미국 백인우월주의는 흑인 삶의 모든 측면을 구성하는 완전한 권위주의적 구조이다.

우리는 백인들에게 이 사실을 알리려고 노력했다. 우리의 말을 듣는 사람들은 대부분 이것이 좋은 생각이라고 여기는 사람들이었다. 나머지 사람들, 즉 백인우월주의에서 모든 이익을 받았지만 이것이 불미스럽다고 깨닫게 된 사람들은 사실을 외면했다. 그리고 미국의 어두운 이면을 발견한 후에도 여전히 이 개념이 아주 새롭고 원래대로 되돌릴 수 있으며 항상 그랬다기보다 최근에 생긴 문제라고 주장했다. 이들은 사실 역사적 진실을 직시하기가 너무 두려워서 현대 인종 담론에서 인종차별주의에 관한 논의를 '편견'이라는 분석으로 대부분 대체했고, 이는 '인종차별'과 정확히 같은 결과를 설명하지만 표현을 부드럽게 했으며 역사적·구조적 맥락은 무시했다. 이러한 분석은 오늘날의 인종차별을 과거의 원주민 대량 학살 또는 아프리카인들이 납치되어 여러 세대에 걸친 노예로 내몰렸다는 사실과 분리한다. 물론 이는 떠올리기에 꽤 불편한 역사이다. 솔직히 불편한 감정이 들지 않는다면 세계관에 문제가 있는 것이다.

◇◇◇◇◇◇

과학자들이 이 역사를 인정하든 하지 않든, 미국 과학이 여기 이 땅과 전 세계에 존재하는 식민주의와 백인우월주의의 발전 과정에서 혜택을 받았고 그 과정의 일부였다는 점은 사실이다. 이 장의 뒷부분에서는 과학이 미국 사회의 제국주의 사업을 강화해온 방식을 다룰 것이다. 그러한 제국주의 사업은 지적 식민주의를 통해서 이루어졌으며, 여기에서는 '내재주의적 과학internalistic science'이라는 오직 하나의 과학적 관점만 존재한다고 주장한다. 우리는 대부분 이 관점에서 훈련을 받았지만 아마 들어본 적은 없을 것이다. 내재주의는 사회 현상이 과학에 영향을 미치지 않는다고 주장한다.

마우나케아를 지키려는 사람들이 우리에게 알려주었듯이 이러한 내재주의가 세상을 보는 유일한 방법이 아니라는 사실이 밝혀졌다. 과학자들은 국가 폭력의 강력한 권력을 뒤에 두고 과학 연구와 실험이 객관성에 관한 것이라고 주장했다. 그러나 이들이 말하는 객관성은 식민지 사업의 효과적인 도구로 사용되는 신화적 개념이다. 어떤 사실이 있을 때 사상가가 내부 논리와 경험에서 추론할 수 없더라도 믿을 수 있다고 주장하는 외재주의적 관점에서는 사회적·정치적 환경이 과학의 구성 요소와 이미 받아들여진 과학적 진리의 구성 요소에도 영향을 미친다는 사실을 인정한다. 반면에 내재주의는 사상가가 자신의 내적 감각 경험으로 진위를 판단할 수 없으면 무엇이 참이라고 결론 지을 수 없다는 관점이다. 과학계 안팎에서 널리 받아들여지는 이 관점은 필연적으로 감각 경험이 다양하고, 세 번째 상(물리학자들과 겪는 문제)에서 설명했듯이 이러한 경험의 분포가 인종, 젠더 정체성, 성 정체성, 젠더 표현과 같은 정체성과 깊은 관계가 있는 세계에서 방대한 의미를 지닌다.

과학이 형성되는 방식, 특히 내재주의에 과학자들이 들이는 노력은 변할 수 있다. 내재주의에서는 과학이 사람을 포용하고 배제하는 방식에 대한 추악한 진실을 마주해야 할 것이다. 즉 모든 과학자는 자신에게 다음과 같은 질문들을 해야 한다. 사람들이 성공하기 위해 무엇을 포기할 것으로 예상하는가? 사회적 배경, 의복, 머리카락, 영어 방언, 뇌 기능, 장애 여부, 성별 규범에 대한 요구 사항을 사회 기준에서 제거해야 하는가? 강간 문화가 우리 사회에 미치는 강력한 영향력을 제거하기 위해 과학계 지도부가 의미 있는 조치를 취했다면 어땠을까? 우세한 과학 공동체가 소외된 공동체에 가한 피해와 공식적이고 수학적인 방법으로 세상을 이해하려는 지적 추구의 관계를 어떻게 복구하기 시작해야 할까? 제거할 수 없는 과학 사회의 한 특징인 주관성의 현실에 대해 우리는 어떻게 더 솔직해질 수 있을까? 트랜스젠더나 장애인과 같은 가장 소외된 사람들 모두의 건강과 행복을 어떻게 증진할 수 있는가? 모든 사람이 조현병 환자라면 세상은 조현병 환자의 요구를 중심으로 구축될까? 더 나은 다른 방법이 있다는 것을 받아들이지 않으려 한다면 우리는 무엇을 놓친 것일까?

◇◇◇◇◇◇

그러나 과학의 문제는 과학계 안에 있는 사람들에게 일어나는 일에만 국한되지 않는다. 우리가 속한 더 큰 사회와 우리의 관계에 관한 어려운 질문도 있다. 우리 사회가 백인우월주의, 이성애 중심, 시스젠더 중심, 가부장제, 자본주의의 가치로 정의된다면, 과학은 이러한 가치로 과학이 형성되는 방식에 맞서야 한다. 학부 시절의 나에게는 이러한 과정이 두려운 일이었다. 나는 하버드의 화려한 삶에서 내가 자본주의와 군국주의에 반대했다는 사실을 잊을까 봐 걱정했다. 사실 당시에는 이런 용어를 써가며 의식적으로 이해하지는 못했지만, J. 로버트 오펜하이머처럼 될까 봐 두려웠다.

오펜하이머는 19세기 말 '부유한' 독일 출신 유대인 이민자 집안에서 태어나 좋은 양육 환경에서 자랐고 하버드대학교, 케임브리지대학교(지도교수에게 독이 든 사과를 먹이려 한 적이 있다고 고백한 곳), 괴팅겐대학교에 가기 위해 사립학교를 다녔다. 오펜하이머는 내가 중성자별 연구에 활용하는 톨만-오펜하이머-볼코프

Tolman-Oppenheimer-Volkoff 방정식을 만들었고, 자신의 이름을 따서 명명된 이 방정식을 발표하여 뛰어난 이론물리학자가 되었다. 그러나 오펜하이머가 유명한 이유는 과학 때문이 아니라 인류 최초의 핵무기가 개발된 뉴멕시코주 로스앨러모스의 맨해튼 프로젝트 책임자였기 때문이다. 수백 명의 과학자가 '폭탄' 제작에 기여했지만, 이 협력이 잘 맞물려 궁극적으로 결과가 잘 나오는지 확인한 사람은 오펜하이머였다. 오펜하이머가 이 프로젝트에 헌신한 이유에 대해서는 많은 이야기가 있다. 나는 오펜하이머가 자신을 유대인으로 받아들일 수 없었기 때문에 자신이 미국인임을 증명하는 데 집착했다는 이론물리학자 이지도어 라비Isidor Rabi의 이론을 좋아한다. 동시에 남편 데이비드 프리시David Frisch가 맨해튼 프로젝트에서 일하는 핵물리학자 중 하나였기 때문에 로스앨러모스에 있었고 자신도 과학자였던 고 로즈 프리시Rose Frisch에게서 "오피Oppie와 친구들"은 이 폭탄이 터지지 않기를 바랐다고 들었다. 1945년 8월 히로시마와 나가사키의 사람들이 경험했듯이, 폭탄은 터졌다.

오펜하이머는 세계를 핵무기 시대로 안내한 것을 후회하게 되었지만, FBI 국장 J. 에드거 후버J. Edgar Hoover와 상원 의원 조지프 매카시Joseph McCarthy의 파시스트 지도부 아래에서 기득권층이 자신에게서 등을 돌릴 때까지 계속 미국 군산복합체와 깊이 얽혀 있었다. 1949년 오펜하이머는 반미활동조사위원회House Un-American Activities Committee에 소환되었고, 거기에서 과거 공산당과의 관계를 고백하면서 자신의 이전 학생 몇 명을 밀고하여 학생 중 한 명 이상이 블랙리스트에 올라 학계에서 좋지 않은 영향을 받았다. 오펜하이머는 정치적 경쟁자가 권력을 잡을 때까지 몇 년 동안 과학 지도자의 삶을 지속하다가 거짓말을 했다는 혐의로 상원에 소환되었다. 의회에 처음 출두했을 때 반만 밀고했기 때문이었다.

오펜하이머는 매력적이면서도 무서운 인물이다. 나와 마찬가지로 오펜하이머의 어린 시절은 인본주의적인 유대교 가르침으로 가득 차 있었고, 내가 수행하고 있는 재건주의 유대교 전통의 창시자인 모데카이 캐플런Mordecai Kaplan과 유사한 영향력을 가졌다. 오펜하이머는 왜 결국 잘못된 길을 가게 되었을까? 어쩌다 인본주의적 가치보다 제도에 더 집착하게 되었을까? 오펜하이머가 최초의 핵무기 생산을 지휘하기로 마음을 바꾼 계기는 자신이 받은 과학 교육 때문이었을까? 다른 사람들은 핵무기 생산에 반대했을 수 있지만, 오펜하이머는 부유하게 자랐고 순종적으로 권위를 따라야 하는 기관에서 교육받았기 때문에 반대할 수 없었을까? 오펜하이머는 백인이 되었고, 자신의 백인다움으로 자신이 지키려고 하는 체제에서 부여한 권력에 편하게 접근할 수 있게 되었다. 오펜하이머가 태어난 지 한 세기가 지난 지금, 나는 많은 동료가 구조적 백인다움에서 자신을 분리하고 체제를 있는 그대로 보려고 고군분투하는 모습을 목격하고 있다.

흑인들은 때때로 백인다움에 가까워지면 해방될 것이라고 생각하지만, 흑인 여성이자 노예의 후손으로서 아마도 나는 그 함정에 그렇게 쉽게 빠질 수 없을 것이었다. 하지만 나 역시 이에

휘말릴까 봐 두려웠다. 그러나 결국 나는 미국이 성역이라는 믿음을 가진 적이 없으며, 그것이 다행이라고 생각한다. 미국은 언제나 많은 사람에게 전체주의 국가였다. 수 세기 동안 흑인과 원주민의 삶에 총체적인 권위주의에서 비롯한 권력이 무자비하게 행사되었다. 그리고 상황이 얼마나 더 나빠질 수 있는지 확인하고 있는 내 백인 친구들과 가족들에게 다시 한번 말한다. 쇼에 오신 것을 환영한다고. 상황이 나쁘지만 예전 방식은 많은 사람에게 통하지 않았다. 그리고 강조하자면, 북미 사회와 전 세계를 지배하는 권력 역학에 중대한 구조적 변화가 있을 때까지는 절대 나아지지 않을 것이다. 과학이 이루어지는 세상의 현실에 심판이 있기 전까지는 소수의 엘리트만이 경제적으로 성공할 수 있을 것이다. 그리고 소수의 사람들만이 대학에서 과학을 연구하며 하루하루를 보낼 수 있을 것이다.

어쨌든 과학자들이 실제로, 특히 학술 기관에서 종일 하는 일은 이런 일이 아니다. 10장에서 논의한 '살림' 외에도, 과학계에서는 돈을 구걸하는 데 엄청난 시간을 쏟는다. 연구비가 넉넉한 기관에 있는 교수진은 시간을 덜 쓸 수도 있겠지만, 여전히 상당한 '연구' 시간을 연구비 제안서를 쓰는 데 쏟는다. 과학계에서의 성공은 돈과 밀접한 연관이 있어서 몇몇 권위 있는 상은 과학적 공헌을 인정해서가 아니라 사실상 아주 훌륭한 연구비 신청서를 썼기 때문에 주어지는 셈이었다.

중요한 것은, 내 연구 분야와 같이 즉각적으로 사회에서 활용하기 어렵기 때문에 '기초과학'이라고 불리는 분야는 단지 인류가 호기심이 많다는 이유만으로는 국가 재정 지원을 절대 받을 수 없다는 것이다. 입자물리학과 우주론을 위한 현재 재정 구조는 오펜하이머의 가장 큰 후회에서 추적할 수 있다. 핵무기와 제2차 세계대전에서 미국을 지원한 여러 기술이 개발된 이후, 미국 정부는 핵물리학과 거기에서 파생된 하위 분야인 입자물리학에 투자할 가치가 있다고 판단했다. 문제는 입자물리학에 지원된 공공, 민간 자금이 1968년에 정점을 찍었다는 것이다. 1972년이 되자 그 절반으로 줄어들었고 그 후로 계속 감소하고 있다. 입자 이론의 경우 특히 가파르게 감소하고 있다. 예산 책정액을 훑어보면 매년 조금씩 더 많은 예산이 입자물리학에서 명백한 군사적·상업적 가치가 있는 기술에 관한 연구인 '양자 정보' 쪽으로 넘어가고 있음을 확인할 수 있다.

2020년대에 들어, 우리는 기초과학 전반, 특히 입자 이론과 같은 난해한 분야에 대한 공공 자금이 붕괴하고 공립대학(현재 사실상 민영화되고 있다) 지원을 통한 국가 보조금이 종료되었으며 주요 자금 제공자로서 억만장자가 대두되는 상황을 마주하고 있다. 공립대학과 일부 과학 연구 분야에 대한 정부 자금 부족은 사실 억만장자들의 부와 관련이 있다. 이들에게는 세금이 제대로 부과되지 않고, 민간 기관에 대한 기부금은 세액 공제가 가능하다. 여기에서 내 직장인 뉴햄프셔대학교처럼 자원이 부족한 경향이 있는 주의 공립대학에 차이를 만든다. 뉴햄프셔주의 학교들(이상하게도 아이비리그 다트머스대학교도 포함된다)은 자원이 부족한 상태에 있기 때문에 특별 기금을 받을 자격이 된다. 부자들은 내가 생각하는 공정한 몫의 세금을 내지 않기 때문에 이러한 기금의 출처가 되는 자금의 규모는 단순히 더 작다. 민간 재단에 기부하는 것이 훌륭하다고 말하기는 쉽지만(그리고 이 민간 자금이 과학계에서의 인종차별 연구를 포함하여 몇 차례 내 연구를 지원해주었다), 궁극적으로 이는 민주적 절차를 피하는 행동이다. 예를 들어 연방 기관은 연구비 지원 여부를 결정할 때 우리의 정치적 견해를 고려해선 안 되지만, 민간 재단은 무엇이든 할 수 있다. 겉치레로라도 민주적 책임을 지겠다고 하지 않는다.

물론 과학과 착취적 이윤 사이의 관계는 새로운 것이 아니다. 20세기에 사실상 공공 자금 조달이 감소하면서 21세기에 이 관계가 형성되었지만, 지난 500년을 돌이켜보면 과학이 이윤을 얻기 위해 사적·공적으로 자금을 조달한 사례를 많이 발견할 수 있다. 나는 앞서 NASA 우주 탐사선에 이름이 붙은 조반니 카시니Giovanni Cassini의 감독하에 파리천문대가 지원한 17세기 아이티 원정을 언급한 바 있다. 카시니는 프랑스령 기아나로 향하는 천문 원정도 관리했다. 카시니의 아들 자크도 마르티니크로 향하는 비슷한 원정에 참여했다. 다른 식민지로 가는 원정길을 따라갔던 유럽의 천문학자들은 탐험 중에 얻는 관측 자료 덕에 다음 원정들이 더 효율적일 수 있을 것이라는 주장에 따라 탐험에 동행했다. 당시 정부는 물품을 신속하게 옮기는 방법에 특히 관심이 많았다. 이 물품에는 내 조상일 수도 있는 납치된 아프리카인들도 포함되어 있었다. 우리가 '현대 천문학'이라고 부르는 학문은 결코 순수하지 않다. 항상 폭력적이고 식민주의적이며 자본주의적인 활동과 연결되어 있다.

사실 우리가 이 순수한 이상을 믿는 이유는 오로지 냉전 기간에 과학자와 정부 관리들이 대중과 정책 입안자 모두의 의견에 영향을 주기 위해 물리학의 본질에 대한 프로파간다를 신중하게 제작했기 때문이다. 오드라 울프Audra Wolfe의 책《자유의 실험실: 과학의 영혼을 위한 냉전 투쟁Freedom's Laboratory: The Cold War Struggle for the Soul of Science》과 대니얼 S. 그린버그Daniel S. Greenberg의 책《순수 과학의 정치학The Politics of Pure Science》에서 정리된 바와 같이, 새롭게 우위를 점한 물리학 분야를 지지하고자 하는 사람들은 입자물리학을 미국처럼 '자유롭고' '민주적인' 사회에서만 할 수 있는 종류의 순수하고 비정치적인 과학으로 홍보했다. 이러한 홍보는 자신의 연구에 더 많은 자금을 할당받고 싶어 하는 과학자들의 요구에 부응했으며, 비정치적이고 '순수한' 과학은 자본주의와 민주주의 정치하의 미국에서만 가능하다는 주장으로 미국 정부에 이바지했다. 이러한 역사는 집회가 비정치적이며 어느 당과도 관련이 없다고 했던 '과학을 위한 행진' 지도부의 주장에 명백히 모순점이 있음을 지적한다. 이 지도부는 우리 세대의 지도교수의 지도교수가 학생이었을 때 배웠던 내용의 핵심을 이루는 거의 100년 전의 프로파간다를 재현하고 있었다.

실제로 2010년대와 1950년대에 인종적 전체주의는 과학의 용도나 미국 민주주의에 대한 주장의 배후에 숨어 있었다. 화학자 루이스 피저Louis Fieser가 하버드에서 개발한 화학무기 네이팜이

베트남에 미친 영향은 널리 알려져 있다. 사실상 베트남에서 반민간인 화학무기로 쓰였던 제초제 에이전트 오렌지가 장기적으로 건강에 미치는 영향은 내 가족을 포함한 동남아시아와 미국 전역의 가족들에게 여전히 지속되고 있다. 또한 대부분 흑인이었던 홈스버그 교도소Homesburg Prison에 수감된 사람들은 에이전트 오렌지를 실험하는 과학자들의 초기 실험 대상이었다. 일본이 이미 항복할 가능성이 있었는데도 일본에는 미국이 손쉽게 핵무기를 투하했지만, 과연 독일과 같은 유럽 국가에 투하할 수 있었을지에 대한 논쟁은 끝없이 계속될 것이다. 마취되지 않은 흑인 노예 여성을 대상으로 한 19세기 J. 매리언 심스 박사의 부인과 수술 실험에서부터 흑인 남성과 그 가족을 대상으로 한 터스키기 실험, 원주민 보호구역에서 벌어진 부주의한 우라늄 채굴, 핵 낙진으로 인한 태평양 제도 주민들의 생사를 내팽개친 핵무기 실험에 이르기까지 흑인 미국인의 생명과 전 세계 원주민의 생명을 평가 절하하는 행위는 과학 실험과 과학 개발에서 중요한 역할을 했다.

이러한 실험은 인간의 생명을 존중하지 않는 인종차별주의자 때문에 수행되었지만, 미국이 직접 기술을 활용하여 유색 인종의 자유를 향한 운동을 공격한 역사도 있다. 점점 더 발전하는 비행기와 폭탄 제조 기술을 배치함으로써 미군은 아프리카에서 아시아, 라틴 아메리카에 이르기까지 남반구의 저개발국 전역에서 벌어지는 전 세계적인 반식민주의 운동에 개입했다. 게다가 종종 고체물리학의 발견에 의존하는 도청 장치와 같은 감시 기술은 흑표당원에서 블랙라이브스매터의 구성원까지 흑인 인권 단체의 조직책들에게 오랫동안 사용되었다. 우리 중 다수는 베트남과 이라크 전쟁 참전 용사를 알고 사랑하기 때문에, 과학계의 일부 사람들도 과학 기술이 우리 가족에게 미치는 피해를 목격했다. 우리는 이런 일이 일어난 것에 대해 과학 기관을 비난하지는 않았지만, 이렇게 해로운 역할을 하게 된 이유는 과학이 견제받지 않고 비윤리적으로 활용되었기 때문이다. 이미 많은 생명을 앗아간 지구 온난화가 기술 발전의 한 예라는 사실은 부인할 수 없다. 우리는 지구 전체를 데울 수 있는 능력을 개발하고 말았다. 이는 화성으로의 탈출을 고려하는 사람들에게 유익할 수 있지만, 어떤 종류든 지구에 애착을 가진 우리들에게는 기술적인 재앙이다.

불행히도 오랫동안 지구 온난화는 주로 남반구 저개발국에 사는 사람들에게 영향을 미쳤으며, 남반구의 과학자들은 제도적·정치적 권력을 획득하여 북반구 선진국의 권력 남용에 대응하려고 노력하고 있다. 지구 온난화는 배경에 숨어 있지만, 지난 몇 년간 허리케인과 눈보라가 다수의 백인이 살고 있는 지역을 사정없이 파괴하기 시작하기 전까지는 심지어 자유주의 정치인과 지지자들 사이에서도 대책 마련의 시급성을 인식하려는 정치적 의지가 거의 없었다. 이 책을 마무리하는 동안, 북반구 선진국에 사는 우리에게 미치는 영향은 더욱 분명해졌다. 내 고향 캘리포니아주는 몇 주 동안 불타고 있고, 나는 매일 뉴스를 확인하며 로스앤젤레스 국유림에서 산불이 치솟는 가운데 허블이 처음으로 우주 팽창을 관측한 윌슨산 천문대가 잘 서 있는지 확인하고 있다. 캘리포니아주, 오리건주, 워싱턴주에 있는 가족과 친구들은 매일 공기 질을 확인하며 밖에 나가도 안전한지 확인해야 했고, 어머니와 새아버지는 대피를 준비하라는 경보를 받기도 했다. 수천 명이 집을 잃었고, 이들의 삶은 영원히 바뀌었다. 노숙자가 된다는 것은 이전보다 훨씬 더 위험해졌다. 서부에서 조금씩 완화되고 있지만, 내 제2의 고향 뉴햄프셔주에서는 심각한 가뭄과 산불로 물 사용을 제한하고 있다. 지구 온난화는 여기에 있으며 피할 곳은 없다.

이러한 맥락에서 도널드 트럼프의 집권에 충격을 받고 이제서야 전체주의의 대두를 두려워하는 과학자들은 이전에 인종 전체주의를 조장하는 기관을 보호하기 위해 과학이 했던 역할을 어떻게 무시해왔는지에 대해 몇 가지 예리한 질문을 받아야 한다. 이 과학자들은 자신이 직접 실험에 사용하거나 이론가로서 자신의 연구를 뒷받침하는 실험에 사용되는 귀금속이 비윤리적으로 수집된다는 사실에 분노했을까? 나바호족의 땅에서 아프리카 대륙 전역에 이르기까지 수로들이 오염되었고 사람들이 노예로 납치되어 모두 현대 기술을 뒷받침하는 재료를 수집하는 역할을 했다. 여기에서 집단적 분노는 어디에 있는가? 물론 민중을위한과학Science for the People, 참여과학자모임Union of Concerned Scientists, 핵과학자회보Bulletin of the Atomic Scientists와 같은 조직은 현상을 바꾸기 위해 몇 가지 시도를 해왔지만, 이들은 주류 전문 사회가 되거나 제도권 과학의 담론에서 중심으로 여겨진 적이 없다.

미국 국적이 아닌 사람들이 미국을 단 하나의 사악한 전 세계적 괴물이라고 손가락질하기도 쉽지만, 런던에서 동쪽으로 약 95킬로미터 떨어져 있으며 내가 어렸을 때 여러 번 방문한 유서 깊은 그리넘커먼 여성평화캠프Greenham Common Women's Peace Camp는 그리넘커먼 왕립공군에서 핵무기 개발에 가담하겠다는 결정에 반대하여 결성되었다. 프랑스는 1950년대부터 아프리카 니제르에서 우라늄을 채굴하기 시작했으며, 오늘날 우라늄의 최대 생산국은 카자흐스탄, 캐나다, 호주이다. 죽음의 기술을 제공할 수 있는 재료를 찾기 위해 식민지 땅을 사용하는 국가는 미국만이 아니다.

이러한 과학은 결국 전체주의의 지배를 받는 과학이다. 시스코 사령관은 〈스타트렉: 딥 스페이스 나인〉 시리즈 시사회에서 "저는 여기에 살고 있습니다"라고 말했다. 우리는 인종차별주의와 식민전체주의가 오랫동안 지배해온 사회에 살고 있다. 오랫동안 전통적으로 백인 남성에 의한, 백인 남성만을 위한 제도권 과학은 잘해야 이러한 현실을 무시하는 정도였고, 최악의 경우에는 대의를 위해 자발적인 보병 역할을 했다. 무언가 바꾸고 싶다면, 우리는 우리가 있는 곳에서 시작하여 우리가 이렇게 되고 싶었는지, 이것이 우리가 만들고 싶은 세계인지 이야기해야 한다. 댄 새비지Dan Savage[미국의 성소수자 활동가로 '잇겟츠베터It Gets Better(더 나아질 겁니다)' 운동을 주창했다—옮긴이]가 뭐라고 속삭이든, 항상 나아지는 것은 아니기 때문이다. 진보는 보장된 것이 아니다. 이는 처음으로 세계를 이렇게 이해하게 된 모든 사람에게 2016년 11월의 결정적인 교훈이 될 것이다. 도덕적 우주는 사람들로 가득 차 있기 때문에, 우리는 도덕적 우주의 호를 스스로 구부려야 한다. 변화해야 하는 것은 사람이다.

중요한 것은 올바른 방향으로 이동해야 한다는 것이다. 트럼프 지지자, 중도주의와 신자유주의를 옹호하는 민주당원은 분명히 잘못된 방향으로 가고 있다. 진보의 필연성이 거짓으로 판명되었으니, 이제 미국이 무엇인지 왜 존재하는지의 근간이 되는 식민주의, 반흑인 인종차별주의, 외국인 혐오에 맞서야 할 때이다. 이제 젠더와 여성혐오의 역사를 직면하고 어떻게 본질주의적으로 젠더 이분법을 강요하는 것이 폭력적인 식민지 사업의 일부였는지 살펴봐야 할 때이다. 우리는 장애인 차별에 관한 진실을 받아들이고, 어떤 사람들은 일회용이며 가치가 없다는 우리의 맹목적인 믿음과 장애인 차별이 연결되어 있다는 사실을 이해해야 한다. 이 모든 것이 백인우월주의의 천막 아래 한데 모여 있다. 우리는 어떻게든 미국의 이 모든 진실을 자명하게 받아들여야 한다. 그리고 제도권 과학의 식민주의를 비판하는 사람들의 가르침을 들을 수 있을 만큼 겸손해야 한다.

14장

세상의 끝에서 흑인 여성주의 과학을 외치다

섬은 심연에서, 탄생 이전의 어둠에서 나온다. 레일라니 바샴Leilani Basham은 마찬가지로 정치적 자율성이 삶의 시작이라고 주장한다.

– 노엘라니 굿이어카오푸아Noelani Goodyear-Ka'ōpua,

《떠오르는 국가: 생명, 땅, 주권을 위한 하와이 운동A Nation Rising: Hawaiian Movements for Life, Land, and Sovereignty》서문

흑인다움에는 아름다움과 힘이 있다. 내 선조들은 대서양 중간항로에서 살아남았다. 이 사실이 내가 좋은 선택을 할 것이라는 보장을 해주지는 않는다. 이는 생물학적 결정론도 아니다. 대신 암시이자 지침이다. 나는 블랙 파워Black Power(미국 흑인 인권 운동 중 급진파에서 내세운 구호—옮긴이)를 외치는 환경에서 자랐고, 희망이 없다고 느낄 때마다 이 생각으로 돌아가야 한다는 사실을 알고 있다. 우리 할머니 엘사는 브루클린에서 임종을 앞두고 사그러드는 목소리로 끊임없이 이렇게 속삭였다. "아가야, 할머니는 생일에 바베이도스를 떠나 여기로 왔단다." 날마다 선조들은 나에게 속삭인다. "살아남아라, 견뎌라, 성공해라, 그리고 네가 가져갈 수 있는 모든 것과 함께 우리를 데려가다오."

우리 중 많은 사람이 이제는 속박 상태에 있지 않지만 여전히 일부는 속박되어 있고, 지구의 집단으로서의 우리 종은 괜찮지 않기 때문에 나는 선조들의 말을 따를 수 있는 나의 능력이나 집단의 능력을 믿기가 어렵다. 휴머노이드 종족인 우리는 괜찮지 않다. 그래서 '우리'를 여러 방식으로 조합한 결과도 괜찮지 않다. 우리 중 일부는 다른 사람들보다 더 많은 짐을 지고 있다. 고래는 바다를 따뜻하게 만들거나 물고기를 죽게 하지 않았지만, 그 결과를 감수해야 한다. 지구상 대부분의 인간도 이 끔찍한 현상에 책임이 없다. 소수의 사람들이 다른 사람들보다 여기에 훨씬 더 많은 기여를 했다. 우리가 어떤 기여를 할 수 있는지 결정하는 광범위한 권한을 가진 사람은 더 극소수였다. 우리 중 일부는 다른 사람들보다 선택의 폭이 더 넓었다. 선택의 여지가 적고 기여를 가장 하지 못하는 사람들도 최악의, 가장 파괴적인 결과를 겪을 것이다. 루이지애나와 미시시피에서 2005년 허리케인 카트리나가 가장 가난하고 흔히 가장 피부색이 어두운 사람들을 휩쓸었을 때 미국인들은 이를 목격했다. 그러나 우리는 모두 느끼고 있다. 우리 모두 우리가 사랑하고 즐겼던 것들을 잃게 될 것이다. 권력이 없는 사람이 위험한 소수의 손에서 통제권을 빼앗지 않는 한, 권력을 잡은 사람이 조심하지 않는다면 지구는 다시 우리의 지구가 될 수 없을 것이다.

우리는 괜찮지 않으며, 지금은 우주가 얼마나 놀랍고 매혹적인 곳인지 분석 체계로서 물리학 얼마나 중요한지에 대한 책을 출판하기에 이상한 시기이다. 우리는 엄청나게 끔찍한 일의 벼랑 끝에 서 있다. 이미 돌이킬 수 없는 상황에 놓여 있다. 부분적으로 이 책은 전체주의적 백인우월주의에서 과학이 어떤 모습인지에 관한 것이었다. 그러나 평생 활동가였던 내 사랑하는 친구 아인데 장밥티스트Ayinde Jean-Baptiste는 언젠가 나에게 이렇게 말했다. "우리가 무엇을 추구하는지 기억하자. 무엇에 반대하는지가 아니라." 이는 내가 수업 때마다 강조하는 교훈이다. 일어나고 있는 많은 일들이 단순히 괜찮지 않기 때문에, 나는 많은 일에 반대하는 경향이 있다. 하지만 나도 미래를 유연하게 바라보고 이해하는 관점을 갖고 싶다. 알렉시스 쇼트웰Alexis Shotwell은《순수에 반대하여: 타협하는 시대에 윤리적으로 살기Against Purity: Living Ethically in Compromised Times》에서 불순함과 불완전함을 피하기는 불가능하다고 말했다. 나는 내가 알고 사랑하며 미워하는 인류가 생태계의 재앙에서 완전히 멸망하기보다는 살아남아 번성할 수 있는 세상을 위해 일할 수 있도록 미래를 계획하며 적응하는 능력을 키우고 싶다.

나는 과학자이다. 즉 내 모든 일은 '내가 답을 모르는 질문이 늘 있다'는 생각에 기반을 두고 있다. 에이드리언 리치Adrienne Rich가 예술에 관해 말한 것처럼 과학과 정의의 관계를 설명하는 간단한 공식은 없으며, 나는 과학과 정의를 연결하는 간단한 규칙이나 알고리즘을 제공할 수 없다. 그러나 나에게 우주의 기원과 역사를 연구하는 작업인 과학이 과학을 인질로 잡고 있는 권력의 식탁을 단순히 장식할 뿐이라면 아무런 의미가 없음을 잘 알고 있다. 내게는 백인우월주의, 자본주의, 식민주의, 군국주의가 단순히 사업을 하는 데 드는 비용이라고 가정하는 과학 문화에 동조하지 않을 책임이 있다. 나는 또한 우리가 세상의 끝에 다가가고 있음을 알고 있으며 우리가 이해하는 대로 생명을 구하고 우리를 여기로 인도한 일련의 사건을 반복하지 않으려면, 새로운 사고방식과 함께 서로 관계를 맺는 새로운 방식이 필요할 것이다.

나는 과학에서 학계가 돌아가는 방식뿐만 아니라 세상에서 해야 할 과학의 역할까지 다시 생각해야 한다. 여기에서 나는 흑인 여성주의로 눈을 돌린다. 흑인 여성주의는 내 문화적·지적 유산의 일부이기 때문이다. 나는 흑인 여성주의자 밑에서 자랐고, 대부분 어머니가 가르쳐준 틀을 통해 세상을 바라본다. 흑인 여성주의는 흑인 여성의 지적 사고, 경험, 사회적 체계인 인종과 젠더가 흑인 여성의 삶에서 함께 작동하는 구체적인 방식을 중심으로 분석하는 학문이다. 사고방식으로서의 흑인 여성주의는 인종차별과 성차별, 그리고 이 두 차별이 흑인 여성의 삶에서 결합하는 독특한 방식인 여성혐오에 대한 대응을 중심으로 조직되었다. 나는 특히 국가주의적 정서나 다른 (유색 인종) 여성의 여성주의가 나에게 준 영향을 인식하지 못하기 때문이 아니라, 흑인 여성으로서 분석을 발전시키기 위한 내 시작점으로 삼을 수 있기 때문에 흑인 여성주의에 집중하기로 했다. 흑인 여성주의는 또한 여성, 논바이너리, 에이젠더를 확장하고 포함하는 데 필요한 유연성을 보여주었으며 '모두'의 삶에 영향을 미치는 모든 종류의 사회 구조를 조명한다.

중요하게도, 흑인 여성혐오는 종종 흑인 여성이나 여성적으로 보이는 사람이 제도적 지식을 생산하는 자리에 앉지 못하게 했지만, 퍼트리샤 힐 콜린스Patricia Hill Collins가 자신의 책 《흑인 여성주의 사상Black Feminist Thought》에서 아름답게 설명했듯이 우리가 생각하거나 아이디어를 만드는 것까지 막을 수는 없었다. 이 역사와 유산을 찾으려면 전통적인 기록 보관 방식을 돌아봐야 하고 다른 맥락도 찾아야 한다. 흑인 여성이 아이디어를 만드는 정치에 관한 토론에서 콜린스는 흑인 페미니스트 소설가이자 시인, 사상가인 앨리스 워커의 《어머니의 정원을 찾아서 In Search of Our Mothers' Gardens》를 인용한다. 워커는 다음과 같이 썼다. "나는 고독하고 외로운 처지, 버림받은 자의 처지가 되면서 이 시기부터 사람과 사물, 관계를 실감하기 시작했다고 생각한다. … 외로움에서 우리는 때때로 이전에 고려되지 않은 사회나 사람들에 대한 급진적인 관점이라는 선물을 얻을 수 있다." 백인경험주의를 다룬 내 학술 논문이 출판된 후 워커의 말을 다시 읽어보면서, 내가 바로 물리학에서 정치적으로 급진적인 흑인 여성이 됨으로써 생긴 외로움 때문에 백인경험주의 논문을 쓴 사람이라는 것을 깨달았다. 나는 굳이 내부자가 되고 싶어 하지 않는 사람의 입장에서 내부자에게는 보이지 않는 구조를 볼 수 있었다.

물리학에는 문화가 있으며, 이 문화는 다양한 관점에서 권력과 불평등에 깊이 얽혀 있다. 물리학 공동체는 전 세계를 아우른다고 알려져 있지만 서구의 패권은 강력하다. 이 문화를 잘 보여주는 사례는 내가 과학자들과 과학 애호가들에게서 들은 근거 없는 믿음으로, 과학과 진보가 서로 동의어라는 것이다. 그러나 앞 장에서 말했듯이 지구 온난화도 기술 발전이다. 그리고 지구 온난화가 우리 주변의 세상을 변화시킬 수 있는 우리의 능력을 보여준다는 점도 사실이다. 그러나 지구의 취약한 생태계라는 맥락에서 보면 끔찍하다. 이것은 긍정적인 발전이 아니며 우리의 세계는 괜찮지 않다. 종들이 죽어가고 있고, 지구의 일부는 점점 더 사람이 살 수 없는 곳으로 변하고 있다.

그리고 이러한 변화로 인한 엄청난 육체적·정신적 고통 외에도 식민주의와 함께 시작되어 백인우월주의가 계속 만들어내는 엄청난 육체적·정신적 고통도 있다. 지구 온난화의 기술적 발전은 지구 생태계의 다양성을 말살하면서 식민주의에서 비롯한 인간 사이의 불평등을 심화한다는 사실을 고려하면 거의 진보라고 할 수 없다. 서구 과학은 세계를 계층적 용어로 구상한다. 이는 우주를 통제하는 방식이다. 우리는 예측하고, 가장 기본적인 요소로 분해하며, 모든 것을 자세히 살펴본다. 이 모든 사실에도 서구 과학은 가장 중요한 현실을 인정하는 데 어려움을 겪었다. 바로 인간이 생태계의 주인이 아니라 오히려 생태계에 의존하는 존재라는 것이다. 우리는 생태계가 우리를 필요로 하는 것 이상으로 생태계를 필요로 하지만, 제국주의자들과 정착형 식민주의 국가들은 마치 그 반대가 사실인 것처럼 행동했다. 인류와 행성의 관계를 보여주는 이 중요한 신화는 지구의 생물을 인질로 잡는 생태학적 재앙을 낳았다.

나는 우리의 존재가 더 나은, 다른 세계에 대한 사랑에서 형성되기를 바란다. 태양이 지구를 파괴하기까지 약 50억 년이 남았지만, 겨우 몇백만 년밖에 되지 않은 우리 종이 그렇게 오래 살아남으리라고는 상상하기 어렵다. 우리가 이렇게 큰 혼란에 직면했을 때, 혼란을 만든 사람들이 여전히 눈에 보이는 대부분의 권력을 쥐고 있다면 어떻게 괜찮을 수 있겠는가? 우리는 권력을 쥔 사람을 바꿔야 하며, 사람 사이에서 생명을 존중하는 선한 관계를 중심으로 하는 체제로 옮겨가야 한다. 계몽주의는 내가 매일 마주하는 과학에서 세상을 이해하는 방식의 토대를 마련하는 데 도움이 되었을 수 있지만, 인간의 생명을 중시하는 데는 좋은 유산을 남기지 못했다. 우리는 생명체 사이의 관계를 바라보는 새로운 방식을 다른 곳에서 찾기 시작해야 한다. 그 과정에서 우주를 보는 새로운 방식이 있다는 사실도 발견하게 될 것이다. 그러면 우리는 우주가 어디에서 왔고 어떻게 여기에 있게 되었는지 관심을 가질 새로운 이유를 찾을 수도 있을 것이다.

세상을 보는 방식을 근본적으로 바꾸는 관점에 대해 내가 항상 이런 사고방식을 갖고 있었던 것은 아니다. 몇 년 전, 내가 박사학위를 받은 학교인 캐나다 온타리오주의 워털루대학교에서 다양성에 관한 강연을 해달라는 요청을 받았다. 그날 저녁, 내가 학교에 다니던 시절에는 없었던 두 학생 단체인 '펨피스

FemPhys', '학생표현을 위한 흑인협회Black Association for Student Expression'와 함께 저녁을 먹었다. 나는 떠난 지 불과 5년여 만에 워털루에서 흑인과 여성주의에 관한 담론이 대폭 성장한 모습에 매우 흥분했고, 내가 방문할 수 있도록 지원해준 워털루공익연구단체Waterloo Public Interest Research Group에 감사했다. 여러 성소수자를 대표하는 펨피스 소속 학생들에게 왜 이 단체의 이름을 일반적인 '여성 물리학자 모임'이 아니라 펨피스라고 지었는지 묻자, 학생들은 자신들이 '물리학계의 여성 단체'가 아니라 '여성주의 물리학 단체'이기 때문이라고 대답했다. 나는 이러한 구별이 여성주의적 분석과 행동에 대한 정치적 약속으로 향하는 본질적인 변화라고 생각한다.

이 이야기를 하는 이유는 내가 지금 자신을 흑인 여성주의 물리학자라고 여기기 때문이며, 이렇게 받아들이게 된 과정에는 물리학을 하는 더 색다르고 좋은 방법을 찾는 데 전념하던 물리학과 백인 학생 집단이 있었다. 이들을 생각하면 내게 하버드 최고의 교수와도 같았던 하버드 애덤스하우스 식당 주방장이자 유나이티드 히어 로컬 26UNITED HERE Local 26(미국 메사추세츠주와 로드아일랜드주를 기반으로 하는 서비스 직종 노동조합—옮긴이)의 주방장인 에드 차일즈Ed Childs의 이메일 서명이 떠오른다. 차일즈는 항상 이메일 서명에 "더 나은 세상이 올 것입니다"라고 적었다. 나는 항상 더 나은 세상이 노동과 급진적인 민중의 조직화에서 올 것이라고 믿는 쪽이었다. 그리고 언젠가 이런 세상이 물리학자들에게 세상에서 더 나은 일을 하도록 강제할 수 있기를 바랐다. 나는 물리학 자체를 바꾸는 것이 또 다른 출발점이 될 수 있을 줄은 전혀 생각하지 못했다. 그때까지 나는 물리학계와 천문학계가 소수자, 특히 흑인, 라틴계 사람들, 원주민 학생들을 대하는 방식을 비판하는 쪽으로 잘 알려져 있었지만, 나는 여전히 두 가지 다른 생각을 하고 있었다.

나는 한쪽에서는 다양성을 생각하면서 사람들을 어떻게 인종차별주의에서 벗어나게 할 수 있을지 고민했다. 다른 쪽에서는 어떻게 자본주의가 사람들에게 해를 끼치는지, 어떻게 자본주의가 사람들에게 해를 끼치도록 물리학자가 돕고 있는지, 어떻게 종종 흑인 물리학자도 자본주의가 사람들에게 해를 끼치도록 돕는 물리학자 범주에 들어가게 되는지 생각했다. 나는 물리학계에서 흑인으로 산다는 것이 얼마나 어려운지 아주 잘 알았기 때문에 의식적으로 이 흑인 물리학자들에 대한 문제를 분리해서 생각했다. 거의 모든 흑인 물리학자는 자신이 이 세상에서 살아남아 기적을 만들었다고 생각한다. 우리 종족이 우리가 하는 일을 지켜보며 수단과 방법을 가리지 않고 성공할 것을 요구한다는 사실을 아는 입장에서, 나는 흑인 물리학자들이 어떤 연구를 선택하든 비난하기가 어렵다.

그 이후로 몇 년 동안, 대개 백인다움을 내세워 백인이 강요하는 백인우월주의가 진짜 문제이기 때문에 흑인 물리학자들에게는 직업적 선택에 책임이 없다는 생각을 유지하기가 힘들어졌다. 이 말도 여전히 사실이지만, 우리에게 참여 방식의 선택권이 있다는 것 또한 사실이다. 우리에게 천문학에서 벌어지는 반원주민 행위에 가담할지 여부와 미국의 제국 전쟁에 가담하지 않으려 노력하는 정도에 대한 선택권은 있다. 나는 흑인 물리학자들이 앞장서서 돕길 바란다. 역사적으로 문제가 되어 왔던 물리천문학계에 흡수되지 않았으면 한다. 이러한 생각은 수단의 재료과학자 마람 알리 아메드Maram Ali Ahmed와 같은 사람에게서 영감을 받았다. 정수 기술에 관한 자신의 연구를 설명하는 아메드의 유튜브 인터뷰를 들으면서 과학이 우리의 삶을 향상시킬 수 있는 한, 우리는 우리 고향 공동체의 번영을 돕는다는 조건으로 과학 발전에 참여해야 한다는 사실을 깨달았다.

어떤 의미에서 이러한 실천은 "우리 사회에서 은하수를 보기 위해 필요한 조건은 무엇인가?"라고 묻는 것만큼 쉬우면서도 중요하다. 이 질문은 흑인 여성주의자의 생각처럼 들리지 않을 수도 있지만, 내가 흑인 여성주의 양육과 교육으로 얻게 된 특정한 조직적 관점에서 밤하늘을 바라보는 것에 관한 질문이다. 이는 과학적 질문처럼 들리지 않을 수도 있지만, 앞 장에서 설명했듯이 관측천문학의 많은 연구는 전적으로 하늘을 보기 위해 무엇이 필요한지에 관한 질문에서 비롯한다. 내가 처음으로 좋은 시상을 경험했던 것은 1996년 햐쿠타케Hyakutake 혜성이 지구의 하늘을 방문했을 때였다. 어머니는 내게 혜성을 보여주려고 조슈아트리 국립공원까지 태워다 주었다. 당시 어머니는 나에게 작은 망원경을 사주었지만, 나는 로스앤젤레스 하늘에서 볼 수 있는 대상이 그다지 흥미롭지 않았기 때문에 거의 사용하지 않고 있었다. 혜성처럼 빠르게 움직이는 대상을 보는 데에는 쌍안

경이 실제로 더 좋기 때문에, 우리는 가지고 있던 형편없는 쌍안경을 들고 갔다. 망원경과 쌍안경을 사려면 돈이 들었겠지만, 아마도 둘 다 어머니가 아버지에게 부탁해서 선물로 받았을 것이다. 물론 조슈아트리 국립공원까지 운전하는 데에도 돈과 시간이 들었지만, 어머니에게는 둘 다 많지 않았다. 돌이켜보면, 특히 어머니는 당시 만성 질환으로 한차례 심하게 앓고 회복하는 중이었기 때문에, 그 여행을 위해 틀림없이 어려운 재정적 선택을 했을 것이라고 생각한다.

그날 밤 나는 분명 은하수를 보았을 테지만 무엇을 보고 있는지는 알지 못했다. 어머니와 나는 혜성을 찾는 방법도 거의 몰랐다. 1년 후 나는 캠핑 여행 중에 세쿼이아 국유림에서 은하수의 일부를 보았다. 아버지에게 "하늘이 왜 저렇게 보이지?"라고 말했던 기억이 난다. 그리고 아버지는 내가 당연히 알고 있어야 한다는 것처럼 믿기지 않는다는 듯이 "저게 은하수란다"라고 대답해주었다. 아버지는 가난하게 자랐지만 나보다 훨씬 오염이 덜한 하늘을 보면서 자랐다. 그리고 내가 세쿼이아 국유림에서 봤던 것은 작은 가능성에 불과했다. 거의 15년이 흐른 2011년 칠레에 방문해서야 나는 은하수가 어떻게 생겼는지 제대로 알 수 있었다.

흑인 여성주의자로서 이 이야기는 다음과 같은 질문을 떠올리게 했다. 미혼모와 열세 살 흑인 아이가 인공 불빛이 없는 어두운 밤하늘을 보면서 자신이 보고 있는 것이 무엇인지 알 수 있으려면 어떤 조건이 필요한가? 어떤 의료 체계, 식량 안보, 주거

보장이 필요한가? 과학 커뮤니케이션 구조나 공동체 구조는 어떠해야 하는가? 땅과는 어떤 관계가 필요한가? 여기에서 나는 재능이 뛰어나서 확신을 갖고 언젠가 하버드나 칼텍에서 물리천문학을 공부할 계획이 있는 아이를 대신해서 이러한 질문을 하려는 것이 아니다. 열세 살의 흑인 아이를 대신해서 말하는 것이다. 흑인 여성주의 물리학에서는 이러한 질문들을 하며 밤하늘에 간섭하는 일련의 인공 구조들이 존재한다는 사실을 수동적이 아니라 적극적이고 공격적으로 이해해야 한다.

내가 뉴욕을 중심으로 활동하는 탁월한 교육자 에리카 버딩턴Erica Buddington에게 우리 사회에 무엇이 필요하다고 생각하는지 물었을 때, 버딩턴의 답은 다음과 같이 매우 구체적이었다. "롱아일랜드와 뉴욕주 북부로 더 편하게 접근할 수 있는 길이 필요합니다. 로버트 모지스Robert Moses는 고속도로를 건설했습니다. 시내버스가 고속도로를 이용할 수 없도록 고가도로의 높이를 낮추었죠." 나는 이 답변에서 우리 어머니가 이민 후 브루클린에서 자라게 된 맥락을 알게 되었기 때문에 큰 충격을 받았다. 그리고 경제적으로 어려웠음에도 어머니에게는 늘 차가 있었다는 사실이 떠올랐다. 내가 자란 로스앤젤레스는 운송 기반 시설이 끔찍하기로 악명이 높다. 여러 면에서 차가 없으면 그 안에 갇히게 된다. 대중교통 역시 내 흑인 여성주의 천문학 관련 질문에 대한 답변의 일부이다. 이는 대부분의 과학자들이 바로 떠올릴 '봉사 활동outreach program'과는 다르다. 그런 활동은 있다. 학생들에게 새로운 세상을 보여주겠다는 약속으로 대도시 빈민가

학교로 헬리콥터를 타고 들어가는 과학자들이 있다. 그러나 이러한 프로그램은 아이들에게 하루 세 끼의 식사를 제공하거나 안정적인 거주 환경을 보장해주지 못한다. 중요한 것은 이 활동이 온 가족을 지원하지는 못한다는 것이고, 결국 내 질문은 가족이 얻지 못한 기회를 아이들에게 주는 문제가 아니다. 우리 모두를 함께 일으켜 세우는 것이다.

'우리'에는 조슈아 나무도 포함되어야 한다. 2020년 3월, 나는 밤에 별을 관찰하고 숲속을 걸으러 조슈아트리 국립공원으로 돌아갔다. 이후에 나는 지구 온난화를 늦추기 위해 적극적인 조치를 하더라도 2070년까지 조슈아 나무의 개체 수가 현재의 19퍼센트까지 줄어들 것이라는 연구에 관한 2019년 기사를 다시 읽었다. 적극적인 조치를 취하지 않으면 250만 년 동안 이곳에 있었던 이 장엄한 나무들이 사라지게 될 것이다. 어떤 생명체가 모하비사막의 땅을 그대로 유지하여 거센 폭풍우를 맞지 않고 별을 관찰하기에 좋은 곳으로 만들 것인가? 밤하늘을 알 권리는 초야 선인장, 조슈아 나무, 삼나무, 세쿼이아를 비롯해 국립공원과 부족의 땅에 서식하는 기타 동식물과 같이 육지에 가장 가까이 사는 생물의 생명권을 포함한다.

밤하늘의 접근 가능성을 위한 투쟁에는 평생 다 돌려받지 못할 것 같은 엄청난 희생처럼 느껴질 개인적 선택이 필요하다. 수많은 교육 단계마다 잔인하게 걸러져 살아남은 우리 세대의 과학자들은 돈을 구걸하는 데 익숙하지만 직위를 상실하거나 직장을 잃는 등 사회적 정의를 위한 투쟁에서 대가를 치르는 데는 전혀 익숙하지 않다. 여기저기서 강간범의 책임을 묻기 위해 직업을 희생한 여성들의 이야기를 찾을 수 있지만, 일반적으로 우리는 잘 지내기 위해 동조하는 법을 배웠다. 나조차도 어느 정도 이 범주에 속한다. 나는 대부분의 사람들보다도 더 많은 위험을 감수했으며 권력에 대항해 진실을 말할 기회가 있을 때 침묵을 선택한 적도 거의 없지만, 어떤 직업적 외관을 유지하려고 노력한다는 조건 아래 그런 선택을 한 것도 사실이다. 나는 군대가 다양성 담론을 형성하는 방식, 특히 내가 그토록 많은 시간을 할애한 사회적 약자 교수 사회에 자금을 지원한 방식에 대해서는 상대적으로 침묵을 택하는 편이었다.

결국 침묵이 우리를 보호하지 못한다는 오드리 로드의 가르침은 과학자들에게도 마찬가지다. 이런 방식으로 전체주의 국가는 과학자에게 영향을 미친다. 공모와 침묵의 대가로 국가에 가치 있어 보이는 학자들에게 안정성을 선사한다. 내가 이 책을 쓰는 동안, 억만장자 일론 머스크Elon Musk가 설립한 기업 스페이스엑스SpaceX는 스타링크Starlink 위성으로 하늘을 파괴하기 시작했다(제프 베이조스Jeff Bezos의 아마존도 여기에 동참하기 위해 허가를 받았다). 오랫동안 우주 기술 혁신의 수혜자였고 미국의 인간 우주 프로그램에서 스페이스엑스의 성장세를 축하해왔던 천문학자들은 분노하고 있다. 하늘에 너무 많은 위성이 있어, 건설하는데 총 수십억 달러가 드는 망원경으로 찍은 사진에 이제 위성의 줄무늬가 발견되고 있다. 머스크는 스타링크로 멀리 떨어진 장소에 있는 사람들이 인터넷을 사용할 수 있어 '발전'을 이룰 수 있다고 주장한다. 하지만 그 대가는 무엇인가? 그리고 우리가 왜 그를 믿어야 하는가? 이렇게 멀리 떨어진 장소에 있는 사람들이 알고 사랑했던 밤하늘은 점점 더 머스크의 발전 계획으로 채워질 것이다. 머스크는 지나치게 부유한데다 국가는 이 사실을 민주주의보다 더 중요하게 여기기 때문이다. 천문학자들은 이 억만장자와 미국 세금으로 막대한 보조금을 받고 있는 기업에 물자나 우주비행사를 실은 로켓을 국제우주정거장에 발사하는 것과 같이 사실상 천문학자들이 좋아하는 일만 하고 천문학을 위한 장엄한 하늘은 내버려두라고 간청했다. 천문학자들이 하와이 원주민을 대하는 방식과 비교했을 때 이 모순적 행태는 사실 좀 지나치다.

세계를 있는 그대로 받아들이거나 과학자들에게만 원하는 바를 이룰 수 있는 특별한 자격이 있다는 주장을 받아들인다면, 내가 과학자로서 하는 일은 의미가 없다. 그래서 나는 이 책을 독자에게 영감을 줄 수 있는 경이로운 이야기로 시작했다. 우주는 매혹적이고 놀랍도록 기이한 곳이며, 우주의 작동 방식을 이해하려는 수천 년 동안 이어진 노력은 인간이 상상할 수 없었던 방식으로 상상력을 확장하도록 영감을 주었다. 나는 연구에 의심이 들던 순간에 어머니에게 내 연구의 목적이 무엇일지 물은 적이 있었고, 어머니는 사람들이 우리에게 일어나는 끔찍한 일들 너머에 우주가 있다는 것을 알아야 한다고 대답했다. 별, 표준모형, 시공간이 구부러지는 방식 등 세상을 보는 이러한 방식은 영감을 줄 수 있다.

그러나 영감에 따라오는 기쁨이 없다면 무슨 소용인가? 나는 '톡talk(연구에 관한 구두 발표를 가리키는 과학자들의 구어체 표현)' 중에 두 물리학자가 서로를 향해 소리치던 모습을 처음 본 때를 기억한다. 이 톡은 초기 우주에서 시공간의 인플레이션 모형을 지지하던 어느 연구원이 진행하고 있었다. 한편 인플레이션의 대안 모형을 구축한 다른 연구자도 우연히 청중 속에 앉아 있었다. 지금도 읽을 때보다 들을 때 이해를 잘 못하는 편이지만 당시 대학원생으로서 나는 톡을 이해하기 어려웠고, 그래서 이 연구자들이 소리를 지르기 시작한 표면상의 이유를 기억하지 못한다. 그리고 사실 남성 물리학자들이 서로에게 화를 내는 모습을 본 것도 처음은 아니었다. 박사학위 과정 첫해에 나는 지도교수 중 한 명, 해당 분야의 저명한 연구원과 함께 앉아, 젊은 교수가 과격하고 대중적이지 않은 아이디어를 약식으로 칠판에 발표하는 것을 지켜보았다. 저명한 교수가 무슨 말을 했는지는 모르겠지만, 어느 순간 젊은 교수는 칠판을 주먹으로 치더니 나가버렸고 자신의 연구실로 들어가 문을 쾅 닫고 소리를 질렀다. 그러나 이는 내가 톡에서 목격한 것보다 일방적이었다. 톡에서 연구자들은 마치 목숨이 달린 것처럼 화를 내며 서로에게 소리를 지르고 있었다.

둘 중 어느 쪽이 옳든 목숨이 달린 문제는 아니었고, 그 이후로도 나는 사람들이 과학적으로 의견이 일치하지 않아 서로에게 고약하게 구는 모습을 여러 번 보았다. 물론 보스턴 도심 지역에 살아본 사람이라면 사람들이 어이없는 일을 놓고 온갖 싸움을 벌인다는 것을 알고 있다. 브루인스(보스턴을 연고로 하는 아이스하키 팀—옮긴이)의 경기만 봐도 그렇다. 그러나 일반적으로 이론물리학자들이 자신의 연구를 발표할 때 얼마나 냉정하고 음침한지 생각해보면, 이러한 분노는 뜻밖의 일이다. 아마도 이런 모습이 내게 두드러진 이유는 아마 내가 물리학에 빠지게 된 방식, 바로 과학 대중화 과정에서 보여주는 들뜬 홍보 문구 때문일 것이다. "과학이 멋지지 않은가요? 얼마나 멋진데요! 제가 보여드릴게요!" 그러나 실제로 과학을 한다는 것은 우리가 일반 대중에게 보여주는 모습과는 거리가 멀게 느껴진다. 개인적으로 근심과 불안에 빠지지만, 깊은 사랑에 빠지기도 한다. 연구를 발표할 때는 미소 짓기보다 조언의 형태를 띠는 훌륭한 질문을 기다린다. 물론 손을 들고 이해하지 못했다는 티가 나는 질문을 하면서도 명확한 설명을 요구하기보다는 우리가 틀렸다고 말하는 사람들도 있다.

나는 왜 우리가 연구를 더 즐기면서 사랑하지 못하는지 알 수가 없다. 물론 흑인 여성 교수로서 나도 충분히 이해한다. 대부분의 위원회 업무, 백인들이 엔워드N-word(니거negger, 니그로negro 등 흑인 비하 용어—옮긴이)를 써도 괜찮은지(당연히 안 된다) 내게 묻는 사람들을 상대하는 일, 사람들이 내 외모와 목소리 때문에 내 능력을 주기적으로 의심하는 상황을 마주하는 일, 대학이 점점 중요한 공공 기관이 아닌 영리 기업처럼 운영되는 방식 등은 전혀 즐길 수가 없다. 그러나 특히 그렇다는 점에서 쿼크 감금quark confinement과 같은 경이로운 현상이나 암흑물질로 시공간이 휘어지는 충격적인 현상을 이야기할 때 기쁨과 쾌락을 유지하려고 노력해야 하지 않겠는가?

사람들은 종종 '쾌락pleasure'이라는 단어를 성관계와 관련짓지만, 내가 말하는 쾌락은 우리의 지성으로 인간이 아닌 우주를 느끼면서 재미를 느끼는 것이다. 사람들은 종종 과정을 즐기는 것이 중요하다고 이야기하지만, 스스로 전혀 즐기는 것처럼 보이지 않는다면 어떻게 학생이나 동료에게 즐기라고 할 수 있겠는가? 나는 동료들이 너무 즉각적으로 어떤 아이디어가 왜 틀렸는지, 왜 절대 안 되는지, 자신의 아이디어가 왜 더 나은지 알려주려고 하기 때문에 즐기지 못한다고 느낄 때가 있다. 이론물리학자로서 우리에게는 더 많이 활용해야 할 분명한 기회가 있다. 우리는 많은 아이디어를 떠올릴 수 있지만 대부분은 즉시 검증할 수 없으며, 관찰이나 실험으로 아이디어가 기각되지 않는 한 계속 떠올릴 수 있다. 왜 이러한 사실은 즐기지 않는가?

나 같은 사람에게 쾌락에 관한 질문은 아주 복잡하기 때문에, 나는 이 질문에 특히 성소수자 흑인 여성으로서 해답을 찾는 데 관심이 있다. 학계에서는 전통적으로 흑인이 느끼는 즐거움의 가치는커녕 흑인에게 인간성이 있다는 사실조차 믿지 않았다. 역사가이자 여성학 연구자인 레베카 헤르치히Rebecca Herzig는 실제로 미국에서 전문화된 과학의 일부인 고통의 의미에 관해 《과학을 위한 고통: 현대 미국의 이성과 희생Suffering for Science: Reason and Sacrifice in Modern America》이라는 책까지 저술했다.

헤르치히는 과학에서 즐거움을 느끼지 못하는 태도를 이해하기 위해 미국의 청교도적 뿌리로 거슬러 올라간다. 따라서 문제는 단순히 흑인의 즐거움을 믿지 않는다는 것이 아니라 전체 전문가 사회가 모두의 인간성이나 누구나 느낄 수 있는 즐거움을 믿지 않을 때 무슨 일이 일어나는지에 관한 것이기도 하다. 과학 연구에 만연한 고통의 정치는 사회적 상상력의 결핍을 낳는다. 우리는 전 세계적으로 과학에서 백인우월주의자, 식민주의자, 가부장적 정치 아래 고통받고 있다. 사람들은 엄청난 고통을 겪고 있다. 불평등은 자동화가 도래하면서 줄어들기보다 끔찍하고 무한한 경제적 시공간처럼 확대되고 있다. 이 시공간은 중력이 아니라 탐욕 때문에 밖으로 밀려난다.

학계에서는 연대가 선택적 특권이라고 가르치기 때문에 우리가 이 고통에 맞서는 데 어려움을 겪고 있지만, 연대가 결여된 정치나 과학은 우리가 감당할 수 없다. 학계 노조를 조직해본 사람으로서 내 경험에 따르면, 과학자들은 참여율이 최악이며 노조 가입을 거부하고 피켓 라인을 넘을 가능성이 가장 높다. 학계에서 경제적으로 가장 영향력 있는 지식인인 과학자들은 연대의 정치를 무시하고 자신의 이득을 위해 권력을 행사한다. 우리 흑인 여성과 같은 사회적 약자들은 힘겹게 학계로 들어왔기 때문에 이러한 인식을 특히 받아들이기 힘들 수 있다. 종종 극도로 위계적이고 '능력주의'에 집착하지만 대개 백인 시스젠더 이성애자들이 다른 사람들보다 더 많은 기회를 얻도록 구성된 사회 때문에 스스로 회의를 느끼는 동시에 인종차별주의자 동급생, 성차별주의자 교수, 동성애 혐오자 연구실 동료와 싸우고 있다. 이런 맥락에서, 우리가 권력을 가진 사람이라는 색안경은 받아들이기 어렵다. 그러나 우리는 과학자로서 여기에 있다. 대학원생이라면 급진적 여성주의나 흑인학 연구를 하는 동료와 같은 비과학자들보다 더 나은 보수를 받을 가능성이 높다. 교수라면 초봉이 더 높고 연구비 지원도 훨씬 대규모로 이루어지며 수십 배는 될 것이다. 이는 학계에서 완전히 다른 대우라고 해석된다. 과학자들은 상대적으로 과도한 권력을 행사하고 있다.

흑인과 원주민의 여성주의 사상은 대응하는 방식에 관한 교훈을 준다. 이러한 방식으로 세상을 바라보면 서로 연대한다는 것, 더 나은 권력 관계에 있다는 것이 무슨 의미인지 이해할 수 있다. 〈컴바히강 집단 성명서Combahee River Collective Statement〉에서는 이에 관해 다음과 같이 표명했다. "이렇게 우리 자신이 겪는 억압에 초점을 맞추는 것은 정체성 정치identity politics라는 개념으로 구현된다. 우리는 가장 심오하고 가장 급진적일 수 있는 정치가 다른 사람이 받는 억압을 끝내려 할 때가 아니라 우리 자신의 정체성에서 나온다고 믿는다." 이러한 정체성 정치의 표명과 연대의 정치는 대립하는 것처럼 보이지만 실제로는 그렇지 않다. 나는 컴바히강 집단이 다른 사람의 이해관계보다 흑인 여성의 이해관계를 우선시한다기보다, 연대 활동을 포함하여 우리 조직에 무엇이 동기를 부여할 수 있는지 이해하려 한다고 생각한다. 우리는 흑인 여성(또는 여성, 트랜스젠더 남성, 기타 성소수자)으로서 주체적으로 의사를 결정하고 사고할 수 있으며, 생태계의 고질적인 문제에서 '우리 모두가 아니면 우리 중 누구도'라는 접근법을 취해야 한다는 커다란 교훈을 얻을 수 있음을 이해한다. 비흑인 원주민 여성이 괜찮지 않으면 흑인 미국 여성도 괜찮지 않을 것이다. 우리가 진전을 이룬 것 같아도 인종이나 민족적 위계를 형성하는 체제가 있는 한, 이 체제는 우리 모두를 위협할 수 있다.

전통적으로 흑인 여성주의는 미국 남부의 짐크로Jim Crow 법과 북부의 분리 정책에 맞서는 것처럼 흑인 여성과 그 가족의 시급한 사회정치적 요구와 관련하여 등장했다. 사회과학이나 생명과학을 넘어선 과학, 즉 심리학, 의학, 공중 보건은 전통적으로 흑인 여성주의가 등장한 관점이 아니다. 흑인 여성주의가 항상 공개적이고 의식적으로 주목해온 관점도 아니다. 그렇다고 흑인 여성이 자연과학을 생각하지 못했다는 뜻은 아니다. 해리엇 터브먼은 북극성을 이용해 노예제에서 탈출했고, 내 생각에 터브먼이 사람들을 자유로 이끌기 위해 천체 항법을 사용한 것이 그때가 마지막은 아니었을 것이다. 나는 노예 신분의 흑인 소녀들이 백인 소년 소녀들처럼 밤하늘을 바라보며 패턴을 찾았다고 상상해본다. 나는 노예의 후손으로서 종종 절대 되찾을 수 없을 숨겨진 역사를 생각하며 깊은 슬픔을 느낀다. 조산사, 의료계 종사자, 농업 전문가로서 노예 신분의 흑인 여성이 남긴 유산은 학술 문헌과 대중적 지식에서 점점 더 인정받고 있지만, 흑인 여성 엔지니어나 자연과학자라는 개념은 여전히 주로 NASA에서 숨겨진 인물이라고 불리는 여성들이 일하기 시작한 20세기, 21세기의 현상처럼 보인다.

흑인 여성주의 물리학자로서 내가 맡은 지적인 임무 중 하나는 흑인 여성이 법과 정규 교육 체계에서 비인간적으로 취급받던 시기에 '물리학자의 사고'라고 분류할 수 있는 과정에 참여한다는 사실이 어떤 의미였는지 이해하는 것이다. 나는 과거 기록에서 이러한 여성들을 어떻게 찾기 시작해야 할지 몰랐지만, 흑인 여성주의 물리학에서는 흑인 여성이 물리학에 영향을 미칠 수 있는 창의적인 사상가가 되려면 새로운 문화 방식을 배워야 한다는 생각을 무너뜨리고 있다. 조지프 마틴Joseph Martin이 책 《고체 상태 반란Solid State Insurrection》에서 말하길, 물리학은 물리학자들이 말하는 그대로라고 했다. 우리의 학문을 이해하는 방식은 사회적으로 정의된다. 나는 이 물리학 사상가들이 어떤 어휘로 사고했는지 알지 못한다. 하지만 해리엇 터브먼이 분명 밤하늘과 특별한 관계였다는 사실을 알듯이, 나는 이들이 틀림없이 존재했다는 사실을 안다.

물론 역사의 빈 곳을 다시 채우는 것만으로는 부족하다. 숨겨진 인물이 어디에 있는지 뿐만 아니라 이 인물이 무엇을 하고 있었고 어떤 의제를 제공했는지도 살펴보아야 한다. 우리는 흑인 여성주의의 틀에서 물리학을 재해석해야 한다. 이것도 내 임무이다. 그러나 나 혼자만의 임무일 필요는 없고, 흑인 여성만의 임무여서도 안 된다. 흑인 여성의 삶을 개선하는 체제에서 작동하는 것이라면 많은 사람들의 삶을 개선하는 체제에서도 작동할 것이다. 사회 정의 운동가 딘 스페이드는 한 연설에서, 가장 취약한 대상을 운동의 중심에 두면 모두의 삶이 나아지리라고 말한 바 있다. 흑인 여성, 특히 흑인 트랜스젠더 여성, 원주민 여성, 투스피릿Two-Spirit(북미 원주민 사회에 존재하는 제3의 성 정체성—옮긴이), 논바이너리들은 백인우월주의, 이성애 중심, 시스젠더 중심 가부장적 사회에서 가장 소외된 사람들이다. 우리가 흑인 여성주의, 원주민 여성주의, 기타 유색 인종 여성의 여성주의 원칙을 따라 스스로를 조직할 수 있다면 서로 좋은 관계를 유지하는 사회를 만들 수 있다. 또한 개인적으로도 우리 자신과 서로에게 더 나은 관계를 맺을 수 있다.

흑인 여성주의 사상은 단순히 흑인 여성이나 다른 흑인 여성의 아이디어에 관심을 가진다는 의미가 아니다. 이 사상은 어떤 분야에 존재하는 흑인 여성이 구성하는 경향이 있다. 내가 존재하는 분야는 대개 학술적이고 특히 과학적인 분야이다. 흑인 여성주의 교육과 그 분석 체계는 내가 이 분야에서 내 방향성을 결정하는 데 도움을 주었다. 과학은 특별히 나를 염두에 두지 않고 만들어진 분야이다. 실제로는 나를 속박하려고 만들어졌으며 해방의 현장이기보다 세이디야 하트먼Saidiya Hartman의 책 제목처럼 '복종의 현장'인 경우가 많았다. 수년 동안 나는 물리학이 해방에서 어떤 역할을 할 수 있을지 스스로에게 묻지 않았다. 표면적으로 십 대 시절 나는 양자중력의 전체론적 이론에서 우리가 올바른 선택, 올바른 생각, 올바른 의도를 계산할 수 있을 것이라고 상상했다. 고등학교 졸업반 시절 틱낫한Thích Nhất Hạnh의 글을 많이 읽었기 때문이었다. 나는 여전히 틱낫한의 교훈에 감사함을 느끼며 깊은 감명을 받고 있지만, 이제 더 성숙하고 심오한 해석을 해야 했다. 인간 세계, 그리고 인간 세계와 나머지 우주와의 관계는 입자물리학의 표준모형만큼 이해하기 쉽지 않다. 양자중력은 내가 바랐던 안도감과 앞을 내다보는 능력을 제공하지 못할 가능성이 높다. 그러나 나는 물리학이 우리와 생태계에 건강한 방식으로 공급되고 사용되는 에너지와 물처럼, 인간의 즉각적이고 장기적인 물질적 요구를 충족시키는 경우에만 유용하다는 반대쪽 극단의 입장에서 답을 찾고 싶지는 않다.

그러나 인간은 상상력을 통해 우아하게 살 수 있다. 우주론은 사회에 질서를 부여하는 역할을 하기 때문에 모든 공동체는 어느 정도 우주론을 담지하고 있다. 또한 우리는 우리가 태어난 곳을 더 거대한 우주적 역사의 흐름 속에서 우리가 보는 세계와 연결하고 싶어 하기 때문에 우주론을 떠올린다. 나는 흑인 여성주의 물리학자로서 사람들이 매일 겪는 물질적 긴장 상태를 넘어 세상과 계속 연결될 수 있도록 돕고 싶다. 또한 흑인 어린이와 원주민 어린이가 이러한 연결에 다가설 수 있게 하고 서로 좋은 관계를 유지할 수 있도록 지식을 윤리적으로 사용하는 방법을 알려주고 싶다.

나는 특히 흑인생명을위한운동The Movement for Black Lives이나 #NoDAPL(다코타 액세스 송유관 반대), #IdleNoMore를 중심으로 통합된 운동, 교도소 폐지 운동, 반파시스트 활동가와 같은 다양한 조직에서 등장한 활동에 관심이 있다. 이 모든 공동체에서 세계여성파업Global Women's Strike이 부르짖는 "살인이 아니라 돌봄에 투자하자"는 구호에서 비롯한 아이디어가 등장하고 있다. 매리엄 카바Mariame Kaba와 같은 노예제 폐지론자들은 일회성 정치가 건강한 지역 사회를 형성하지 못한다고 주장하고 있다. 흑인생명을위한운동에서는 정책 수립과 공동체 조직화를 위한 지침 역할을 하는 전체적 공약 '흑인 생명을 위한 미래: 흑인 권력, 자유, 정의를 위한 정책 요구A Vision for Black Lives: Policy Demands for Black Power, Freedom, and Justice'를 제시하면서 강력한 조직화 사례를 보여주었다. 즉 이 운동은 사회를 변화시킬 수 있는 모든 힘의 수단을 대상으로 한다.

이러한 운동은 정의에 대한 새로운 사고방식을 널리 알리며 (다시) 명료하게 설명하고 있다. 여기에서 보복, 처벌, 피해에 대한 위협을 지향하기보다 변혁적 정의transformative justice라는 개념을 고려할 수 있다. 아동에 대한 성적 학대를 종식하려는 집단인 제너레이션파이브Generation Five는 변혁적 정의를 "소외, 처벌, 수감이나 치안 유지 활동 같은 국가적 또는 조직적 폭력에 의존하지 않고 안전과 책임을 추구하는 해방적 접근"으로 정의한다. 레이시 M. 존슨이 타인의 기쁨에 봉사하며 살아가기를 바란 자신의 강간범에 대해 이야기할 때, 나는 존슨이 자신을 범하고 죽이려고 했던 남자와 자신에게 변혁적 정의가 어떤 모습으로 나타나는지 보여주었다고 생각한다.

나는 무정부주의 사상에서 배울 수 있는 점에 점점 더 관심을 갖게 되었다. 예를 들어, '상호 원조'라는 개념은 국가통제주의가 부추기는 위계적 방향성과 거리가 멀다. 2016년 6월 이 행동을 시작한 빅도어단Big Door Brigade은 상호 원조를 "통제 역학과 위계질서, 시스템을 공고히 하는 억압적인 자선 활동과 사회 복지 사업에 저항하며 사람들이 서로에게 필요한 물질적 자원을 제공하는 행위를 설명하는 용어"로 정의하며 다음과 같이 덧붙였다. "상호 원조 사업은 단순히 상징적인 행위를 하거나 정부 대표에게 압박을 가할 뿐만 아니라 실제로 더 살아남을 수 있는 새로운 사회적 관계도 구축하면서 서로를 돌보고 정치적 상황을 변화시키는 데 책임을 지는 정치 참여의 한 형태이다." 빅도어단은 사람들이 실천에 옮길 아이디어를 제안했을 뿐만 아니라 실제로 웹 사이트에서 무료로 사용할 수 있으며 아이디어를 구현하는 데 도움이 되는 '상호 원조 도구 상자'를 만들었다.

다코타액세스Dakota Access에서 추진하는 송유관 건설 사업에서 오세티 사코윈(라코타족/수족) 원주민의 땅을 지키려는 운동은 공동체의 자치와 자유, 복지를 위해 싸우면서 이러한 행위의 잠재력을 보여주었다. 이 스탠딩록 운동은 점거 운동Occupy Movement과 함께 공동체 사이의 연대에 내재한 힘뿐만 아니라 국가나 자본주의의 다른 수호자들이 우리를 와해하려 하는 구속력을 보여주는 전형적인 예시이다. 점거 운동에서는 연대 행위에서 맞닥뜨리는 어려운 과제도 확인할 수 있다. 백인우월주의 환경에서 연합을 조직하는 행위는 결코 쉬운 일이 아니다. 그 과정에서 우리는 누가 가치 있고 누구의 아이디어를 들어야 하는지, 심지어 어떻게 소수의 손에 권력을 쥐여주는 방향이 아닌 방식으로 동의하고 동의하지 않을 것인지에 관해 우리가 내면화한 백인우월주의와 자본주의의 입장에 저항해야 한다.

알렉상드르 푸블리아Alexandre Publia라는 필명을 쓰는 남아프리카공화국의 한 활동가는 《폐지: 반동 정치학 학술지Abolition: A Journal of Insurgent Politics》 창간호에 남아프리카공화국 대학들의 반인종차별주의적, 반식민주의적 조직화의 맥락에서 "국가안보와 감시 장치에 필요한 군산 복합체는 대학의 물리학, 로봇공학, 공학 부서에서 지원하고 있다"고 언급하며 이 점을 시사했다. 다시 말해 물리학은 여전히 위험할 정도로 자유와 상호 원조, 좋은 관계를 고취하는 사람들보다 자유 운동을 억압하는 사람들 편에 서 있다. 펜턴 존슨Fenton Johnson은 〈성소수자의 미래The Future of Queer〉라는 글에서 다음과 같이 언급했다. "과학 덕분에 우리는 역사상 처음으로 지금 우리가 스스로에게 무슨 짓을 하고 있는지, 즉 환경적 자멸의 원인이 무엇인지 인지하게 되었다. 하지만 예언자나 예술가, 작가들이 보여주듯이, 선견지명이 있는 상상력이 있다면 데이터 없이도 불길한 징조를 읽어낼 수 있다." 이러한 상상력을 열심히 발휘하는 과학계를 구축하여 대응할 수 있을까?

이런 방식으로 우리는 명령을 수행하기 위해 과학계를 이용하는 전체주의의 능력에 도전할 수 있다. 과학은 다가올 세계와 좋은 관계를 맺기 위한 노력을 바탕으로 해야 하며, 그러려면 우주에 대한 상상력과 경이감이 필요하다. 우리는 윤리적 행위에 대한 이야기를 넘어 반식민주의적 행동으로 나아가야 한다. 과학에는 인간의 생각과 이 생각을 투영하는 세계 사이의 역학적 관계를 더 잘 이해하게 하는 반식민주의적 규약이 필요하다. 우리가 이러한 대화를 나누기 위해 애쓰는 이유는 자본주의 아래 작동하는 과학에서 우리 또한 내가 식민 시계라고 부르는 식민주의적 사고방식의 명령에 따라 움직이는 시계로 작동하기 때문이다. 사실 나는 30미터망원경을 둘러싼 투쟁을 생각하면서 처음으로 이 깨달음을 얻었고, 데이비드 우아히케아이칼레이오후 마일레David Uahikeaikalei'ohu Maile 박사가 〈과학, 시간, 그리고 마우나 아 와케아Science, Time, and Mauna a Wākea〉라는 제목의 에세이 두 편에서 바로 이 문제를 정리하고 깊이 탐구한 지점을 발견했을 때는 마음이 벅차올랐다. 마일레가 이 에세이에서 주장하는 요점 중 하나는 서구에서 '진보'의 개념으로 특정 유형의 기술을 주목하면 이 기술이 사람들에게 미치는 영향은 고려되지 않고 과학 연구를 수행해야 한다는 일종의 시간적 압박이 형성된다는 것이다. 우리는 이 압력에 굴복하지 않기로 선택할 수 있다. 저항할 수 있다. 다른 역사를 선택할 수 있다. 따라서 그렇게 해야 한다.

그리고 우리는 방법을 알고 있다. 나는 내가 받은 과학 교육이 아프리카계 카리브해의 영성에 푹 빠진 어머니뿐만 아니라 나와 우리 어머니를 늘 공동체로 맞아들이며 때로는 의식도 갖추어 환영해주었던 라코타 친구들이 내게 심어준 가치에서 얼마나 멀리 떨어져 있는지 깨달아야 했다. 나는 숀 윌슨Shawn Wilson의 《연구는 의식이다: 원주민 연구 방법론Research Is Ceremony: Indigenous Research Methods》을 읽고 충격을 받았다. 윌슨은 기술 활용에 관해 동료 루이스의 말을 다음과 같이 인용한다. "여기에 있는 이 기계는 어머니 대지에서 만들어졌다. 이 기계에는 나름의 정신이 있다. 이 정신은 아마 인정받지 못했을 것이고 마땅히 받아야 할 존경을 받지 못했다. 우리가 자동화된 사물의 세계에서 일할 때, 우리는 모든 것이 신성하다는 사실을 잊으며, 여기에는 우리가 만든 것도 포함된다." 내가 학생이자 과학자의 길을 걷기 시작했을 때 다루었던 모든 것에서 이러한 생각을 기본으로 삼아야 했지만, 물리학자로 교육받으면서 윌슨의 말처럼 "영성은 우주와 연결되어 있다는 내적 감각"이라는 사실을 잊게 되었다. 나는 초자연적인 존재를 믿지 않았고 서구에서 종교의 개념을 넘어서는 영성을 존중하는 환경에 있지 않았기 때문에, 매우 기본적이고 영적인 우주와의 관계성을 거의 잃을 뻔했다. 끈기 있는 의지로 나를 다시 세워준 마우나케아 수호자들에게 감사드린다.

12장 '식민주의 과학과 마우나케아의 교훈'에서는 내가 수호자에게서 받은 가르침 중 하나인 하와이 원주민의 '포노' 과학 개념을 다루었다. 중요한 것은 내가 하와이 원주민이 아닌 사람들에게 개념을 가져다 쓰라고 이 교훈을 공유한 것이 아니었다는 점이다. 오히려 우리 모두가 다른 존재 방식과 다른 앎의 방식을 상상하는 동시대인이 있다는 사실을 아는 것이 중요하다고 생각한다. 나는 원주민 사상을 소비적인 식민 문명이나 심지어 따라야 하는 절차가 필요한 다른 원주민 공동체의 요구에 맞게 변형하지 않았으면 한다. 나는 정착민이나 정착형 식민주의의 계획적인 주요 수혜자로 구분될 수 있는 사람들이 원주민 공동체의 자율성을 존중하는 데 뿌리를 두어야 한다고 생각한다. 나는 나처럼 자신의 뿌리를 추적하기 어려운 사람들도 우리 자신을 포함하여 땅과 그 가족, 사람들과 좋은 관계를 맺을 수 있는 유사한 방법을 찾기 위해 스스로를 조직해야 한다고 생각한다. 포노와 같은 북아메리카 및 폴리네시아 체제는, 1865년에 끝난 것이 아니라 진행 중인 과정으로서의 노예제 폐지를 포함하여 내가 속한 공동체에서 발생하는 유사한 체제를 명확히 하는 방법을 배워야 한다는 사실을 상기시켜준다. 이것은 자신의 땅과 유산에서 강제로 단절된 원주민의 후손에게는 받아들이기 어려운 사실일 수 있다. 대서양 연안 디아스포라 흑인의 구성원들은 조국도 언어도 없이 사막을 방황하는 길 잃은 사람처럼 느껴질 수 있다.

그러나 우리는 생각만큼 많은 것을 잃지는 않았다. 아프리카 선조들은 자신의 이야기와 언어, 음식, 영적 전통의 일부를 우리에게 전수하는 방법을 찾아냈다. 우리는 결국 선조들이 남긴 씨앗에서 아프로퓨처리즘을 재배하는, 힘들지만 멋진 일을 맡게 되었다. 나는 이 작업을 통해 우리가 속한 지역 사회의 일원으로 받아들여지는 사람들뿐만 아니라 그 너머에 있는 사람들과 연대하는 관행을 만들 수 있다고 믿는다. 아메리카 대륙의 흑인 디아스포라에 속한 우리를 포함한 원주민 과학자들은 서로 생각하는 법을 배우고 연대하면서 엄청난 힘을 얻게 될 것이다. 여기에서 우리는 성별 이분법과 같은 오래된 식민주의적 규범을 버리고,

스스로 현대적이며 현대로 향하는 움직임을 멈추지 않았다는 것을 확인하며, 이를 증명하기 위한 노력으로 지구를 파괴하도록 부추기는 목소리에 굴복하지 않을 것이다.

어머니에게, 자유를 향한 꿈을 펼치며

세상에 단 하나뿐인 마거릿 프레스코드 여사에게.

나는 과학에서 라그랑지언Lagrangian을 다룰 때 제일 마음이 편하다. 물론 라그랑지언이 무엇인지 어머니에게는 절대 설명할 수 없다는 사실을 안다. 어머니는 늘 이렇게 말했다. "네 엄마는 수학엔 젬병이야." 어쨌든 라그랑지언은 물리적 시스템의 가장 기본적인 속성과 관련된 방정식이다. 라그랑지언에서 정보를 추출하는 방식에는 규칙이 있다. 시스템의 미래는 어떨까? 과거는 어땠을까? 라그랑지언에서 운동 방정식을 계산하면 시스템이 어떻게 진화하는지 알 수 있고 이러한 정보를 수집할 수 있다. 시스템의 에너지를 계산할 수도 있다. 이는 해밀토니안Hamiltonian(양자역학에서 계의 운동에너지와 위치에너지의 합—옮긴이)이다. 엄밀히 말하면 해밀토니안 체계도 라그랑지언 체계와 같지만 내게 그리 편하게 느껴지지 않는다.

라그랑지언을 쓰는 방법에는 규칙이 있다. 첫 번째로 '운동 에너지', 즉 움직임과 관련된 에너지를 나타내는 항이 포함된다. 다음으로는 '퍼텐셜 에너지', 즉 해당 대상에 내재한 에너지를 설명하는 항이 필요하다. 시스템에 질량이 있다면 이 퍼텐셜 항에는 대개 최소한 질량을 나타내는 항이 있다. 운동 에너지나 퍼텐셜 에너지 항을 별개로 사용할 필요가 없는 경우도 있다. 예를 들어, 빛을 다룰 때는 전자기 텐서라는 수학적 도구를 사용한다. 이 텐서는 서로 함께 빛을 생성하는 전기와 자기에 관한 정보를 포함한다. 그렇다. 어린 시절 내 침실 커튼이 얇거나 잘 닫혀 있지 않았을 때 주말 아침 일찍 나를 깨우던 그 빛도 전기와 자기로 만들어졌다.

자유의 모습은 이렇다. 라그랑지언에 대해 생각할 수 있는 상태, 경찰이 흑인을 살해한다는 걱정 없이 암흑물질이나 암흑에너지와 같은 문제를 해결하기 위해 새롭고 흥미로운 이론을 만드는 방법을 떠올릴 수 있는 상태와 같다. 자유는 동료 우주론학자와 수다를 떨며 그가 라그랑지언을 얼마나 불편해하는지 농담이나 하다가 최근 〈스타트렉〉 시리즈 이야기나 스타트렉 컨벤션 연례행사에 참석할 내 계획 이야기로 자연스럽게 넘어가는 상태와 같다. 흑인 소녀(특히 검은 피부의 소녀, 트랜스젠더 소녀, 장애인 소녀)가 환경이 갖춰진 곳에서 자라면서 입자물리학을 지배하는 대칭과 라그랑지언에서 자유를 찾을 수 있다는 사실을 깨닫게 되는 상태와도 같다. 또한 이 소녀들이 강간당하거나 가정 폭력을 겪지 않을 것임을 아는 상태, 자녀를 가지더라도 직업에 영향을 받지 않을 수 있다는 사실을 경험하는 상태, 흑인 여성이 출산 후에도 백인 여성과 같은 비율로 살아남을 수 있다는 사실을 경험하는 상태와 같다. 자유는 하와이 원주민의 자치권과도 같고 우리 모두가 선조의 지적 역사에 가닿을 수 있는 권리와도 같다. 자유는 어두운 밤하늘과 같아서 누구나 보고 궁금해하며 경험할 수 있다.

미국 흑인으로서 두 번째로 물리학 박사학위를 받은 엘머 S. 아이메스는 1883년 오벌린대학교에서 학생 시절 만난 엘리자베스와 벤저민 아이메스 사이에서 태어났다. 벤저민의 가족은 미국 독립혁명 이후 자유의 몸이 되었지만 엘리자베스는 노예로 태어났다. 엘리자베스의 가족을 소유하고 노동을 착취하며 생명을 앗아가려던 사람들은 엘리자베스를 대학에 보낼 생각이 없었다. 그러나 엘리자베스는 해냈다. 그 사람들은 엘리자베스의 자식이 역사상 가장 위대한 물리 이론 중 하나인 양자역학을 검증하는 데 중요한 역할을 하게 내버려둘 생각이 전혀 없었다. 그저 엘리자베스와 그의 아이들을 소유하고자 했다. 그러나 엘머 S. 아이메스는 자유민의 신분으로 태어났고, 그 덕분에 분자에서 원자보다 더 작은 세계를 탐험할 수 있었다. 또한 흑인 물리학자의 역사에서 중요한 역할을 한 전통흑인대학Historically Black College and University에 해당하는 피스크대학교 물리학과의 창립 지도자가 되어 내가 속한 세대를 육성하는 학계를 구축하는 데 일조했다. 내가 알기로 당시 백인 대학은 대개 흑인 교수를 고용하지 않았으므로 아이메스에게 주어진 선택의 폭이 제한적이었을 수도 있다. 그럼에도 아이메스는 우리에게 물리학을 생각할 수 있는 여지를 만들어주면서 나를 비롯한 많은 이들에게 자유를 주었다. 흑인의 호기심을 위한 여지를 만드는 데는 자유가 있었고 지금도 그렇다.

어머니는 내게 이렇게 말한 적이 있다. "사람들은 우리가 우리에게 일어나는 나쁜 일을 넘어서는 더 거대한 우주에 살고 있다는 사실을 알 필요가 있다." 이 책이 이 목표를 이루는 데 도움이 되길 바란다. 나는 록밴드 그레이트풀데드Grateful Dead의 "얼마나 길고 이상한 여행이었는지What a long, strange trip it's been!"라는 노랫말을 떠올린다. 내가 그 가사를 길게 인용할 수 있는 것은 어머니 덕분이다. 지금까지 어머니와 이런 이야기는 한 적이 없는 것 같다. 사실 어머니와 나 사이에는 한번도 해보지 않은 대화가 많고, 사실 말로 대화하는 방법을 잘 모르기도 했다. 독립하고 나서야 나는 글로 소통하는 것이 더 쉽다는 사실을 알게 되었다. 그리고 2007년에 '무질서한 우주The Disordered Cosmos'라는 내 블로그를 시작했을 때 나는 여전히 물리학계에 포용성이 있기를 바랐다. 자유란 그런 모습이라고 생각했다.

당시에는 나도 커서 어머니처럼 될까 봐 두려웠다. 어머니는 불같은 성격이라 불같은 성격의 흑인 여성을 두려워하는 사람들에게 항상 좋은 평가를 받는 사람은 아니었고, 예민한 성격이었지만 흑인 여성이 불같은 동시에 예민할 수 있다는 사실을 이해하는 사람들 주위에서는 그렇지 않았다. 이제 나이가 들고 보니 나는 자라면서 어머니를 많이 닮게 되었다는 사실을 알게 되었고, 거기에서 내 최고의 자질이 비롯했다고 생각한다. 비록 생활이나 물질적인 면에서는 내가 어머니보다 더 편하지만, 어머니처럼 산다는 것이 얼마나 어려운지 이제 어느 정도 이해한다. 나는 종종 월터 고든 3세Walter Gordon III가 《로스앤젤레스 타임스Los Angeles Times》에 남긴 어머니에 대한 평가를 다시 떠올리곤 한다. "흑인 여성이 직책을 맡고 주목을 받으면 갈등이 생기기 마련이다. 프레스코드는 카리스마 있는 강인한 성격이라 공격적이고 강압적이며 대립적이라는 말을 듣는다. 마치 과거에 히스테리를 부리던 여성처럼 취급받는다. 그게 뭐가 대수인가? 프레스코드는 모든 일을 다 해내는 사람이다." 내가 점점 더 어머니를 닮아감에 따라 어머니가 조직을 만들 때 어떤 결정을 내리고 어떻게 전략을 세우는지 어느 정도 이해하면서, 포용성은 해방 작업이 아니며 해방 작업은 종종 외롭고 심지어 '운동' 내에서도 때때로 인기가 없다는 사실을 알게 되었다. 또한 다음과 같은 중요한 문제를 인지하게 되었다. 나는 무엇을 위해 조직하는가? 누구를 위해 조직하는가? 누구와 조직하고 싶은가? 우리가 무엇을 성취하기를 원하는가?

나는 종종 사람들에게 어머니 자랑을 할 때, 어머니가 다른 세상에서 다른 삶을 살았다면 패션 디자이너가 되었을 것이라고 말하고 다닌다. 어머니는 어떤 시위에서도 항상 가장 옷을 잘 입는 활동가였다. 열성적인 '패셔니스타'이며, 그 모습이 바로 어머니에게 나타나는 자유의 모습이다. 어떤 사람들은 이런 모습이 물질주의적이라고 생각할 수도 있지만, 나는 나이가 들수록 어머니가 예술가이자 미술 평론가로서 지닌 관점을 점점 더 깊이 이해하게 되었다. 어머니는 흑인의 생명이 중요하지 않다고 여겨지는 세상에서 단순히 살아남기보다는 당신과 같은 작은 마을의 많은 소녀가 성공할 기회를 가질 수 있는 세상을 만들기 위해 헌신했기 때문에 끝내 예술가의 삶을 영위하지 못했다. 이는 어머니의 희생이었고, 사랑으로 후회 없이 이런 일을 해냈다. 그러나 그 희생은 내가 원치 않은 내 희생이기도 했다. 나는 어머니가 당신의 선택이 내게 미칠 영향을 항상 이해하지는 못했다고 생각한다. 하지만 어머니는 '엄마'가 되고 싶었다. 당신이 몇 년 동안 투쟁하며 지지했던 집단의 일원이 되고 싶었다. 어머니는 아이를 원할 권리가 있었다. 세상은 어머니에게 불공평하게도, 어머니가 그저 예술가로서 부모가 되거나 교사가 되는 등 원하는 무엇이든지 할 수 있는 환경을 제공해주지 않았다.

어머니는 여기에 감정적인 대가도 치렀다. 사람들은 흑인 여성이 열정적이고 불같으면서도 여전히 타인에게 다정함을 바란다는 사실을 생각하지 못한다. 나는 이것이 많은 흑인 여성들과 마찬가지로 당신도 받아야 하지만 아무도 주지 않는 감정적 가사노동이라고 믿는다. 상황을 이해하지도 못하고 독립적인 흑인 여성이 된다는 것이 어떤 것인지도 몰랐던 어린 시절의 내가 이런 모습을 보면서 남긴 모든 기록에는 어머니가 달라졌으면 하는 바람이 담겨 있었다. 세상이 달라져야 한다는 사실은 어머니가 하는 일을 보고 알았지만, 세상의 문제로 인해 어머니가 누구이고 어떤 사람인지에 대한 내 관점이 이렇게 영향을 많이 받았으리라고는 생각하지 못했다. 어머니는 한 인터뷰에서 부모가 되는 것과 활동가가 되는 것 사이에서 잡기 어려웠던 균형과 이것이 내게 미친 영향에 대해 이야기했다. 솔직히 나는 우리 둘에 대한 그런 이야기가 싫어서 읽기가 정말 어려웠다. 내가 많이 힘들었던 것도 사실이고 어머니가 다른 선택을 했으면 했던 것도 사실이다. 하지만 어머니가 죄책감을 안고 살지 않았으면 하는 것도 사실이다. 무엇보다도 어머니는 나와 아이티, 어머니가 투쟁하며 지지한 다른 모든 사람들과 장소들처럼 더 나은 세상을 누릴 자격이 있다. 누구도 되고자 하는 부모의 유형을 선택해야 해서는 안 되며, 어떤 아이도 어린 시절을 포기해서는 안 된다. 하지만 우리가 살게 된 세상은 지금 이 세상이고, 공평하지 않았다.

여기서 도출할 수 있는 깔끔한 결론은 없다. 바로 그래서 이 세상이 거지 같은 것이다. 자본주의, 성차별주의, 인종차별주의, 식민주의 등은 우리가 원하는 방식으로 양육하고 가장 만족스러운 어린 시절을 보낼 수 있는 기회를 박탈한다. 어머니는 어렸을 때 할아버지가 음식을 사려고 마을의 큰 집에서 돈을 구걸하는 모습을 보았다. 나는 어머니의 그런 모습을 볼 필요는 없었다. 대신 채권자들의 전화를 받았고 때로는 가장 친한 친구네서 밥을 먹었다. 그러나 나는 절대 굶지 않았다. 식사 대신 사탕수수를 먹을 필요는 없었다. 무료 급식 자격이 주어졌는데도 내 까다로운 입맛 탓에 어머니는 매일 점심 도시락을 싸주었다. 감당하기 어려웠겠지만 어머니는 나를 먹여 살렸다. 내게 더 많은 자극이 필요하다는 사실이 분명해지자 빚을 내서 지리와 예술에 관한 책을 사주기도 했다. 내가 내 잠재력을 발휘할 수 있는 기회를 가질 수 있도록 어머니는 당신이 아는 부유한 아이들의 경험을 내게도 맛보여주려 했다. 그러는 사이, 어머니는 당신의 아이만을 생각하는 정치를 넘어서는 세상을 만들기 위해 당신의 예술적 호기심을 희생했다.

이제 나는 어머니가 '그림 슬리퍼'로 알려지게 된 '남쪽 살인자Southside Slayer'를 너무 공격적으로 추적하지 말라고 충고한 남성(여성도 있었다)에게 굴복했다면 어떤 일이 일어났을지 생각해본다. 나는 어머니가 거리를 걸으면서 사람들에게 그 살인자를 알리고 그에 대한 정보를 요청하면서 흑인 여성들의 생명을 구했다고 굳게 믿는다. 어머니가 함께 이야기한 여성들의 생명을 구했다고 생각한다. 그리고 결국에는 바로 어머니 덕분에 그가 붙잡혀 흑인 여성에 대한 납치와 살해를 멈추게 되었다고 생각한다. 어머니는 진정한 삶의 영웅이다.

어머니는 내 과학적 성향을 믿을 수 없을 정도로 지지해주었고, 다른 가족들과 다르게 내 앞길을 막지도 않았지만, 그렇다고 더 강하게 밀어붙인 적도 없었다. 그러나 사실 이제 이해하기에 만약 내가 과학에서 피상적이고 자본주의적인 대의 정치에서 멈춘다면 내 기준으로는 충분하지 않을 것이다. 나는 과학을 즐기는 흑인 여성들이 가장 멋진 삶을 살기를 바란다. 과학에 대한 관심이 이 여성들을 특별하게 만들어서가 아니다. 그들은 존재한다는 이유 그 자체만으로 그런 삶을 살기에 충분하다.

이러한 관점 때문에 나는 동료를 찾는 데 어려움을 겪었다. 나는 과학자로서 많은 시간을 실제로 조직자가 아닌 다른 과학자들과 조직을 만들기 위해 노력했다. 이제 보니 혼란스러웠던 것

같고, 아마도 혼란스러웠을 것이다. 나는 성실했고 희망에 차 있었다. 그러면서도 내 생각을 솔직하게 말하다가 내가 조심스럽게 만든 '과학의 다양성'이라는 내 외적 인격이 손상되면 어떤 일이 벌어질지 두려웠다. 나이가 들어가면서 이 외적 인격에 금이 가기는 했지만, 나는 내 세계를 분리하려고 노력하면서 내가 의미하는 바에 대해 완전한 책임을 지려 힘든 시간을 보냈다. 나는 이제 여러 인격으로 살 수 없으며 어머니가 바로 그렇게 키웠다는 사실을 인정할 준비가 되었다.

자유가 어떤 것인지 보여준 어머니에게 감사드린다. 좋은 대학에 입학할 기회를 제공하는 고등학교를 졸업할 수 있도록 비서로 야간 근무를 했던 어머니에게 감사를 표한다. 대학교 1학년 때 전화를 걸어 물리학을 그만둔다고 말했을 때 어머니가 내게 해준 대답에도 감사하다. 어머니는 내가 살면서 나와 내 주위 사람들의 정체성 때문에 어떤 것도 할 수 없으리라는 말을 끊임없이 듣게 될 것이라는 사실을 알고 있었고, 누구나 힘들다는 어머니의 대답은 내 인생 초반에 중요한 교훈이 되었다. 거기에서 벗어날 수 없으니 내가 사랑하는 일을 하는 게 나을 것 같았다.

어머니, 항상 내 꿈을 굳건히 지킬 수 있게 해준 어머니에게 다시 한번 감사드린다.

사랑하는 찬다 올림

우주여, 우리 우주여, 우리 별의 선조들의 우주여, 당신의 뜻으로 우리를 평화로 인도하시고, 우리의 발걸음을 평화로 인도하시고, 우리가 원하는 삶과 기쁨, 평화의 목적지에 도달하게 하소서. 모든 원수와 적의 손에서, 지구로 모여드는 모든 종류의 형벌에서 우리를 구해주소서. 우리가 하는 일에 축복을 내려주시고 당신의 눈과 우리가 보는 모든 이의 눈에 은혜와 친절과 자비를 베푸소서. 우리가 기도를 실현하도록 충분한 시공간을 마련해주시는 우주여, 찬미 받으소서.

감사의 글

표지에는 내 이름이 적혀 있지만, 누구도 혼자서는 사고할 수 없다는 사실을 알고 있다. 나는 선조들의 숨결을 따라 글을 쓰려고 노력했다. 우리와 함께 연대하고 가르침을 주었으며, 우리에게 나아갈 길을 알려준 과거와 현재의 수호자들에게 감사드린다.

나는 내 인생에 가장 큰 영향을 준 사상가인 마거릿 프레스코드에게서 끈기를 배우며 내 인생의 첫 38년을 보낼 수 있었음에 감사드린다. 이 여정의 첫날, 우리는 우리를 지켜줄 조산사와 함께 있었다. 우리를 계속 살아가게 해주시고, 자기 삶의 중요성을 알고 그렇게 살아간다는 것이 어떤 것인지 매일 보여주신 어머니께 감사드린다. 아버지 샘, 새어머니 마리아, 새아버지 마튼, 돌아가신 할머니 엘사, 돌아가신 할아버지 노먼, 할머니 셀마, 친척 어른들인 로즈, 조지, 피터, 이나를 비롯한 많은 사람들이 나를 키워주었고 내가 사고방식을 형성하는 데 도움을 주었다. 로스앤젤레스의 제2의 어머니인 재스민 영에게도 감사드린다. 막 경력을 시작한 과학자이자 성인으로서 세상을 탐험하는 데 도움을 주신 블랙먼, 제임스, 프레스코드, 말도나도, 맥냅, 폴, 프레돔, 오스텐도르프, 와인스타인, 윌리엄스, 호, 티우 집안 모두에게 감사드린다. 여동생 마야와 카리, 리사, 소니아 P., 소니아 B., 라이언, 케일럽, 제시카, 션, 마이클, 캐런, 코리나, 찬다, 바바라, 린든을 포함하여 내 인생의 많은 사촌에게 감사를 표한다. 가족 별자리의 일원이 되어준 셰릴 버로스와 데빈 토머스, 그리고 데비, 제리, 대니, 프랜시스, 마리나 아코스타에게 감사드린다.

내 가장 친한 친구이자 자매나 다름없으며, 이 책의 표지가 제대로 나왔는지 확인해준 사람일 뿐만 아니라 이 책의 거의 모든 그림을 그리고 내 삶에 그래비티 걸(그림 5에 있는 소녀—옮긴이)을 선물해준 셰리파 자이납 윌리엄스에게 특별한 감사를 전한다.

내 인생에서 가족 같은 사람들에게 감사드린다. 메레디스 슈바이크, 안드레스 수, 세라 터틀, 알렉시스 쇼트웰, 수제이 애쇼크, 엘리너 델아킬라, 니콜라키 코니다리스, 비니 마노하란, 자넬 마를리나 에드워즈, 마빈 피트먼, 브라이언 슈브, 아인데 장밥티스트, 존 츠우, 대니얼 와그너, 로런스 웨어, 엘리자베스 크레인, 키스 레이먼, 매슈 앤더슨, 코리 웰치, 카일 헤르난데즈, A. J. 워커, 존 제이컵스, 스테파니 페이지, 버카리 미들턴, 티나 총, 헬렌 킴, 실바버그, 데이비드 샌더스, 재니스 첸, 로스앤젤레스 심화연구센터의 위대한 유니콘들, 데릭 라슨, 루크 윈스트롬, 알레호 스타크, 마이클 굴드와토브스키, 캐피, 엘리자베스 카푸아노, 샤네쿠아 게이, 고 리처드 폴커츠에게 감사드린다. 이름은 특정한 순서 없이 나열했음을 알린다.

더 나티, 애스트로앤티파, 피포제이, 트랩조던 가족 공동체, 카멀라 에빌라새먼, 모야 베일리, 그레이 바티, 카브리아 바움가트너, 브라이언 벡퍼드, 에드 버칭거, 밀드레드 보베다, 키니트라 브룩스, 마호가니 L. 브라운, 매슈 버클리, 에리카 버딩턴, 애덤 부시, 레이 버크스, 레지나 카푸토, 미셸 카터, 이오케파 카숨 발살라자르, 창 주이추안, 린다 채버스, 에드 차일즈, 캠 몰트리 클레먼스, 랍비 샤하르 콜트, 카일 크랜머, 주나 크론, 크리스 딕슨, 컬루 폭스, 애리카 포먼, 아리아 할리데이, 로니 해밀턴, 대니얼 할로, 나린다 헹, K. 르네 홀튼, 모니카 우에르타, 앤턴 허, 세이다 이펙, 제디다 아이슬러, 레이시 M. 존슨, 론다 슈슬리 베이슬러 존슨과 유진 존슨, 로버트 존스, 비제이 아이어, 케이 커크패트릭, 레바 킴, 랍비 샌드라 로슨, 미나 레, 대니엘 리, 프랭클린 레너드, 션 림, 엘리나 롱, 피터 마브루코, 우아히케아 마일레, 조셉 마틴, K. 에릭 마틴, 제시카 마사, 샘 맥더모트, 벤 매킨, 스티븐 맥퍼슨, 제이미 밸런타인 밀러, 매슈 모리슨, 브라이언 노드, 오쿠디리 오니에덤, 채리 피터스, 본 라즈베리, 매슈 리스, 조슈아 롭키, 아리안 샤비시, 제임스 살리바, 마조리 살보돈, 펄 샌딕, 케이틀린 슈츠, 노센 샤, 케이트 심, 트레이시 슬래티어, 스티븐 스미스, SA 스미스, 딘 스페이드, 랍비 토바 스피처, 제레미 스테플러, 팀 테이트, 사데나 테바라자, 조니 트린, 이브 턱, 제시카 터커, 나탈리 발데즈, 루시안느 발코비치, 엘리사 와슈타, 리즈 웨인, 스티브 와인스타인, 그레이엄 화이트, 우스타자 윌리엄스, 칼리프 윌슨, 셀람 월데슬라시에, 시네 야오, 티엔티엔 유, 마크 재스트로, 도르셰이 체덱의 모든 유대교인 등 이번 여정에서 만난 많은 친구에게 감사드리며, 미처 싣지 못한 친구들에게는 용서를 구한다. 나를 따뜻하게 환영해준 에밀리 스필러와 그레고리 와그너에게 감사드린다. 베스 샐비바, 데시래 로저스, 코너 트리니어, 게이츠 맥패든, 레베카 스타크스, 마호가니 해리스, 배리 라이스, 소니아 워커, 에밀리 테퍼, 켄드라 제임스, 그리고 스타트렉에 쏟은 내 열정을 함께 나눈 다른 모든 트레키와 〈스타트렉〉 제작진에게 감사를 표한다. 멋진 수업을 해준 브라이언 카마올리 쿠와다에게 특히 감사드린다.

로스앤젤레스 통합교육구의 선생님들, 특히 프랭크 윌슨, 고 워런 버크너, 고 랜들 러치먼, 제드 래더먼, 고 일레인 버먼이 없었다면 나는 오늘날과 같은 우주의 학생이 되지 못했을 것이다. 또한 나에게 가르침을 주고 치료에 도움을 준 마사지사, 특히 팸 가르시아와 퍼트리샤 피츠제럴드와 수년 동안 내 장애를 관리하는 데 도움을 준 '뛰어난' 치과 전문가와 의료 전문가들에게도 감사드린다. 이 책을 쓸 수 있는 여지를 준 뉴햄프셔대학교의 동료들과 고 줄리 윌리엄스, 모든 학문적 멘토와 친구들, 특히 앨런 구스, 데이비드 카이저, 프리야 나타라잔, 리사 웩슬러, 애나 와츠, 캐런 배러드, 나디아 메이슨, 세카지 음팅와, 에이리어 매슈스, 이매니 페리, 크리스티나 샤프, 헨리 프리시, 마틴 엘비스, 조너선 맥도웰, 앤서니 아기레, 멜리사 프랭클린, 리처드 이스더, 리 스몰린, 클리퍼드 존슨, 줄리안 달칸턴, 폴 게예, 웨슬리 해리스, 그리고 이분들이 이 책을 읽을 수 있기를 간절히 바라는 마음을 담아 입자물리학자 고 앤 넬슨, 트럭 운전사이자 천문학자인 고 존 허크라에게 특별히 감사드린다.

나는 특히 초안을 읽고 초안에 있던 아이디어에 관해 함께 이야기를 나누어준 엘리자베스 크레인, 스테파니 페이지, 브라이언 카마올리 쿠와다, 아리안 샤비시, 브라이언 슈브, 애션 크롤리, 알렉스 다이아몬드스태닉, 어텀 켄트, 세라 터틀, 로버트 맥니스, 알렉시스 쇼트웰, 라이언 맨델바움, 조 오스문드슨, 이브 턱, 아인데 장밥티스트, 키스 레이먼에게 감사드린다. 기도를 선택하고 해석을 도와주신 랍비 토바 스피처에게도 감사드린다.

나와 내가 쓰고 싶은 책이면 충분하다고 믿어준 내 에이전트 제시카 퍼핀과 편집자 케이티 오도넬에게 깊은 감사를 드린다. 볼드타입 출판사와 아셰트 출판사의 훌륭한 팀, 린지 프래드코프, 조셀린 페드로, 클레어 주오, 미구엘 세르반테스, 영웅이나 다름없는 브린 워리너, 제작과 인쇄 담당 직원 모두의 노고에 감사드린다. 또한 아스펜물리학센터와 카블리이론물리연구소를 포함하여 지난 20년 동안 내 생활 공간과 연구 공간을 깨끗하게 정리하여 실용성 있게 유지해준 많은 분들에게 감사드린다. 나는 관리인, 가사도우미, 쓰레기 수거원, 식당 직원, 음식 배달원, 농장 노동자, 행정 직원에게 많은 도움을 받았다.

2017년 겨울에 내가 원래 기고했던 글인 '멜라닌의 물리학The Physics of Melanin'의 일부를 사용할 수 있도록 허락해준 비치미디어, 《디오핑The Offing》에 처음 실린 자신의 시를 사용할 수 있도록 허락해준 뛰어난 재능을 지닌 레나 블랙먼, 벤 다이어그램을 갱신해준 팀 M. P. 테이트에게도 감사드린다.

영혼을 풍요롭게 하는 동업자 관계, 사랑, 그리고 우리가 알고 있지만 말할 수 없는 모든 것에 대해 알렉시스 엘리슨에게 감사를 표한다. 우리 자신은 우리가 기다려온 사람들이다.

미스터-프로프찬다Mr-ProfChanda라고 공개적으로 알려진 내 배우자이자 정치적 파트너에게도 고맙다는 말을 남긴다. "모두를 위한 은하 공동체"라는 문구에 감사를 표한다. 이 모든 작업은 법과 민족 연구에 관해 기꺼이 가르쳐주었고 때로는 큰 개인적 대가를 치르기도 했지만 꿋꿋하게 늘 정의롭고 성실했던 그가 없었더라면 불가능했을 것이다. 그는 내가 나를 믿지 않을 때도 믿어주었고, 내게 가르침이 필요할 때 가르침을 주었다. 내 말을 들어주고 나와 함께 아이디어를 이야기하며 신중하게 장을 편집하고 내가 샤워하면서 생각나는 대로 한 말을 적어주었으며, 나에게 음식과 물을 주고 집안일을 처리하여 가능한 한 신체적 고통을 최소화하면서 글을 쓸 수 있도록 도와주었다. 그가 살림을 해준 덕분에 이 일을 할 수 있었다. 참고로 한 가지 알려줄까 한다. 요즘엔 오케이큐피드OkCupid(온라인 데이팅 앱—옮긴이)에서 친구를 사귈 수 있다고.

나의 사랑스럽고 불평등한 코스모스

1판 1쇄 발행일 2023년 8월 28일

지은이 찬다 프레스코드와인스타인
옮긴이 고유경

발행인 김학원
발행처 (주)휴머니스트출판그룹
출판등록 제313-2007-000007호(2007년 1월 5일)
주소 (03991) 서울시 마포구 동교로23길 76(연남동)
전화 02-335-4422 **팩스** 02-334-3427
저자·독자 서비스 humanist@humanistbooks.com
홈페이지 www.humanistbooks.com
유튜브 youtube.com/user/humanistma **포스트** post.naver.com/hmcv
페이스북 facebook.com/hmcv2001 **인스타그램** @humanist_insta

편집주간 황서현 **기획** 전두현 **편집** 정일웅 **디자인** 김태형
조판 홍영사 **용지** 화인페이퍼 **인쇄** 청아디앤피 **제본** 민성사

ISBN 979-11-7087-023-4 03400